SILK CULTURE IN ARCHIVES
档案中的丝绸文化

主编 卜鉴民

苏 州 市 工 商 业 档 案 史 料 丛 编

苏州大学出版社
Soochow University Press

图书在版编目(CIP)数据

档案中的丝绸文化/卜鉴民主编. —苏州:苏州
大学出版社,2016.10
(苏州市工商业档案史料丛编)
ISBN 978-7-5672-1895-6

Ⅰ.①档…　Ⅱ.①卜…　Ⅲ.①丝绸－文化研究－苏州
Ⅳ.①TS146－092

中国版本图书馆 CIP 数据核字(2016)第 265298 号

档案中的丝绸文化

卜鉴民　主　编

责任编辑　王　亮

苏州大学出版社出版发行
(地址:苏州市十梓街 1 号　邮编:215006)
苏州工业园区美柯乐制版印务有限责任公司
地址:苏州工业园区娄葑镇东兴路 7-1 号　邮编:215021

开本 787mm×1 092mm　1/16　印张 17.25　字数 432 千
2016 年 11 月第 1 版　2016 年 11 月第 1 次印刷
ISBN 978-7-5672-1895-6　定价 98.00 元

编 委 会

序

苏州是蚕桑丝绸的重要发源地,是闻名于世的"丝绸之府",太湖流域就曾考古发掘出约 5000 年前的古绢残片。千百年来,苏州丝绸从滥觞趋于鼎盛,浓缩并传承了中华民族的杰出智慧和创新精神,成为中国文化的精华。

2012 年,苏州市政府出台丝绸产业振兴规划,积极推进传统丝绸产业的创新发展。2013 年,国家提出共建"一带一路"的发展战略。基于这样的背景,苏州档案部门从馆藏近 200 万卷民族工商业档案中,搜捡整理出 29592 卷(其中样本 302841 件)近现代丝绸档案。它们是 19 世纪到 20 世纪末,苏州丝绸企业、单位在技术研发、生产管理、营销贸易、对外交流过程中直接形成的,由纸质文图和样本实物组成的具有保存价值的原始记录,其突出特色是纸质记录和样本实物整体保存、互相映证。大量的设计意匠图、生产工艺单、产品订购单及多个历史时期对外贸易的出口产品样本等,忠实记录着传统工艺和商贸轨迹,也收藏了它们同时代的特有光辉。

1981 年,戴安娜王妃在伦敦举行婚礼,这场"世纪婚礼"受到英国皇室极大重视,受邀观礼的外国嘉宾就超过 2500 人,戴安娜礼服的塔夫绸面料就产自苏州。当年英国皇家慕名向苏州购买 14 匹塔夫绸的订货单,在档案中得到了完好保存。数量众多、联通各国的订货单档案,记录了苏州丝绸翻山过海、远销全球的历史瞬间,清楚表明丝绸向来是东方文明的重要象征和传播媒介。

档案中还存有清代苏州织造署使用过的纸质花本,《红楼梦》作者曹雪芹青少年时就常住在苏州织造署,档案中的这批花本,被专家称为 1949 年之后苏州所有丝绸厂的花本之祖。与丝绸样本相配套的工艺单,从技术层面保存了产品的原料构成、工艺参数、纹样色彩等。这些宝贵的、不可再生的技术资料,对开发同类产品具有极大的参考价值和经济应用价值,它们不仅彰显了一代又一代丝绸从业者承前启后、精益求精的工匠精神,更为今天工艺传承、跨界创新提供了充沛的策划和设计灵感。

2016 年 5 月,近现代苏州丝绸档案因其承接丝绸之路文明、见证东西方交流的杰出价值,成功入选《世界记忆亚太地区名录》,为人类丝绸文明增光添彩,也是档案系统助推"一带一路"战略的重要成果。

为了给丝绸档案找一个更加安全、更高规格的保存和开发平台，全国首个丝绸专业档案馆——苏州中国丝绸档案馆从 2013 年起筹建，并分别于 2013 年 7 月经国家档案局批准、2015 年 12 月经国务院办公厅批准落户苏州，目前已选定馆址，它的馆藏基础就是 30 多万件近现代苏州丝绸档案。

在管理好既有档案的同时，自 2013 年丝绸馆筹建以来，工作人员奔赴全国重点丝绸产地，追寻行业前辈的足迹，征集、征购、获赠档案 2 万多件，不断延伸馆藏触角、填补馆藏空白，多位国家级、省级文化遗产传承人的档案入藏。

档案的开发也取得了令人瞩目的成果。已举办丝绸档案展览 20 余次，与企业共建 14 家"苏州传统丝绸样本档案传承与恢复基地"，依据档案中的样本和技术资料，逐步恢复、创新传统丝绸工艺，其中由合作企业研发生产的新丝绸相继作为 2014 年 APEC 晚宴各国领导人"新中装"、2015 年世乒赛礼服和"9·3"阅兵天安门主席台福袋的面料，沉寂一时的丝绸档案走出深闺、焕发生机。就在此刻，"一带一路"档案展也正在筹办，计划中的开篇就是"吴丝传天下"，通过海外巡展，讲述中西交融的商贸和文化交流。

瑞典汉学家高本汉在《汉字形声论》中说，公元前 600 年的中国，就有近两百个合成字带有"糸"，可见丝绸和这个民族千丝万缕、互相滋养的密切关系。因其特殊的质地、竭尽巧思的工艺，丝绸自古以来就广受世人青睐，积累了丰富的文化内涵。在前文所述学术科研之外，从更宽广的视野来看，这些档案蕴含的丝绸文化更富亲和力，字里行间的光芒历久弥新。这本书呈现的就是这份努力和魅力，将近年相关佳作结集出版，也契合了联合国教科文组织关于世界记忆项目"让价值广泛传播"的期望。

从 5000 年前幸存的一片残绢，证明了新石器时代部落里的蚕桑生活。今天我们珍藏这些丝绸档案，传扬其中的丰厚文化，在后人眼里、在历史长河中，也是一个古老民族文明的薪火传承。

苏州市档案局(馆)长　肖　芃

2016 年 9 月

目 录

第 一 篇 丝·档

——档案在左,丝绸在右

市纺织工业局	市纺织工业局 大幅样本(1件) 品号: 64002 品名: 星点绸 花号: 24	
市纺织工业局	市纺织工业局 大幅样本(1件) 品号: 64002 品名: 星点绸 花号: 43	1980 13 31
市纺织工业局	市纺织工业局 大幅样本(1件) 品号: 64002 品名: 合巾(合绵)	1980 13 31
市纺织工业局	市纺织工业局 大幅样本(1件) 品号: 64170 品名: 宋巾(宋锦) 花号: 3	1980 12 31
市纺织工业局	市纺织工业局 大幅样本(1件) 品号: 64170 品名: 宋巾(宋锦) 花号: 12	198
市纺织工业局	市纺织工业局 大幅样本(1件) 品号: 64170 品名: 宋巾(宋锦) 花号: 16	

25

档案、丝绸，二者似乎并无交集，很少有人会将它们相提并论。然而当档案遇见丝绸，一个美丽的故事便诞生了，二者完美地融合在一起，并不断迸发出绚烂的火花。

　　因为档案与丝绸的相逢，原本在工作性质上毫无交集的档案人与丝绸人也紧密相连，面对五彩斑斓、柔软飘逸的各种丝绸档案，档案人被深深吸引，不由得想一探丝绸的奥秘。本篇汇集了介绍不同种类丝绸档案的文章18篇，宋锦、漳缎、塔夫绸、雪纺绸、四经绞罗……丰富多彩的丝绸画卷一幅幅展现出来，古老而精湛的丝绸织造技艺也随之得以体现。这些文章凝聚了档案人的心血，是苏州市档案部门工作人员深入挖掘馆藏丝绸档案的成果，档案人对丝绸的喜爱可见一斑。

　　档案在左，丝绸在右，好似人的左膀与右臂，二者协调一致，才能更好地向前！

当档案遇见丝绸

2015 年 5 月,"近现代苏州丝绸样本档案"入选第四批《中国档案文献遗产名录》,成为继苏州商会档案(晚清部分)、苏州市民公社档案和晚清民国时期百种常熟地方报纸之后,苏州地域的又一入选项目。这批丝绸样本档案收藏在苏州市工商档案管理中心(简称"中心"),在此次全国 29 组入选档案文献中,唯有它以丝织品实物为主要载体,别具特色。这是"档案"和"丝绸"的精彩相逢。

"近现代苏州丝绸样本档案"时间跨度达 100 多年,总数 30 余万件,包含丝绸 14 大类,其数量之巨、内容之完整,在我国乃至世界都独一无二,反映了晚清以来多个历史时期中国丝绸的演变概貌,折射出近现代中国丝绸文化与政治经济、百姓生活、时代审美之间千丝万缕的联系,包含极高的历史人文和经济价值。

中国是"丝绸古国",苏州是"丝绸之府"。在遥远的传说里嫘祖栽桑养蚕,而经考古发现,早在 4700 年前的新石器时代,太湖流域的先民就开始养蚕织丝,之后蚕丝柔韧地穿越着历史长卷。

翻阅丝绸样本档案,感怀民国丝绸质地的结婚证上"佳偶天成,良缘永缔"之美好祝愿,共赴婚姻的当事人已不知所踪,这卷婚书也有了四分之三个世纪的风云着色。在庆幸馆藏百年档案留存之余,却不禁感慨,相对数千年有记录的历史,档案可上溯的时间何其短。

即便是如唐诗、长城这般深刻烙印在中国文化基因里的事物,也难以抵抗时间。据明代诗学家胡震亨估算,到他所处的年代,唐诗已经至少失传了一半。而近日《京华时报》调查报道,明长城 30% 已消失。报道举例说,20 世纪 80 年代文物普查,宁夏长城有 800 千米左右可见墙体,由于保护不力,如今只剩下 300 千米左右了。

与长城的坚固墙体相比,组成档案的纸张卷册、丝绸样本的真丝材质显然更加脆弱。因此,21 世纪初国企改制浪潮中,苏州地区的档案工作者对包括丝绸样本档案在内的改制企业档案进行了历史性的抢救保护。与此相对,许多地区的改制企业档案在改制过程中永久散失,而它们既是地域工商业百年发展史的物证,又关乎工人们再就业时的切身利益。

如今，收藏在苏州市工商档案管理中心的改制企业档案已有约 200 万卷之巨。2012 年苏州市政府出台《苏州市丝绸产业振兴发展规划》，如同励志文章里说的"所谓机会，就是运气遇到了你的努力"，苏州市工商档案管理中心迅速从 200 万卷中艰难整理出约 30 万件丝绸样本档案，贴近大局竭力开发，才有了今天的"近现代苏州丝绸样本档案"，才有了即将开工的中国丝绸档案馆。苏州市工商档案管理中心还与苏州大学、苏州经贸学院和苏州职业大学等高校开展丝绸保护技术研究，与 8 家丝绸生产企业共建"苏州传统丝绸样本档案传承与恢复基地"，提供馆藏样本，依赖丝绸企业的专业化研发和生产设备，复制失传或濒临失传的工艺。目前馆藏明清宋锦、罗残片等已得到不同程度的复制。苏州丝绸样本得到了有史以来最专业、系统的保护和开发。从世纪初的抢救保护，到整理开发，到建立丝绸档案馆，都具有历史功绩。

　　由苏州市工商档案管理中心与吴绫丝绸刘立人先生合作编辑出版的《丝绸艺术赏析》一书，在展现丝绸艺术价值、传播丝绸文化的同时，也有助于中心馆藏 30 余万件丝绸样本档案的展示和利用，对于今后继续丰富馆藏丝绸样本、开发丝绸档案信息资源等工作有着重要的意义。我乐于想象，多年后人们还可通过本书了解今时的丝绸工艺。这又是"档案"和"丝绸"的相逢。

（作者：肖　芃　原载《江苏丝绸》2015 年第 6 期）

如烟似水　摇曳多姿

——漫谈近现代中国苏州丝绸档案

世界是丰富多彩的，每个国家都用自己的方式为这多彩的世界画上绚烂的一笔，它们都有自己的"语言"。提到法国，人们会想到香水、葡萄酒；提到瑞士，钟表的滴嗒声似乎就在耳畔响起；提到埃及，人们的脑海中会出现雄伟壮观的金字塔……亲爱的朋友，说到中国，你会想到什么呢？

古老的中国有着悠久的历史，长江和黄河两条母亲河孕育了 5000 年的华夏文明。说到中国，也许你会想到很多，古代的四大发明造纸术、指南针、火药和印刷术自不必说，它们对中国古代的政治、经济、文化的发展产生了巨大的推动作用，对世界文明发展史也产生了很大的影响。除了四大发明，精美绝伦的瓷器、韵味十足的京剧、泼墨写意的中国画、刚柔并济的中国武术、香气四溢的茶叶等都令世人赞叹不绝。当然，还有一样宝贝是不可缺少的，她堪称中国的符号，那就是——丝绸！

丝绸的故乡

中国是世界上最早发明丝绸的国家，据传早在 5000 多年前，轩辕黄帝的妻子，勤劳、智慧的嫘祖就发明了丝绸，中国从此开始了栽桑、养蚕、缫丝、织绸的历史。后人为了纪念嫘祖衣被天下、福泽万民的功绩，尊称她为"先蚕娘娘"，为之建祠祭拜，韩国、朝鲜及东南亚国家也都隆重祭祀嫘祖。

丝绸是古代中国先于四大发明的对人类文明的伟大贡献，西方国家认识中国是从认识丝绸开始的，他们称中国丝绸为"赛尔"(Ser,希腊语)，意为丝，称中国为"塞里斯"(Seres)，意思为产丝之国。从 2000 多年前汉朝张骞出使西域开始，中国丝绸源源不断地传入中亚、西亚和欧洲，外国货物和文化也随之传入中国，由此形成了著名的"丝绸之路"。正是通过丝绸之路，中国的瓷器、京剧、国画、武术、茶叶等才得以被更多的人认识和喜爱，中华文明的独特魅力才会散播到更广阔的范围。

丝绸是中国的名片，中国是丝绸的故乡，悠长的丝绸之路连接起中外文明；丝绸更是苏州的代言，苏州是丝绸之府，温婉的江南小城与烟一样轻软、水一样细腻的丝绸完美地融合在一起。唐宋时期,苏州就是全国的丝绸中心;明代中期,苏州便呈现出"东北半城,万户机声"的盛况;明清时代,皇家高级丝绸织品也大多出自苏州织工之手。丝绸与苏州有着千丝万缕的联系,是苏州的金字招牌,从某种意义上说,苏州丝绸代表了中国悠久灿烂的丝绸历史与丝绸文化。

然而,由于人力、工艺、技术等原因,不少优秀的传统丝绸品种却在历史发展的进程中逐渐失传,如各种风格的经锦,自唐代以后就逐步被纬锦所替代;"链式罗",古代为二经和四经环式绞罗,该结构自秦汉就产生,至唐宋盛行,但之后也失传了;中国三大名锦之一的宋锦,随着1998年苏州宋锦织造厂的倒闭,工艺技术逐渐失传。一些熟悉苏州丝绸生产的老艺人有的年过古稀,有的已亡故,有的后继乏人,不少传统丝绸品种濒临人亡技绝之危。

在此情形下,保护和传承传统丝绸显得既重要又紧迫,可是,哪里去寻丝绸的"根"呢?那些绝妙的织造工艺哪里找呢?幸运的是,苏州市工商档案管理中心珍藏着29592卷近现代中国苏州丝绸档案,是现今我国乃至世界保存数量最多、内容最完整也最系统的丝绸档案。

如烟似水、摇曳多姿的丝绸档案

20世纪末,国有(集体)产权制度改革轰轰烈烈地进行。通过改革,一大批国有(集体)企业获得了新生,然而,改革也给许多企业的档案管理工作带来了困难。面对困难,苏州市知难而进,建立了全国首家专门管理改制企业档案的事业单位——苏州市工商档案管理中心,抢救式接收改制企事业单位档案约200万卷,打了一场漂亮的"档案保卫战",并由此开创了全国档案系统改制企业档案管理的"苏州模式"。

在这200万卷厚重的档案中,有一部分档案质地轻软却格外光彩夺目,那就是前面提到的29592卷近现代中国苏州丝绸档案,其中丝绸样本302841件。由于得到及时抢救和集中保存,这批足以彰显近现代国内传统织造业璀璨历史的极为珍贵的档案资源,现已成为中心的"镇馆之宝"。这批恢宏的近现代中国苏州丝绸档案源自以苏州东吴丝织厂、苏州光明丝织厂、苏州丝绸印花厂、苏州绸缎炼染厂、苏州丝绸研究所等为代表的原市区丝绸系统的41家企事业单位和组织,是19世纪到20世纪末这些丝绸单位和组织在技术研发、生产管理、营销贸易、对外交流过程中直接形成的,由纸质文字、图案、图表和丝绸样本实物等不同形式组成的具有保存价值的原始记录,主要包括生产管理档案、技术科研档案、营销贸易档案和产品实物档案等。

翻开一卷卷丝绸档案,你一定会被如烟似水、摇曳多姿的丝绸所迷倒,美丽的丝绸薄若蝉翼、柔如春水,看着就让人陶醉,抚摸一下,爽滑、细腻的感觉传遍全身,如此柔顺舒适,不难理解她对人体的保健作用,被誉为"纤维皇后"当之无愧。

一、完整的 14 大类丝绸样本档案

日常生活中,人们用绫罗绸缎作为丝织品的通称,其实这并非一个完整的分类方法。中国古代丝织品种有绢、纱、绮、绫、罗、锦、缎、缂丝等,今天,丝织品依据组织结构、原料、工艺、外观及用途,分成纱、罗、绫、绢、纺、绡、绉、锦、缎、绨、葛、呢、绒、绸 14 大类。中心馆藏的丝绸档案完整地包含了这 14 大类织花和印花样本,每一类都有自己独特的组织结构、工艺特点,给人不同的视觉和触觉冲击。

纱,全部或部分采用纱组织,绸面呈现清晰纱孔。若隐若现、轻盈飘逸的纱犹如美丽婀娜的少女,迎着春风款款而来,西施浣纱的景象不由得映入眼帘。这批丝绸档案中的纱细分为很多品种,有大家非常熟悉的乔其纱,还有凉艳纱、腊羽纱、玉洁纱、花影纱等,听着这些好听的名字,就让人生发出一股似水柔情。

缎,缎纹组织,外观平滑光亮。富丽堂皇、光彩熠熠的缎宛若富贵端庄的妇人,高贵而不失典雅,华丽而不失庄重。该档案中的缎非常富有特色,既有荣获国家金质奖章的,代表国内当时丝绸业内最顶尖工艺的织锦缎、古香缎、修花缎、真丝印花层云缎,又有提花缎、琳琅缎、素绉缎、花绉缎、新惠缎、桑波缎、玉叶缎、百花缎、花软缎等众多品种,组成了缎的海洋。

锦,缎纹、斜纹等组织,经纬无捻或弱捻,色织提花。精致华美、质地坚柔的锦仿佛儒雅稳重的官者,华贵中彰显威严。三大名锦之一的宋锦是不得不提的,还有月华锦、风华锦、合锦、宁锦以及民国时期的细纹云林锦等多个品种。

绢,平纹或平纹变化组织,熟织或色织套染,绸面细密平挺。质地轻薄、坚韧挺括的绢好似活泼俏皮的孩子,顽皮中透着无限活力。烂花绢、丛花绢、吟梅绢等不同品种丰富了馆藏。

呢,采用或混用基本组织、联合组织及变化组织,质地丰厚。温厚柔软、柔和厚实的呢就像成熟睿智的长者,充满岁月的厚重感。该批丝绸档案中的呢包括华达呢、四唯呢、彩格呢、维美呢、西装呢、涤纹呢、闪色呢等。

站在高高的档案密集架前,看着满满当当的档案盒,你一定会被震撼,我们无法一一列举 14 大类丝绸的风格特征,然而柔滑绚丽的绸、轻柔飘逸的纺、雍容华贵的绒、富有弹性的绉……这些丝绸带给我们的美好感受会慢慢沁入心底,在内心最深处激荡。

二、迷人的特色档案

中心馆藏的近现代中国苏州丝绸档案中,有一些闪着格外耀眼的光芒,她们集

中展现了苏州丝绸的韵味,形成了一道独特的丝绸风景线。

宋锦,与蜀锦、云锦并称为"三大名锦",指宋代发展起来的织锦,广义的宋锦还包括元明清及以后出现的仿宋代风格的织锦。宋锦继承了蜀锦的特点,并在其基础上创造了纬向抛道换色的独特技艺,在不增加纬线重数的情况下,整匹织物可形成不同的纬向色彩,且质地坚柔轻薄。因主要产地在苏州,宋锦在后世被谈起时总会在前面加上"苏州"二字,称为"苏州宋锦"。苏州宋锦兴起于宋代,繁盛于明清,她的繁荣带动了整个苏州地区经济的发展。20世纪80年代后,宋锦市场萎缩,传统宋锦濒临失传,便愈加凸显出她的价值。2006年,宋锦被列入第一批国家级非物质文化遗产名录。2009年,又被列入世界非物质文化遗产名录。中心有一块非常珍贵的明代宋锦残片,名为"米黄色地万字双鸾团龙纹宋锦"残片(见图1-1),万字、双鸾、团龙都是对其纹样的说明,动物、几

图1-1　明代"米黄色地万字双鸾团龙纹宋锦"残片

何纹样是宋锦中比较经典的题材,龙纹在古代是不能乱用的,通常由皇家专享,可见这块残片极有可能原本用于宫廷的装饰。这块残片虽已残破暗淡,但上面的金色丝线却闪闪发光,原来上面的金色丝线竟然是由真金制成的,难怪经过漫长岁月的洗礼依旧散发着夺目的光彩。

塔夫绸,法文"Taffetas"的音译,含有平纹织物之意,是一种以平纹组织织制的熟织高档丝织品,20世纪20年代起源于法国,后传至中国,主要产地是苏州与杭州。塔夫绸选用熟蚕丝为经丝,纬丝可用蚕丝,也可用绢丝和人造丝,均为染色有捻丝,一般经、纬同色,以平纹组织为地,织品密度大,是绸类织品中最紧密的一个品种。苏州东吴丝织厂生产的塔夫绸最负盛名,该厂生产的塔夫绸花纹光亮、绸面细洁、质地坚牢、轻薄挺括、色彩鲜艳、光泽柔和,是塔夫绸中的精品。1951年初,国家外贸部门组织苏州丝织业16种产品去东欧7国展出,苏州东吴丝织厂生产的塔夫绸等产品广受欢迎,在民主德国展出时引起轰动,被客商誉为"塔王","塔王"的称号由此享誉海内外。1981年,英国查尔斯王子和戴安娜王妃在伦敦圣保罗大教堂成婚,戴安娜王妃穿着的7.6米超长裙摆的拖地长裙给人们留下了深刻的印象,这件惊艳世界的婚礼服所用的丝绸面料,正是苏州东吴丝织

厂生产的塔夫绸。苏州的塔夫绸登上了国际舞台，赢得了世界性的荣誉。这些承载了无上荣誉的真丝塔夫绸的相关档案被完好地保存在中心的库房中，包括英国王室当时的英文订货单原件、婚礼选用的真丝塔夫绸样本（见图1-2）及相关的照片等，还有制作塔夫绸的技术资料。

图1-2　戴安娜王妃结婚礼服选用的塔夫绸样本

　　漳缎及其祖本也是中心馆藏的特色档案。漳缎是采用漳绒的织造方法，按云锦的花纹图案织成的缎地绒花织物，外观缎地紧密肥亮，绒花饱满缜密，质地挺括厚实，花纹立体感极强。漳绒源自福建漳州，而漳缎却源于苏州，清初聪慧细腻的苏州人将漳绒改进创新，发明了风格独特的丝绒新产品——漳缎。漳缎一经问世，康熙皇帝即令苏州织造局发银督造，大量订货，专供朝廷，并规定漳缎不得私自出售，违者治罪。宫廷贵族及文武百官服饰皆用漳缎缝制，此外，漳缎还用作高档陈设及桌椅套垫用料。道光中叶鸦片战争前，朝廷皇室贵族及文武百官的外衣长袍马褂也多以漳缎为主要面料，当时也是漳缎生产的全盛时期。新中国成立后，北京迎宾馆和民族文化宫两大建筑的装饰用丝织品及沙发、椅子等套垫，也都采用的是苏州产的漳缎。2014年11月亚太经合组织第二十二次领导人非正式会议（APEC会议）上，亚太国家女领导人和领导人女配偶服装的装饰采用的亦是漳缎。如今，苏州漳缎织造技艺已经被列入江苏省非物质文化遗产名录。中心馆藏的漳缎有宝蓝喜字镶金漳缎、咖啡色团花纹漳缎、紫色喜字圆形纹漳缎、紫色地扇形葫芦纹彩色漳缎等，而馆藏更珍贵的是24件漳缎祖本。这些祖本主要出自20世纪60年代，大多由两到三种颜色的粗线编制而成，四周还有很多散乱的粗线头，经过历史的洗涤，部分粗线还略有褪色，看着这些祖本，你很难想象她们与华丽的漳缎有何联系。其实祖本相当于织物的遗传密码，业内称作丝绸产品的"种子花"，《天工开物》中说："凡工匠结花本者，心计最精巧。画师先画何等花色于纸上，结本者以丝线随画量度，算计分寸秒忽，而结成之，张悬花楼之上。即织者不知成何花色，穿综带经，随其尺寸度数，提起衢脚，梭过之后，居然花现。"描述的正是我国古代丝织提花生产过程中非常重要的一步——挑花结本。而祖本则是挑花结本产生的第一本花本，又叫母本。有了祖本，就好似有了复制用的模本，可以复制出许多花本，因此这些祖本是非常珍贵的研究漳缎工艺的实物档案。

像锦织物,丝织人像、风景等的总称,以人物、风景或名人字画、摄影作品为纹样,采用提花织锦工艺技术,一般由桑蚕丝和人造丝交织而成,是供装饰和欣赏用的丝织工艺品。在织造时利用黑白或彩色经纬线,通过变化织物组织方法获得层次分明的效果,使织物表面再现与照片同样生动的人物或景物。像锦织物按其结构、色彩运用可分为黑白像锦和彩色像锦两大类。中心馆藏700余件像锦织物,既有20世纪五六十年代苏州织制的以园林为题材的风景像锦织物(见图1-3),又有马克思、恩格斯、列宁等伟人和国家领袖的人物像锦,内容丰富多彩,形象栩栩如生,具有极高的艺术价值。

图1-3 像锦织物《苏州留园荷花厅》

三、神秘的科技档案

美轮美奂的丝绸样本深深吸引着我们的眼球,同样惹人瞩目的还有许多神秘的科技档案,包括丝织品工艺设计书、订货单和意匠图等。

丝织品工艺设计书上详细记载了丝绸的品种规格、工艺程序、产品特征、理化指标、原料技术指标等信息,工艺程序中又按步骤逐条记录下详细的过程及每个步骤的注意事项,对今后复制或开发生产同类产品具有极大的参考和应用价值,同时为新的丝绸产品的开发提供了创意。一些新产品还会有新品开发材料及投产工艺设计,具体内容包括新产品开发任务书、品种规格单、新产品开发可行性分析报告、新产品试制报告、产品实样、织物样品、检验报告等,是非常完备的生产管理和技术科研档案。

丝绸订货单上清晰地列出了丝绸的品号、品名、花色号、订货对象、数量、生产单位等，其中不乏许多销往国外的丝绸，如销往英国、阿联酋、新加坡、瑞士、加拿大、日本。前文提到的戴安娜王妃的婚礼服布料的英文订货单原件就完整地保存在中心的库房中，上面清楚地写着：苏州东吴丝织厂生产的水榭牌深青莲色塔夫绸，订货数量是 14 匹 420 码。大量的订货单记录了苏州丝绸远销全球的历史瞬间，表明了丝绸在东西方交流中发挥的重要作用。如今，中国人民用"一带一路"搭建起中国梦与世界梦息息相通的桥梁。古老的丝绸从历史深处走来，融通古今、连接中外，将再次见证中外人民的深厚情谊。

意匠图是另一个非常重要且极富特色的科技档案，在整个丝绸织造过程中起着承上启下的关键作用。把不同的图案纹样织制到丝绸织物上，需要根据图案纹样结合丝织物的组织结构将各种不同图案纹样放大，绘制在一定规格的格子纸上，这种格子纸称为意匠图纸，纵格相当于织物中的经纱，横格相当于纬纱，格子纸上的图纹统称意匠图。第一次看到馆藏的意匠图，内心有一种莫名的感动，不同规格的意匠图纸上画着各式各样美丽的图案，凑近看有一种眼花缭乱之感，那密密麻麻的方格里填涂着不同的色彩，仅涂满那些格子就不知需要花费多少时间和精力。意匠图完成之后，才能根据意匠图织造出同样图案的织物，美丽的图案花型才会呈现在我们眼前。了解了意匠图的故事，便愈加觉得这些瑰丽秀美的丝织物来之不易，我们一定要好好地将之传承下去。

让丝绸之花永远绽放

近 3 万卷的近现代中国苏州丝绸档案是苏州档案人的骄傲，守着这些宝贝，应该怎么做呢？是像藏宝一样将她们藏在深闺秘不示人，让其做漂亮的睡美人吗？苏州的档案人给出了不一样的答案，走出了一条别样光彩的道路，在丝绸档案的基础上开辟了一片新天地。

档案人深知档案的重要价值之一就是开发利用，让静态的档案"活"起来，才是对其更好的守护。依托丰富的丝绸档案资源，中心与丝绸生产企业开展了多领域合作，对传统丝绸品种进行抢救、保护和开发利用，拓展了档案资源利用的新途径。

2014 年 11 月 10 日，出席 APEC 会议欢迎晚宴的各国领导人及其配偶身穿名为"新中装"的现代中式礼服惊艳亮相，受到了世人的瞩目。这些"新中装"采用的极具东方韵味的宋锦面料，正源自中心的宋锦样本档案。中心与吴江一家丝绸企业合作，以馆藏的宋锦样本档案为蓝本，通过对机器设备的技术革新，研发出十余种宋

锦新花型和新图案,让古老的宋锦技艺走出了档案库房,在世人面前焕发新的生机和活力,并最终走上了 APEC 这一国际舞台,赢得了世界人民的赞赏。2015 年第 53 届世界乒乓球锦标赛颁奖礼仪服装和纪念中国人民抗日战争暨世界反法西斯战争胜利 70 周年大阅兵上使用的福袋,均源自宋锦,引发了新一轮的宋锦热和丝绸文化热。

截至目前,中心已与苏州圣龙丝织绣品有限公司、苏州天翱特种织绣有限公司、苏州锦达丝织品有限公司、苏州工业园区家明织造坊、顾金珍刺绣艺术有限公司等 14 家丝绸企业合作建立了"苏州传统丝绸样本档案传承与恢复基地"。通过合作,完成了对宋锦、漳缎、纱罗等传统丝绸品种及其工艺的恢复、传承和发展,开发出了纱罗宫扇、宫灯、宋锦、纱罗书签,新宋锦箱包、服饰等不同织物属性的产品和衍生产品。那一块用真金织成的米黄色地万字双鸾团龙纹宋锦残片,即在苏州工业园区家明织造坊织工的巧手下复制成功,明代的宋锦残片就这样在现代成功"复活",这是档案部门与企业共同努力的结果。

除了自身寻求新发展新途径,档案部门希望更多的人加入到了解、保护和传承丝绸文化的队伍中来。苏州市档案局和中心围绕丝绸档案做了大量工作,并取得了诸多阶段性成果。目前,中心已申请并获批建立了中国丝绸品种传承与保护基地和丝绸档案文化研究中心、江苏省丝绸文化档案研究中心。国内首家专业的丝绸档案馆——苏州中国丝绸档案馆也在苏州启动建设,总投资 1.8 亿元,为更好地保护这批丝绸档案、传承和弘扬丝绸文化提供了基础和平台。同时,积极申报各项名录,多渠道地向人们展示丝绸档案的魅力。2011 年,经苏州市珍贵档案文献评选委员会审议,该档案被列入第三批"苏州市珍贵档案文献名录"。2012 年,经江苏省珍贵档案文献评审委员会审议,该档案被列入第四批"江苏省珍贵档案文献名录"。2015 年,经中国档案文献遗产工程国家咨询委员会审定,该档案入选《中国档案文献遗产名录》。2016 年 5 月,经世界记忆工程亚太地区委员会(MOWCAP)审定,该档案入选《世界记忆亚太地区名录》,成为我国继《本草纲目》《黄帝内经》以及"元代西藏官方档案"等之后又一入选《世界记忆亚太地区名录》的档案文献,也是国内目前唯一一组由地市级档案馆单独申报并成功入选的档案文献。

面对这份宝贵的财富,我们想说的太多,要做的太多,希望通过档案人和社会各界的努力,使这批近现代中国苏州丝绸档案绽放出姹紫嫣红的花朵,让中华民族最美丽的发明永远散发着绚烂的色彩!

参考文献

[1] 赵丰. 中国丝绸通史[M]. 苏州:苏州大学出版社,2005.

[2] 赵丰. 天鹅绒[M]. 苏州:苏州大学出版社,2011.

[3] 李平生. 丝绸文化[M]. 济南: 山东大学出版社,2012.

[4] 陈鑫,甘戈,吴芳,卜鉴民. 苏州丝绸业的记忆——苏州丝绸样本档案[J]. 江苏丝绸,2013(6) : 16–19.

[5] 陈鑫,卜鉴民,方玉群. 柔软的力量——苏州市工商档案管理中心抢救与保护丝绸档案纪实[J]. 中国档案,2014(7): 29–31.

[6] 刘立人,卜鉴民,刘婧,甘戈. 丝绸艺术赏析[M]. 苏州: 苏州大学出版社,2015.

[7] 甘戈,陈鑫. 漳缎三问[J] 档案与建设,2015(2): 52–53.

[8] 朱亚鹏. 让美丽图案在丝绸织物上绽放——意匠图[J]. 档案与建设,2015(12): 62–63.

(作者: 肖 芃 栾清照 陈 鑫 卜鉴民)

近现代中国苏州丝绸档案价值研究

近现代中国苏州丝绸档案是 19 世纪到 20 世纪末期,苏州众多丝绸企业、组织在技术研发、生产管理、营销贸易、对外交流过程中直接形成的,由纸质文字、图案、图表和丝绸样本实物等不同形式组成的具有保存价值的原始记录。该档案由苏州市工商档案管理中心保管,共计 29592 卷,主要包括生产管理档案、技术科研档案、营销贸易档案和产品实物档案等。

这批丝绸档案涵盖了绫、罗、绸、缎、绉、纺、绢、葛、绨、纱、绡、绒、锦、呢等 14 大类织花和印花样本,主要来自于以苏州东吴丝织厂、光明丝织厂、丝绸印花厂、绸缎炼染厂、丝绸研究所等为代表的原市区丝绸系统的 41 家企事业单位,全面真实地记录了 100 多年来丝绸花色品种的发展、演变。通过这批丝绸档案,我们不仅可以看到丝织品本身的魅力,更能了解到近百年间苏州市区及国内重点丝绸产地丝绸产品演变的历程。其中极具艺术和科研价值的漳缎祖本、在国际舞台上大展风采的塔夫绸和四经绞罗等丝绸档案,均体现了当时中国乃至世界丝绸产品的最高工艺水平,也从一个侧面折射出近现代中国各阶段的丝绸文化与社会政治经济、人民生活之间的密切关系以及审美观、价值观对丝绸的影响。其所蕴含的体现在不同时期经济、文化、美学、历史、应用等方面的价值难以估量,现已成为中心的"镇馆之宝"。

经济价值——以丝为笔墨,勾勒繁荣景象

随着历史的变迁、朝代的更迭,丝绸经历了数次起伏,既有"日出万绸,衣被天下"的兴旺繁荣,亦有在改革浪潮下的急流勇退。早在魏晋南北朝时,东西方往来频繁,大秦(东罗马帝国)商人、波斯商人运往西方的商品主要就是丝绸,东方的丝绸成为当时人们趋之若鹜的华美服装面料。秦汉时期,随着疆域大规模扩展而来的,就是丝绸的贸易输出达到了空前繁荣。这也推动了中原同边疆的经济文化交流,从而形成了著名的"丝绸之路"。而自明代起,直到 19 世纪末叶,丝绸产品一直是中国

输往东南亚和葡萄牙、西班牙、荷兰、英国等欧洲国家的最大宗物品，并在国际生丝贸易市场上占据霸主地位。

作为苏州最古老也是最传统的产业，丝绸与苏州密不可分。新中国成立以后，国家大力发展丝绸产业，逐渐形成了一个较为完整的丝绸工业体系，不断创造外汇支援建设。此后，丝绸产业成为民营经济创业发展的重要领域，为推进中国特色社会主义建设提供了巨大动力。

在中心的库房内，收藏着部分外销丝绸的样本及订货单等一系列完整的档案。这些新中国成立后出口国外的丝绸档案，展示了20世纪中期至20世纪末中国专为外销设计、生产并输出到世界各地的丝织品，从中可以看出当时丝绸的生产、销售不断创下历史新高。单以被人们所熟知的塔夫绸而言，它在1950年第一次于东欧七国展出时，就轰动了东欧市场。此后，苏州生产的塔夫绸被称为"塔王"，畅销美国、英国、苏联、西德、瑞士、澳大利亚以及亚洲许多国家和地区，深受各国各地区客商的欢迎，在国内外都享有盛誉。据馆藏资料记载，仅苏州东吴丝织厂一厂，在1981年1至7月份就生产了11.7万米的塔夫绸，并被客户争购一空。当时报道中提到："为了扩大生产，满足国内外市场的需要，苏州东吴丝织厂今年将增加20台织机，年产量预计可以达到60多万米。"其所带来的经济效益由此可见一斑。

国际价值——以丝为使者，行走于中西方

经济是国际关系的一种反映。丝绸并非只是一块小小的布料，透过丝绸我们不仅可以看到中西方之间经济、文化的碰撞与交流，更能体会到其中的跨国互动。

塔夫绸的畅销使其终被英国王室所耳闻。1981年7月，英国王储查尔斯王子和戴安娜王妃在伦敦圣保罗教堂举行了历史上著名的世纪婚礼。而早前中国纺织品进出口公司江苏省分公司就寄给苏州市外贸公司一张订货单，要求订购水榭牌深青莲色素塔夫绸14匹，共计420码，这批塔夫绸正是供英王储查尔斯举行婚礼所用。塔夫绸站上了世界的舞台，为中国苏州赢得了巨大的荣誉。而值得一提的是，水榭牌素塔夫绸商标也被意大利米兰科莫丝绸博物馆收藏至今。

回顾历史，再看今朝。丝绸向来就是国礼佳品，漂洋过海，扬名世界，延续至今。据不完全统计，仅新中国成立以来，苏州丝绸织绣品就有30多次作为"国礼"走出国门。自苏州推进"丝绸档案+"档案资源开发利用新模式后，中心积极响应，与各地丝绸企业共建了14家"苏州传统丝绸样本档案传承与恢复基地"，将馆藏样本、祖本加以研究，跨界融合，使档案走出深闺，在国际上再次焕发生机。2014年，在APEC

第二十二次领导人非正式会议晚宴上，各经济体领导人和代表穿着特色中式服装拍摄"全家福"。这些华而不炫的宋锦、贵而不显的漳缎以及不同特质的系列丝绸面料，展现出了各国领导人的独特风采。其中，宋锦面料上的海水江崖纹，就赋予了与会21个经济体山水相依、守望相助的寓意，正应和了"共建面向未来的亚太伙伴关系"这一主题。而在2015年11月中国—中东欧"16+1"峰会上，一系列制作精美、惟妙惟肖的领导人肖像真丝画作为国礼被赠予多国领导人。真丝肖像画已先后四次作为国礼被赠送给多国国家领导人，既表达了苏州人民对于外国友邦的热情，也是丝绸人响应"丝绸之路经济带"这一号召的积极行动。

而丝绸的国际价值，不仅彰显于我们同各国间的友好互动、共昌繁荣，更体现在我们所得到的一种社会荣耀上。在此次2016年世界记忆亚太地区名录评选会议上，近现代中国苏州丝绸档案中所囊括的样本、工艺技术、图纸纹样等再次展现在世人面前，在当前中国倡导的"一带一路"建设上提供了助力，也让更多的人了解了中国的丝绸。正如评审会专家、塔吉克斯坦代表、国际咨询委员会委员阿拉女士说："这是很有意思的一组档案，收集了各种丝绸品种，这是拥有国际性价值的遗产。"

文化价值——以丝为纽带，连接古今文明

丝绸是传播丝绸文化的一种语言，它不是随心所欲的艺术创造，而是将设计艺术的美贯穿于织物织造的始终。博大精深而独树一帜的丝绸文化是中国古老文明的一个重要分支，是华夏人文历史上一段动人的乐章。丝绸文化不仅反映出中国的悠久历史，也记录着各地鲜明的地域特征，有着如诗画般灿烂、隽永的价值。时代精神的火花在这里凝练、积淀下来，感染着我们的思想、意绪，使我们流连不已。而近现代中国苏州丝绸档案作为丝绸文化的载体，以其深厚的传统文化底蕴、精湛的工艺水平，诠释了中国历朝历代不同的精神风貌及主要内涵，更翔实地记录了人们在传承和发扬丝绸文化道路上的奋斗足迹，是我国民族文化的象征。它是苏州的骄傲，江苏的骄傲，更是整个中华民族宝贵的文化遗产。

近现代中国苏州丝绸档案是早期传承下来的历史的、传统的财富，其种类繁多、地域特征明显，多为在长期生产生活中为了方便或审美需求而制造出来的，不仅在造型、结构、色彩上具有形式美，而且纹样内涵丰富，如喜庆、富贵、吉祥、平安等寓意，就通过特定的图案表达出来，传达出了一种大家都能读懂的语言。这些档案上所凝聚的精美的纹样，充分展现了丝绸的文化价值。通过各具特色的丝绸纹样，可以看到不同时期对于中华民族传统文化的传承与对外来文化兼容

并蓄后的创新。就最为典型的吉祥纹样而言,用蝙蝠表现"福"、桃子表示"寿"、牡丹寓意"富贵"的纹样在近现代中国苏州丝绸档案中就占有很大一部分,它们所体现出的含蓄的纳吉祈福的传统文化思想耐人寻味、引人深思。可以看出,无论古今,人们对于美好生活的追求都是一样的,这也使得人们在吉祥纹样所象征的华夏文明上息息相通。另外,在外销丝绸产品中,其品种、花样等往往是根据不同出口国家的需要而特意设计制作的,融入了大量的国际元素,如深受儿童喜爱的米奇、小矮人、超人等卡通漫画图案以及日本的和服纹样等,也在一定程度上反映了国际社会文化百余年的发展变迁。

此外,基于近现代中国苏州丝绸档案本身所衍生而出的文化价值也值得一提。围绕馆藏丝绸档案,中心编辑出版了《丝绸艺术赏析》《花间晚照:丝绸图案设计的实践与思考》等相关书籍,在加深我们对丝绸档案理解的同时,也使得中国丝绸文化得以更好传承。同时,中心与全国中文核心期刊《档案与建设》合作开设了"档案中的丝绸文化"和"苏州丝绸样本档案"两个年度专栏,并在专业期刊发表丝绸档案研究论文 30 余篇,以图文并茂的方式让中国苏州丰富的丝绸档案资源和灿烂的丝绸文化展现在世人眼前,通过各类丝绸档案引发读者对中国传统丝绸文化的浓厚兴趣,以期让更多人加入到丝绸文化和档案文化的传承中来。

美学价值——以丝为窗口,传递情感艺术

美的创造、传达和欣赏,与物体材质密不可分,由天然纤维织就的丝绸,其美学价值可以说是公认的。丝绸在织制、纹样和工艺技术上显示出的丰富内容,是其他织物所无法比拟的。正合了《考工记》中所说:"天有时,地有气,材有美,工有巧。合此四者,然后可以为良。"

倘若要深入探讨,那么笔者以为,丝绸之美,一在纹样,二在肌理。

纹样作为丝绸面料的装饰花纹,是最直观、易辨认的元素。以古香缎为例,它是锦缎的一种,而"锦"就是以彩色丝线织成各种花纹的精美丝织物。自古香缎派生以来,一直扮演着美化和装扮人们生活的角色。通常来说,古香缎分为风景古香缎和花卉古香缎。其中,风景古香缎在图案设计上,不论是题材内容、排列方法、色彩组合还是绘制技巧,和其他丝绸品种相比较,都有着较大难度。我们说它是有思想的图案,从内容到形式都充斥着其独有的审美情趣和美学情感,因为每设计一张花样都等于创作一幅画作,既要掌握适度原则,又要突出风景古香缎的特色,使纹样与肌理配合得体、色彩协调精致。不难想象,设计者要如何煞费苦心才能达到理想效果。

肌理是指物体表面的组织纹理结构,即各种纵横交错、高低不平、粗糙平滑的纹理变化。在丝绸设计中,肌理虽为纹样服务,但又不仅仅是被动地、机械地依附于纹样,肌理本身更具有美的能动性。起源于战国时期的四经绞罗,是吴罗中织造难度极高的一种,它以四根经丝为一绞组,与左右邻组相绞,四根经丝间互相循环,最终显露出链状绞孔,使丝绸表面呈现出若隐若现的浮雕效果,增加了丝绸的韵律感和美感。又如手绘真丝方巾,将流行风格与传统文化融为一体,有别于刺绣、织锦图案,是在纺织品上直接绘染出各种装饰花纹。采用手工绘画的丝绸具有较浓的手工韵味,呈现了独特、丰富的色彩效果,题材广泛、肌理自然。由此可见,肌理存在的形式是多样化的,由其产生的审美趣味也是多样化的。无论是刺绣图案的凹凸有致,还是漳缎织物的缎地起绒,这些肌理都使丝绸散发出了独特的艺术魅力,给人以强烈的视觉冲击与心理共鸣,提升了丝绸的美学品味,从情感上满足了人们对丝绸的追求。

历史价值——以丝为印记,追忆峥嵘岁月

历史是当下的追忆。如今居住在苏州古城区的人们,倘若追溯到三四代前,怕是至少有半数家庭都从事过同丝绸业相关的工作。即便曾经主要分布在古城东北区域的国家现代丝织产业,已经被岁月冲刷得几乎无迹可寻,然而丝绸的根早已驻扎在了苏州,融入了苏州人民的血脉之中。在历史发展演变中逐渐积累下来的近现代中国苏州丝绸档案,具有其鲜明的时代特征,它不仅浓缩了近现代中国丝绸的文化和技艺,还见证了苏州丝绸发展的历史进程,是研究近现代丝绸产业发展历史的重要资料。

中心保存有大量关于丝绸行业的珍贵纸质档案和历史资料,如道光、咸丰、同治、光绪、宣统年间的苏州丝织行业契约档案以及民国年间的苏州丝绸企业会计凭证类档案等,对研究苏州丝织业的起源和民国时期的丝绸企业发展史有着非常重要的意义。据旧志记载,元至正年间始建苏州织造局,此后明清时期,为满足宫廷需求,朝廷都于苏州设有织造机构。"清朝苏州织造局由总织局和织染局共同组成……康熙十三年(1674),在总织局的基础上成立织造衙门(也叫苏州织造府或织造署)。""光绪三十二年(1906)苏州织造局停织。至此,以上贡为主要职责的官府织造彻底退出了历史舞台。"如今位于苏州市带城桥下塘的苏州第十中学,就为清代苏州织造署遗址。而由清代苏州织造署所使用并流传下来的花本,则被专家戏称为新中国成立后苏州所有丝绸厂使用的花本"祖宗"。

与织造局无奈成为皇家服装厂所不同的是,在新中国成立后,怀着对新生活的美好憧憬、期望以及对领袖人物的崇敬,各地有能力的丝织厂纷纷开始织造以毛泽东主席为主的领袖形象。随着织制像景工艺技术的提高,歌颂伟大领袖毛主席、反映毛主席领袖风采的丝绸画得以大量生产。这些花本、像景织物的相关档案都收录在近现代中国苏州丝绸档案中,它跨越了中国皇权社会结束、现代社会兴起的特殊历史时期,凝聚了洋务运动以来中国民族工业家实业兴邦的报国情怀。虽然产生这批档案的绝大多数企业已在21世纪初的国企改制中消失,然而丝绸产业在苏州发生、发展的历史状况在余留下的这些档案史料中尚能窥见一二。这些样本档案为研究各个历史阶段丝绸产品演变的轨迹和概貌提供了重要的资料。

应用价值——以丝为旋律,奏出时代新声

档案的最终价值在于利用,而不是躺在库房里做睡美人。前文所提到的丝绸纹样如今已被更多的人所熟知,许多丝绸大师会到中心寻找合适的纹样,这些图案、装帧装饰已经广泛应用于现代生活。

而这批丝绸档案中的产品工艺单,更是从技术层面清晰地展示了中国传统丝绸产品的工艺特征、结构技巧、产品规格、纹样色彩等,这是近现代中国苏州丝绸档案中含金量最高的一部分。这些宝贵的、不可再生的技术资料,对丝绸的复制或生产同类产品具有极大的参考和应用价值,并能为新产品的开发提供创意。

近年来,中心建立了2家丝绸档案文化研究中心和全国唯一的"中国丝绸品种传承与保护基地",同苏州大学等学校开展丝绸保护技术研究,与各地丝绸企业共建了14家"苏州传统丝绸样本档案传承与恢复基地",提供档案中的丝织品样本和技术资料,依赖丝绸企业的专业化研发和生产设备,逐步恢复、创新濒危的传统丝绸工艺。馆藏明清宋锦、罗残片已得到不同程度的恢复,漳缎祖本也得以解密。

中心在第五届中国苏州文化创意设计产业交易博览会(简称"创博会")上,推出了"非遗"和"国礼"丝绸专题展,展出档案史料、实物和图片等近200件,吸引了6000人次参观,受到中外参观者和各级领导好评,成为媒体关注的热点之一。这是中心积极响应苏州推进"丝绸档案+"档案资源开发利用新模式的表现,也是"丝绸档案+"开发利用成果的一次精彩亮相。在观看中国丝绸档案馆"档企合作"成果时,江苏省档案局谢波局长说道:"中国丝绸档案馆在丝绸档案资源开发利用工作上为档案界提供了新鲜经验,打破了传统档案利用的框框和方式,把档案资源的开发利用同地方社会发展、经济建设、城市文化和百姓美好生活相结合,具有推广价值。"

对苏州丝绸档案进行开发利用，将存在库房里的丝绸档案由幕后推向台前，一方面可以根据市场需要将档案转化为现实的社会财富，为丝绸产业的转型升级服务；另一方面可以为国内外丝绸品种保护和系统性研究提供充足的资源，更好地为发展丝绸产业、传承丝绸工业文明和弘扬丝绸文化服务，从而为中国丝绸业的发展提供更为强劲的推动力，实现经济效益与社会效益的共赢。

2015年，近现代中国苏州丝绸档案被列入《中国档案文献遗产名录》。2016年5月19日，该档案通过第七届联合国教科文组织世界记忆工程亚太地区委员会(MOWCAP)的严格甄选，批准列入《世界记忆亚太地区名录》，成为亚洲及太平洋地区具有影响意义的文献遗产之一，这也是国内目前唯一一组由地市级档案馆单独申报并成功入选的档案文献，是中心在保护开发丝绸档案道路上迈出的一大步。同时，为使其得到更好的保存和利用，国内首家和唯一一家专业的丝绸档案馆——中国丝绸档案馆，已于2013年7月在苏州启动建设。2015年12月16日，国务院办公厅正式发文，同意苏州市工商档案管理中心加挂"苏州中国丝绸档案馆"牌子，丝绸档案馆工程建设和一系列征集工作目前已经顺利展开。

围绕"一带一路"战略，苏州市工商档案管理中心积极响应号召，充分利用档案部门的资源优势，通过辛勤梳理和系统整合，围绕近现代中国苏州丝绸档案，展开了一系列探索与尝试，从中发掘出这批丝绸档案的价值。近现代中国苏州丝绸档案从散存到整合，从偏居一隅到惊艳世界，如今又在国家档案局支持下成功入选联合国教科文组织《世界记忆亚太地区名录》。漫漫丝路行，在贯穿千年的经纬蓝图上，近现代中国苏州丝绸档案必然会添上其浓墨重彩的一笔。

参考文献

[1] 赵丰. 中国丝绸通史[M]. 苏州：苏州大学出版社，2005.

[2] 吴淑生，田自秉. 中国染织史[M]. 苏州：苏州大学出版社，2005.

[3] 向云驹. 人类口头和非物质遗产[M]. 银川：宁夏人民教育出版社，2004.

[4] 李泽厚. 美的历程[M]. 天津：天津社会科学院出版社，2006.

[5] 陈鑫，甘戈，吴芳，卜鉴民. 苏州丝绸业的记忆——苏州丝绸样本档案[J]. 江苏丝绸，2013(6):16–19.

[6] 陈鑫，卜鉴民，方玉群. 柔软的力量——苏州市工商档案管理中心抢救与保护丝绸档案纪实[J]. 中国档案，2014(7):29–31.

[7] 俞菁. 苏州官府织造机构始末[J]. 档案与建设，2015(4):47–49.

（作者：杨　韬）

丝绸:一个民族的时尚梦

纺织品的中国制造,并不逊于米兰制造、巴黎制造。丝绸,曾引领世界风尚。早在古罗马时期,只有皇室才有资格穿中国丝绸。当范冰冰身穿"龙袍"出现在老外视线中时,丝绸奢华的美艳,把中国制造的时尚概念重新拉回到时代的记忆中。

有专家认为,中国人对丝绸的热爱,起源于对蚕的崇拜。去宗教与神化之后,丝绸作为一种织锦面料,从战国时起逐渐成为商品流通。延续至今,丝绸衣物、包袋、家居用品,仍然是高档与奢华的代名词。

有数据显示,一件丝绸连衣裙,一般需要 1500 条蚕结出 3000 克蚕茧,才能制成。一条丝巾,也需要 240 条桑蚕结出 460 克蚕茧才能制成。珍爱丝绸,就是珍爱大自然的馈赠。

丝绸档案,则为我们留下了物的历史痕迹。历史把中国丝绸的"根"留在了苏州,丰富的档案见证了苏州"丝绸之府"的美誉。

被誉为中国丝绸档案馆"镇馆之宝"的近现代苏州丝绸样本档案,是一组来自于 19 世纪末至 20 世纪末、共计 30 余万件的绸缎样本、制作工艺和产品实物。这些珍贵的丝绸档案,是以百年老厂苏州振亚丝织厂、苏州东吴丝织厂、苏州光明丝织厂、苏州丝绸印花厂、苏州绸缎炼染厂以及苏州丝绸研究所等为代表的 41 家丝绸企业和组织,在绸缎设计、试样、生产及交流过程中逐步积累形成的,涵盖了丝绸的 14 个大类和几乎所有品种的以丝织品实物为主要载体的档案资料。2015 年上半年,近现代苏州丝绸样本档案入选第四批《中国档案文献遗产名录》,目前正候选《世界记忆亚太地区名录》。

有档案可据,苏州人对丝绸的记忆"断层"也由此消除。如今,总投资 1.8 亿元的中国丝绸档案馆,各项资源筹备正在有条不紊地进行中。目前,我市已建立了 2 个丝绸研究中心和 8 家丝绸样本档案传承与恢复基地,为丝绸企业服务,发挥档案部门在传统丝绸产品保护和恢复过程中的独特作用。

"丝绸之路"是一条融合东西方文化的交通要道。通过这条道路,丝绸产品、织造技术、蚕种、缫丝技术都得到了传播和交流。"丝绸之路",也是经济、社会的开放之路、融合之路。

　　丝绸起源于中国，准确地说是起源于黄河与长江流域的内地，在"丝绸之路"上，中国丝绸连接起世界。一路向西、向南，今年，我市档案部门的技术人员沿着丝绸之路，征集珍贵的丝绸档案，从四川、辽宁，到青海、新疆、西藏，再到广东、广西，国内一些重点丝绸产地，都留下了他们的足迹。他们征集到了各类丝绸档案 8000 余件，中国丝绸档案馆馆藏资源得到了不断充实和丰富。（见图 1-4 至图 1-10）

图 1-5　新疆艾特莱斯丝绸面料

图 1-4　折枝牡丹花罗三经绞罗

图 1-6　祯彩堂陈文女士捐赠的缂丝作品

图 1-7　馆藏青海藏服格玛东旦(男式)、
青海藏服加式罗玛(女式)

图 1-8 馆藏云锦织机图

图 1-9 新疆艾特莱斯织机

图 1-10 西藏自治区档案馆捐赠的
唐卡(复制品)

(作者:新 月 原载《苏州日报》2015 年 11 月 20 日)

法、意丝绸档案之旅

日前，江苏省苏州市档案局代表团赴法国和意大利学习考察丝绸档案管理方法，对两国丝绸档案的征集、保管、开发利用有了较为系统的认识，为苏州建设好中国丝绸档案馆、管理好丝绸档案、传承好中国丝绸文化提供了有益借鉴。

法国丝绸技工的藏品造就了一座丝绸博物馆

格里尼昂丝绸博物馆位于法国罗纳阿尔卑斯大区德龙省的格里尼昂市。格里尼昂市生产丝绸历史悠久，起源于 1730 年，是法国重要的丝绸产地和桑蚕种植、养殖地区。为了保护丝绸文化遗产，见证丝绸工业曾经的辉煌，1999 年 5 月，格里尼昂市政府购买了当地一位老丝绸技术工人皮埃尔·拉松先生收藏的丝绸生产设备和实物档案。后来，该市以皮埃尔·拉松先生的收藏品为基础建成了丝绸博物馆，该馆于 2003 年 9 月 5 日正式开馆。此后，虽遭遇了几次经济危机，但该馆通过有效经营，公众参观量和延伸产品营业额仍得到提高。

格里尼昂丝绸博物馆有 600 平方米的展示厅，以图片和实物的形式展示了格里尼昂地区 19 世纪丝绸产业以及丝绸工人在寄宿工厂内的生产、生活场景，蚕宝宝的饲养和古老丝织机器设备的运作情况，丝绸生产的不同工序等。该馆收藏的丝绸样本档案数量虽不多，但最早的样本可追溯至 1798 年。馆藏的设备和丝绸样本除了大部分来自于皮埃尔·拉松先生的私人收藏，还有一部分是当地政府向民间购买和当地丝绸企业无偿捐赠的。（见图 1-11、图 1-12）

图 1-11　法国格里尼昂丝绸博物馆内陈列的
纺织机及印花机(1)

图1-12　法国格里尼昂丝绸博物馆内陈列的纺织机及印花机(2)

该馆共有5名工作人员，工作人员与工作经费都由当地政府财政支出。同时，该馆设有门市部，负责联系艺术家，开展丝绸艺术创作，为旅游者提供丰富的丝绸产品，并将由此得来的收入用于贴补博物馆的资金不足。该馆同法国里昂丝绸博物馆一直保持密切的合作关系，里昂丝绸博物馆通常会帮助该馆解决一些技术性问题。由于该馆建馆时间不长，同外界交流、合作的途径不多，目前还没有收集和保存来自中国的丝绸样本。

意大利小镇里的欧洲丝绸发展历史

科莫是位于米兰市东北50千米处的一个小镇，是意大利的丝绸之乡，早在13世纪就开始发展丝绸出口产业，至今仍是欧洲最大的丝绸中心。科莫本地出产的丝绸无论是在质地、材料、做工上还是在印染等工艺上，都是世界一流的，被许多世界顶尖的奢侈品牌所订购，并设计加工成高档服饰等销往米兰、巴黎、伦敦、纽约等大城市。

科莫丝绸博物馆建于1990年，坐落在美丽的科莫湖边，博物馆面积近2000平方米，分为丝绸历史和丝绸生产设备展览、丝绸样本档案库房、丝绸产品专题展览等区域。该博物馆呈现出四个方面的特点。一是馆藏历史悠久。该馆共收集有1000余件丝绸生产、测试、检验等方面的设备、设施等，其中最早的丝绸生产设备可以追溯到1890年。二是丝绸样本繁多，具有地域特色。该馆共有五六万件丝绸样本档案，大多是科莫地区的丝绸生产家族企业捐赠的。数年来，该馆的丝绸样本征集工作从未间断。该馆除了收集和接收丝绸生产设备实物和丝绸样本档案外，还收集当地生产企业的产品、服饰等。三是著录详细。通过详细的目录，查阅者和研究人员对馆藏实物和丝绸样本档案一目了然。四是重视对当地著名丝绸人物和捐赠者的宣传。该馆对历史上著名的丝绸人物以及捐赠者的资料进行整理，并在馆内展示宣传，其中最早的捐赠者可以追溯至1850年。

该馆充分调动大学师生和丝绸研究人员的积极性，开展志愿服务，让他们为

馆藏实物和丝绸样本做好整理工作的同时,也为学生提供从事丝绸艺术工作的实习机会,将一些老师和学生的作品推荐给丝绸企业。目前,该馆对社会公众免费开放,由个人捐赠的实物和档案只对捐赠者本人开放。由于该馆一直以维持丝绸样本原貌为主旨,数字化工作起步较晚,当前正逐步对馆藏丝绸样本进行拍照、扫描。

收获与思考

通过对法国、意大利两家丝绸博物馆的参观考察,可以发现这两家丝绸博物馆对丝绸非物质文化遗产的保护、挖掘、传承各具特色,值得借鉴。

政府重视。法国、意大利当地政府非常重视对历史文化和工业文明遗产的保护,无论是丝绸博物馆的建设用地,还是陈列、展览、管理人员等的经费开支,都由政府出资解决,并积极推动做好为当地经济和社会发展做出过杰出贡献的家族企业档案的收集和保管工作。代表团在法国格里尼昂受到该市市长的亲自接待,他说:"格里尼昂的丝绸生产和丝绸文化历史是我们这个城市和公民的骄傲。为了我们城市的发展,我们要把格里尼昂的丝绸历史和文化保护好。"同样,科莫市政府在科莫丝绸博物馆建设中发挥了重要作用。由此可见,没有政府的支持,公益性博物馆是没有生存空间的。

传承情结。在法国和意大利,所到之处都能感受到深厚的历史文化底蕴,当地丝绸生产家族企业的后人怀揣着强烈的历史责任感和家族荣誉感,主动将家族保存的历史实物资料捐献给当地博物馆,让这些稀有的遗产得以传承和展示,教育并激励后人。

功能扩大。法国和意大利的丝绸博物馆还兼具档案馆的功能。比如,两家博物馆除了收集丝绸文物外,还收集大量与丝绸相关的纸质档案,如家族企业的历史档案、企业创始人的历史档案等。格里尼昂丝绸博物馆收集了大量反映当地丝绸工人生产和生活场景的老照片,这些老照片全面、完整地反映了当年该地区丝绸生产和市民生活的真实历史面貌。科莫丝绸博物馆对历史上该地区丝绸家族企业中的精英人物进行专门展示。

互动性强。法国、意大利两地丝绸博物馆的开放度高,可自由参观,参观者可随意拍照。值得一提的是,馆内很多丝绸生产设备、设施都能运转,参观者可以亲自动手操作,置身于丝绸生产之中,体验感十足。

管理有方。博物馆的管理层多是由热爱此项事业的人、捐赠者以及企业家代表等组成。格里尼昂丝绸博物馆同当地艺术家联合开发丝绸艺术品,为法国著名奢侈品商

图 1-13　意大利科莫丝绸博物馆收集的世界各地的
丝绸产品商标

家提供丝绸原料和花样设计，一方面提高了博物馆的知名度，另一方面又获得了可观的经济效益。科莫丝绸博物馆的负责人是一位已87岁高龄的女士，她怀着独有的丝绸情结，敬业地守护自己的工作岗位。科莫丝绸博物馆还善用地方大学资源，邀请周边大学的师生来丝绸博物馆开展丝绸样本档案的整理、著录，丝绸技术交流和丝绸历史文化的研究工作。同时，他们还把师生的艺术创作作品推荐给当地丝绸企业，为大学生艺术作品转化为商品搭建了桥梁。

科学保护。 科莫丝绸博物馆对收集的丝绸样本档案进行分类、著录，然后垂直悬挂在特制的柜子里，这与企业对丝绸产品保管的方式基本一致。与纸质档案的保管方式相比，这样做的好处是透气、避免褶皱、利用方便、方便定期清点和统计。

注重特色征集。 科莫丝绸博物馆征集到了7000多份丝绸产品设计图稿，每一份图样都是一件艺术品。另外，他们还收集到百余件来自世界各地的丝绸产品商标，很多商标都具有上百年的历史，其中，还有中国东吴丝织厂的"水榭"老商标(见图1-13)。另外，科莫丝绸博物馆非常注重与当地丝绸生产企业的联系，企业会定期向博物馆无偿捐赠丝绸样本。

合作意愿强烈。 当国外同行了解到中国丝绸档案馆正在筹建之中，而且在中国苏州保存了30余万件丝绸样本档案后，他们纷纷提出与中国同行合作办展、交换馆藏丝绸样本档案的建议，对中国丝绸档案馆建设表示出极大的兴趣。(见图1-14)

图 1-14　苏州市档案局代表团与意大利科莫丝绸博物馆负责人以及当地丝绸家族的捐赠者进行交流

（作者：肖芃　谢静　卜鉴民　原载《中国档案报》2015年3月23日）

千年经纬织就姑苏锦绣

在苏州市工商档案管理中心的库房里,珍藏着这样一批特殊的档案,它们或古朴典雅,或精美绚丽,或轻薄柔软,或坚牢挺括,它们既是丝绸,毫无保留地绽放着传统织品的魅力,它们又是档案,真实记录着近百年间苏州市区及国内重点丝绸产地绸缎产品演变的历程,为我们重现了近现代苏州丝绸工业的盛况。在中心,它们有一个共同的名字——丝绸样本档案。(见图1-15)

"丝绸发展的'足迹'""几代苏州丝绸人的劳动结晶""中国丝绸的'根'"……这些毫无保留的赞誉之词,是中国丝绸协会名誉会长弋辉、国家级丝绸大师钱小萍、中国丝绸印花大师范存良等丝绸业界专家们第一次看到中心珍藏的这批丝绸样本档案时发出的惊叹。

图1-15　苏州市工商档案管理中心
馆藏丝绸样本档案

丝绸样本档案是在绸缎的设计、试样、生产及交流的过程中逐步积累形成的绸缎样本、制作工艺和产品实物等档案史料实物的总称。采集自20世纪20年代至90年代末的苏州丝绸样本档案,主要来自以苏州东吴丝织厂、光明丝织厂、丝绸印花厂、绸缎炼染厂、丝绸研究所等为代表的原市区丝绸系统的41个企事业单位。苏州全面推进企事业单位改制之后,从2003年开始,历时两年,将原来分散在市区各家丝绸企事业单位的177568卷文书、科技、会计类档案和8万余件丝绸样本档案加以整合,同时整合的还有万余件(册)与丝绸生产和丝绸样本有关的史料、书籍以及数千卷丝绸商会档案,随后又开展了丝绸产品实物的征集和代保管活动,并聘请专家进行初步的梳理、归类、清点。在这批丝绸档案中,最引人注目的当属 8 万余件丝绸样本档案,它们涵盖了绫、罗、绸、缎、绉、纺、绢、葛、绨、纱、绡、绒、锦、呢等 14 大类织花和印花绸缎,其中既有极具艺术和科研价值的漳缎祖本,又有在国际舞台上大展风采的塔夫绸和四经绞罗样本,此外还有近四次党代会专用红绸样本、新中国成立初期的绸缎样本、"文革"时期出口的绸缎样本、历届广交会参展的绸缎样本,以及国内外重点丝绸产地绸缎样本、苏州地产绸缎样本和苏州产仿真丝绸样本等,表现出了系统性、稀有性、历史性和完整性等特征,呈现出数量庞大、类别齐全、地域性强、时间跨度长、开发利用和历史研究价值高、文化底蕴浓厚、潜在商机巨大等特点,现已成为中心的"镇馆之宝"。

中国"锦绣之冠"——宋锦

　　宋锦是苏州织造中的一个传统丝织品种,与南京云锦、四川蜀锦并称为"中国三大名锦",并有着中国"锦绣之冠"的美誉。2006 年 6 月,苏州宋锦织造技艺被列入国务院颁布的第一批《国家级非物质文化遗产名录》。2009 年 9 月,联合国教科文组织保护非物质文化遗产政府间委员会第四次会议批准中国蚕桑丝织技艺——苏州宋锦列入《人类非物质文化遗产代表作名录》。

　　宋锦形成于宋代,鼎盛于明清,因产地主要在苏州,故又称苏州宋锦,历史上是为皇亲国戚贵族服务的"锦上添花"之物。除了制作贵族服饰以外,由于宋锦面料美观、耐磨性好、立体感强,也常用来装裱字画。宋锦以图案精美、色彩典雅著称,可分为大锦、合锦、小锦三大类。大锦组织细密、图案规整、富丽堂皇,常用于装裱名贵字画、高级礼品盒,也可制作特种服装和花边;合锦用真丝与少量纱线混合织成,图案连续对称,多用于画的立轴、屏条的装裱和一般礼品盒;小锦为花纹细碎的装裱材料,适用于小件工艺品的包装盒等。宋锦主要品种有八达晕、水藻戏鱼、八仙牡丹等,其特点是彩纬显色,以三枚斜纹组织、两种经丝、三种纬丝织成,采用分段调换色纬的方法使得纹样色彩循环增大。

　　与刺绣等工艺不同,宋锦织造是一项系统工程,要画图,要设计,然后拿到工厂指导工人按照图样操作,还要挑选合适的丝线,选择颜色印染,最后上机,制成成品。因此,产量低、成本高、工艺难度大是传统宋锦的主要特点。到了近现代,丝绸纺织大范围工厂化,宋锦由于生产流程复杂、织造机械开发滞后,新中国成立后只有苏州的东吴丝织厂和织锦厂能生产,产量也越来越少。近年来,苏州市区原有的生产工厂早已相继倒闭,技术人员和技术资料严重流失,宋锦工艺濒临失传,所留实物史料更是几乎绝迹。(见图 1-16)

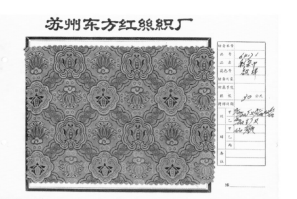

图 1-16 宋锦样本

2012 年，中心与吴江鼎盛丝绸有限公司合作开发了"宋锦织造技艺创新研发"项目,在首次合作就成功研发出第一款女士宋锦图案提包的基础上,将宋锦图案在产品中广泛运用,领带、拖鞋、皮带、箱包、服饰、家装、工艺品、汽车内饰等各个系列层出不穷。而这些宋锦系列产品在 2012 中国文化创意设计产业交易博览会上惊艳亮相后的大受追捧,也使市场看到了古老宋锦归来的希望。

濒临失传的战国织造技艺——四经绞罗

在苏州市工业园区斜塘街道的一个小型工业区内, 有一家没有招牌的工厂,500 平方米的厂房被分成三间,其中两间密密地摆放着 16 台手工木织机。这里是家明缂丝厂。就是在这个狭小简陋的厂房里,再现了一种始自战国的织造技艺——四经绞罗,用这种技艺织出的罗现已远销日本,成为日本传统服装和服的重要配饰。

罗是我国古老的丝织品种。近代在苏州工业园区唯亭草鞋山遗址发掘到的碳化纺织物残片就是以野生葛为原料的罗纹织物,距今有 6000 多年历史。起源于战国时期的四经绞罗,是古代丝织品中的巅峰之作,产品主要分布在苏杭一带。四经绞罗有"素罗"和"花罗"之分,其中"花罗"的制作难度最大,要经过挑花、结本、引线、穿综、穿筘、上机织造等 20 多道工序,而且全部需要手工制作。四经绞罗质地轻薄,透气性非常好,其面料表面呈现出若隐若现的浮雕效果,与皮肤的摩擦小,便于散热。在中国古代,四经绞罗是最好的夏季服装面料。(见图 1-17)

由于四经绞罗的织造

图 1-17 四经绞罗

技艺过于复杂,且织造效率低下,在元末明初逐渐失传。清末民初至今,现代机器工业冲击尤甚,四经绞罗织造工艺逐渐湮没。四经绞罗的复制恢复,成为纺织研究者长期以来难解的心结。1986 年,苏州丝绸博物馆几经研究,试图恢复四经绞罗的织造技艺,但最终仅成功恢复了"素罗"。直到 20 世纪 90 年代,经过家明缂丝厂厂长周家明的多年摸索,"花罗"的织造技艺才得以成功恢复。为了更好地保护和传承这一珍贵的传统织造技艺,苏州市工商档案管理中心主动与家明缂丝厂联系,派出工作人员协助其对包括四经绞罗在内的大批丝绸样本实物进行了细致梳理,并在一些老丝绸人的帮助下成功将四经绞罗织造技艺列入了第六批苏州市非物质文化遗产代表性项目名录。

戴安娜王妃婚礼服用料——塔夫绸

1981 年 7 月 29 日,风华正茂的戴安娜穿着精美的乳白色拖地长裙,乘坐皇家马车进入圣保罗教堂,沿途是上百万名因感受到大英帝国的幸福而欢呼不已的民众。这场耗资高达 3000 万英镑,共有 2500 多名宾客参与,33 种语言全球广播的世纪婚礼,给人们留下无法被时间冲淡的记忆,而婚礼上出现的那条拥有长达 7.6 米的超长裙摆的豪华婚纱,也令全球 7 亿电视观众为之惊艳。制作这条婚纱所用的布料,正是我国苏杭地区的传统特色品种——塔夫绸。

塔夫绸是一种以平纹组织织成的熟织高档绢类丝织物,名称来源于法文"Taffetas"一词,含有平纹丝织物之意。塔夫绸的织品密度大,经纬线经特殊加工而成,交错点紧密,空隙微小,绸的身骨坚挺而柔软,是绸类织品中最紧密的一个品种。塔夫绸的种类繁多,其中素色塔夫绸、条格塔夫绸和提花塔夫绸更是闻名于世界的传统品种(见图 1-18、图 1-19)。除了婚礼上的那件塔夫绸婚纱,戴安娜王妃在 1981 年 3 月官方订婚时所穿的也是一件塔夫绸晚礼服,这是王妃的首件正式礼服。

1981 年,英国王室登报公开了查尔斯王子和戴安娜王妃的婚礼用品单,单子上明确写道:婚礼礼服布料为苏州东吴丝织

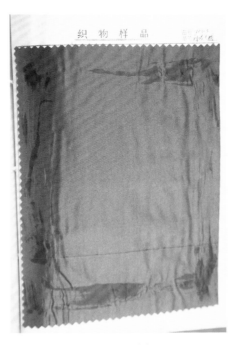

图 1-18　闪塔夫绸

图1-19 花塔夫绸

厂生产的水榭牌深青莲色塔夫绸，共订14匹420码。消息传出，世界一片哗然，塔夫绸站到了世界的一个制高点，为苏州赢得了巨大的荣誉。如今，这份曾在世界舞台上大放异彩的真丝塔夫绸的相关档案正安静地躺在苏州市工商档案管理中心的库房里，其中包括当时选用的真丝塔夫绸样本及相关的照片史料等。

塔夫绸的制造工艺非常复杂，对于蚕丝的要求特别高，因而产量也不多，是妇女礼服的上品。尤其是苏州东吴丝织厂生产的塔夫绸，花纹光亮、绸面细洁、质地坚牢、轻薄挺括、色彩鲜艳、光泽柔和，享有"塔王"的美誉。早在1910年，塔夫绸就在巴拿马万国博览会上夺得金奖，在国际上大出风头。1951年，东吴丝织厂生产的塔夫绸首次代表中国在欧洲7国展出，轰动了欧洲市场。在1955年至1959年期间，塔夫绸的生产、销售不断创下历史新高。苏州东吴丝织厂生产的真丝塔夫绸具有"柔而平挺、薄而丰满"的风格特征，成为第一批国家金质奖产品，并且在1981年和1988年两次获得此项殊荣。

尽管后来塔夫绸由于成本高、原料要求高、工艺流程长、技术要求高等特点，逐渐在化纤等新型原料的冲击下淡出了人们的视线，但东吴丝织厂及其生产的塔夫绸在20个世纪创下的种种辉煌却是不可磨灭的。在中心的库房内，收藏着当时东吴丝织厂生产的荣获国家金质奖的素塔夫绸以及当时的订货单英文原件等一系列完整的档案，另外，制作塔夫绸的技术资料也被作为国家机密档案在中心珍藏着。这些档案资料对当前的丝绸产品开发以及今后的丝绸研究具有非常重要的价值。

四次党代会的见证者——党代会专用红绸

一块红绸，几张信纸，承载了苏州丝绸的自信与荣耀。谁能想到，这块看上去普普通通的红绸，竟曾连续四次出现在党的全国代表大会现场，成为十五大、十六大、十七大和十八大四次党代会的见证者。

1997年十五大召开前夕，苏州绸缎炼染一厂接待了几位来自中共中央办公厅的工作人员。他们在苏州市委办工作人员的陪同下，参观了工厂，并认真询问了厂里丝绸生产的情况。这批特殊的客人是为十五大会议挑选红绸而来。绸缎炼染一厂

的一种被厂里工人称为"党旗红"的红色从上万种红色中脱颖而出,获得了中共中央办公厅工作人员的青睐。但这仅仅是第一步。党代会所用的红绸要求十分严格,不但要保证"零色差",每一寸红绸的颜色都要保持一模一样,还要有比一般丝绸染色更强的色牢度,也就是说,颜色在一定条件下不会发生变化,不能轻易褪色。这对挑选坯布、染色、定型后处理和检验等每一道工序都提出了很高的要求。

为了满足党代会的要求,苏州绸缎炼染一厂的工人们选用了当时最好的原料,用最好的工艺来完成红绸的制作,每一道工序都精雕细琢,光是挑选用来染色的坯布原料就花了一个月的时间,染出的红绸色泽艳丽、光泽度好、无色差、不容易褪色,圆满地完成了十五大专用红绸的订单任务。

此后尽管苏州绸缎炼染一厂几次变更厂名,但 2002 年党的十六大、2007 年党的十七大和 2012 年党的十八大的红绸订单还是相继花落该厂。该厂亦不辱使命,连续四次收到了中共中央办公厅写来的感谢信。(见图 1-20)

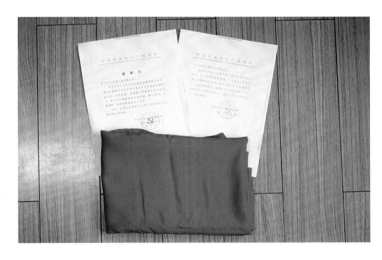

图 1-20　党代会专用红绸及中共中央办公厅秘书局的感谢信

丝绸·苏州

"东风二月暖洋洋,江南处处蚕桑忙。蚕欲温和桑欲干,明如良玉发奇光。缫成万缕千丝长,大筐小筐随络床。美人抽绎沾唾香,一经一纬机杼张。咿咿轧轧谐宫商,花开锦簇成匹量。莫忧八口无餐粮,朝来镇上添远商。"这段出自《醒世恒言》的诗歌,描绘的正是苏州丝绸产业的繁荣景象。

作为举世闻名的"丝绸之府",苏州这座城市,可以说是靠丝绸发展起来的。在苏州,似乎空气中都弥漫着丝绸的气息。三关六城门里,依然能够依稀地触摸或感受到与古代丝织业相关的各个时期的历史遗迹、遗址、遗物。据考证,苏州城内至少还留存着百余处与苏州古代丝绸生产有关的场所、街、坊、巷、桥、官府织局、丝织工场、碑刻等，这在世界丝绸史上是独一无二的。苏州至今还保存着与古代丝绸遗址有关的地名，如：织里，为吴王宫廷织造锦绸的场所，位于今城内道前街之司前街口吉利桥一带，吉利桥原称"织里桥"，后讹为今桥名；锦帆泾，春秋时为子城护城河，为今人民路西侧憩桥巷至香花桥段，现人民路东侧干将路与十梓街间第一条通道仍称为"锦帆路"。

在苏州古城区的原住民中，至少有一半的家庭只要上溯三四代，都与丝绸业有关；在进入现代之后的前30年，亦有近3万家庭中有成员曾在丝绸行业就业；在古城区大规模改造之前的东北半城，连续五六代及以上都从事丝绸行业的"丝绸世家"并不鲜见，从中确实可以充分掂量出丝绸产业在苏州非同一般的广泛深远的影响。

记载苏州丝绸历史的第一部志书《苏州市丝绸工业志》在1986年编撰而成。这部近80万字的志书汇集了自远古至公元1985年的数千年间苏州丝绸业的主要变化沿革史料，在20世纪80年代初编撰的苏州各制造业志书中，是一部跨越年代最长、史料最为丰富翔实的行业志书。在苏州乃至全国，只有像苏州丝绸业这样属于凤毛麟角且有历史文化积淀的传统产业，方能够编撰出地方行业志书中的鸿篇巨制。

展示丝绸产业在苏州发生、发展历史状况的苏州丝绸博物馆，于1989年10月在桃花坞唐寅祠内开馆，1991年9月迁至占地9400平方米的新馆。馆内综合运用文字、图片、珍藏的古丝绸服饰以及仿制各时期的腌茧、蒸茧、手摇缫丝、脚踏缫丝、染丝、缂丝设备和云锦织机、宋锦织机、漳缎织机的现场操作演示等方式，将人们带入古代的蚕桑世界。在国内众多的丝绸产地中，也只有苏州才有资格创建第一座专业的丝绸博物馆。

记载苏州近现代丝绸历史的档案史料，如今分别藏于苏州市档案馆、苏州市工商档案管理中心及苏州丝绸博物馆等处。在国内众多的丝绸产地中，只有苏州才保存了如此丰富的丝绸档案，特别是其中五光十色、璀璨夺目的丝绸样本档案。

苏州丝绸和苏州刺绣，一直都被称作烫金的"苏州名片"。在绣娘们手中飞针走线的苏州刺绣，与苏州丝绸同为一根桑蚕丝的衍生物，虽历经千年战火袭扰、百年内忧外患，至今仍欣欣向荣。

苏州丝绸是数千年积淀下来的拥有很高价值的无形资产，在新中国成立后的60多年时间里，又完成了苏州丝绸历史上从近代到当代的一次承前启后式的探索与发展。历史将铭记它所创建的极不平凡的丰功伟绩。

愿"苏州丝绸"这出苏州工商业历史上最为生动的活剧，能够在新的生存理念与发展思路支配下，再续演下去而绵延流长。

（作者：卜鉴民　方玉群　皇甫元　甘戈　陈鑫　周燕君　陈明怡
原载《江苏经济报》2013年11月29日）

从一块明代宋锦残片说起

八月的苏州骄阳似火,午后的大街上行人稀少,却见三个人脚步匆匆地行走在发烫的青石板路上。行至颇具特色的苏州历史文化街区平江路深处,他们走进了一间不起眼的小房子。不知过了多久,又从小房子里出来,依旧脚步匆匆,只是其中一人的手里多了一个小袋子。谁也不会想到,这个毫不起眼的小袋子里竟藏着一个宝贝。

明代宋锦残片惊现平江路

原来,这三人是苏州市工商档案管理中心的征集人员,他们正在为筹建中的中国丝绸档案馆积极奔走。享有"丝绸之府"美称的苏州,于 2013 年获准建立全国地级市唯一"中"字头档案馆,也是国内首家和唯一专业的丝绸档案馆——中国丝绸档案馆。拥有 30 余万件丝绸样本档案的苏州市工商档案管理中心顺理成章、义不容辞地承担起了该馆的筹建工作。

征集人员多方打听,得知平江路上有位叫李品德的民间收藏家收藏了很多丝绸藏品,遂不顾烈日当头赶了过去。李品德先生打开了十几个装满丝绸藏品的箱子,边拿边介绍着这些藏品的来历。忽然,从其中一个箱子的底部翻出的一小块泛黄的丝绸布料令在场众人眼前一亮。这块布料虽已残破暗淡,但上面的金色丝线却闪闪发光。李品德先生介绍说,这是他早年收藏的一件物品,可能是明代宋锦。后经南京云锦研究所的研究人员和从事宋锦织造几十年的老艺人鉴定,确认是明代的宋锦残片,名为"米黄色地万字双鸾团龙纹宋锦"。上面的金色丝线,竟然是由真金制成的,难怪残片虽已褪色,但金丝线却依旧散发着夺目的光彩。(见图 1-21)

据专家介绍,这块明代宋锦残片名为"米黄色地万字双鸾团龙纹宋锦",其中团龙、双鸾、万字纹,都是对其纹样的说明。动物、几何纹样是宋锦中比较经典的题材,此外常见的还有花卉、器物、人物等。众所周知,龙纹在古代是不能乱用的,通常由皇家专享,可见这块残片极有可能原本用于宫廷的装饰。值得一提的还有残片上的万

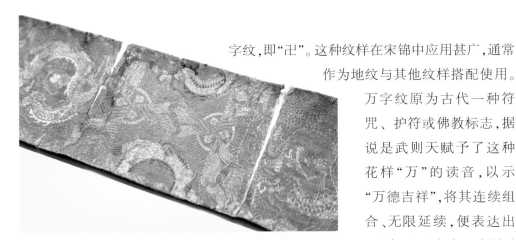

字纹,即"卍"。这种纹样在宋锦中应用甚广,通常作为地纹与其他纹样搭配使用。

万字纹原为古代一种符咒、护符或佛教标志,据说是武则天赋予了这种花样"万"的读音,以示"万德吉祥",将其连续组合、无限延续,便表达出"万寿无疆"之意。武则天造的字大都随她的王朝

图1-21　明代宋锦残片

衰亡而烟消云散,但这个"卍"字却因其美好的寓意而流传下来,成为中国特有的传统几何纹。

高端大气上档次的古代奢侈品

说到锦,我们脑海中会迅速跳出一些成语,比如锦衣玉食、锦绣前程、衣锦还乡、繁花似锦……在这些成语中,锦表达的都是豪华、昂贵、美好的意思,这也是千百年来锦给世人留下的印象。

2011年热播的电视剧《甄嬛传》里,有一场因一对玉鞋引发的风波。那对令宠冠六宫的华妃都艳羡不已的鞋子,其贵重之处除鞋底为玉质外,更在于其由锦制成的鞋面。太监为了显示它的贵重还特意强调:"是用织金镂花的蜀锦做成的,听说蜀中绣娘十人绣三个月,才得一匹。"其实这种说法并不十分准确,因为锦是织出来的,而非绣娘绣出来的。蜀锦的难得,与其织造工艺的复杂有很大关系,即使是有经验的老艺人,一小时满负荷操作至多也就能织出二三厘米的蜀锦。当然,也正因其难得,才使锦在我国历史上一直作为华贵的代名词,有"寸锦寸金"之说。这一点从"锦"字的结构也能看出来。丝绸发展到今天,其品种可分为绫、罗、绸、缎、锦、纱、绡、绢、绉、绮、纺、绒、葛、呢14大类。从这14类品种的名字来看,大部分都含有"纟"(这不难理解,因为都是丝织品),但唯独锦以"钅"为偏旁。汉代刘熙所著《释名》做如下解释:"锦,金也,作之用功重,其价如金,故字从金帛。"

我国织锦的历史可以上溯至3000年前的周代,经过历朝历代的发展演变,陆续出现了蜀锦、宋锦、云锦三种经典产品,被誉为"三大名锦"。蜀锦形成的时间最早,兴于战国,盛于汉唐,因产于蜀地而得名,是中国织锦的第一个里程碑,分为经锦和纬锦。宋锦,指宋代发展起来的织锦,分为重锦、细锦和匣锦,广义的宋锦还包

括元明清及以后出现的仿宋代风格的织锦。宋锦继承了蜀锦的特点,并在其基础上创造了纬向抛道换色的独特技艺,在不增加纬线重数的情况下,整匹织物可形成不同的纬向色彩,且质地坚柔轻薄。云锦则借鉴了唐宋织锦的工艺技术,又发展了一种独特的手工挖织技艺,使织物上任何部位的花纹都可以变换不同的丝线和色彩,分为库缎、库锦和妆花等。

那块明代宋锦残片,应该就属于宋锦中最贵重的类型——重锦。以精炼染色的蚕丝和捻金线或片金为纬线,在三枚经斜纹的地上起各色纬花,这正是重锦最常见的织法。国内现存最为壮观的重锦,要数藏于故宫博物院的乾隆时期"石青地极乐世界织成锦图轴"。它高 448 厘米,宽 196.3 厘米,以阿弥陀佛为中心,在佛光放射、宝池树石、奇花异鸟的环境中,安排了 278 位神态各异的人物,整幅织物色彩丰富、织纹细腻、富丽堂皇,展现了宋锦高超的织造技艺。

苏州宋锦之路

丝绸之于苏州,犹如香水之于巴黎。丝绸作为苏州一张亮丽的名片,在苏州由古至今的社会生活中扮演了极其重要的角色,这其中少不了宋锦的身影。因主要产地在苏州,宋锦在后世被谈起时,总会在前面加上"苏州"二字,称为"苏州宋锦"。

在 2500 多年前的春秋吴国,就有了"锦衣"。当时为吴国古都的苏州,已生产锦类丝织品。苏州城内现在还留有一条名为"锦帆路"的小巷,位于人民路东侧干将路与十梓街间,原为春秋时期作为子城护城河的锦帆泾,相传是因春秋时期吴王与宫女乘舟挂锦帆游乐于此而得名,民国二十年(1931)填泾筑路更名为"锦帆路"。

"上有天堂,下有苏杭"这句话流行于宋代,那时的苏杭地区经济繁荣,苏州宋锦便是从这一时期开始逐步兴起的。据《丝绣笔记》卷下记载,宋皇室规定,对文武百官按其职位高低,每年都分送"臣僚袄子锦"。南宋时,苏州设立了"造作局""应奉局""作院"等官府机构,这时在苏州织锦中,出现了一种质地精美、技艺独特的新品种,即后人所说的宋锦。当时宋锦除了用于袍服衣着等服饰外,还大量用于书画卷轴的装裱,品种多达 40 多种。特别是书画装裱的应用,使这些美丽华贵的织锦得以与书画珍品一同流传下来。

明清时期是宋锦的黄金时代。明代中期,苏州便已呈现出"东北半城,万户机声"的盛况,织锦应用范围从内府扩大到官用,宋锦纹样也空前发展。到了清代,官府在苏州、江宁(今南京)和杭州设立了三个织造衙门,合称"江南三织造"。苏州织造署的产量、规模均为"江南三织造"之首,宋锦大部分是在苏州织造署织制的。前面提到的故宫博物院收藏的极乐世界织成锦图轴,正是这一时期的经典作品。康乾年间,宋锦进入了历史上的全盛时期,它的繁荣带动了整个苏州地区经济的发展。康乾两朝皇帝先后 12 次南巡苏州,均驻于苏州织造署行宫。

近代以来,受战乱影响,宋锦业生产逐渐萎缩。至 1949 年苏州解放前夕,宋锦业已濒临绝境,仅剩织机 12 台,不少织锦工人只能改行度日。

新中国成立后,苏州成立了宋锦生产合作社,后与苏州市丝织工艺生产合作社合并,成立苏州市宋锦漳缎厂(即后来的苏州织锦厂),宋锦由此进入工业化生产,得到了一定程度的恢复和发展。为了满足对外贸易的需要,宋锦生产任务于 1973 年曾由东吴丝织厂承担,织造大锦,1981 年起又织造阔幅宋锦,直接由外贸公司收购后,销往国外市场。苏州市宋锦漳缎厂和东吴丝织厂是苏州市两家比较有影响的生产宋锦的厂。20 世纪 80 年代后,由于宋锦市场萎缩,这两家厂也逐渐停止生产。至 2004 年,企业倒闭,技术档案和资料散失,技术人员都年逾古稀,有的身体欠佳,有的甚至已经过世,传统宋锦织造技术濒临失传。

图 1-22　织工正在手工复制宋锦

了解了宋锦的历史,再回过头来看这块来自明代的宋锦残片,便更觉其珍贵。为了更好地发挥其价值,中心的领导和工作人员经过多方联系,找到了从事宋锦织造几十年的家明织造坊。之所以选中这家规模略小的织造坊,是因为要实现残片中纹样颜色各异的效果,只能采用手工操作(见图 1-22),而这家织造坊是当前苏州少见的仍在使用传统手工织造方式的企业。在档案部门和相关企业的共同努力下,明代的宋锦残片就这样在现代成功"复活"了!复制品与残片几乎一模一样,只是地色偏红(见图 1-23)。其实残片原本的地色就是这种红,只是经过漫长岁月的洗礼褪了色。

这并不是中心第一次与企业合作。2014 年,在北京 APEC 会议上大放异彩的"新中装",其宋锦面料正

图 1-23　残片复制品

档案中的丝绸文化

源于中心 2012 年与吴江一家丝绸公司的合作。当然,这绝不会是最后一次合作。中心已经与多家高校、企业等建立了联系,并在多家企业设立了苏州丝绸样本档案传承恢复基地,积极开展对传统丝绸的传承和恢复。

我们坚信,对丝绸档案来说,最好的守护,是传承!

参考文献

[1] 钱小萍. 中国宋锦[M]. 苏州: 苏州大学出版社,2011.

[2] 赵丰. 中国丝绸通史[M]. 苏州: 苏州大学出版社,2005.

[3] 黄能馥,陈娟娟. 中国丝绸科技艺术七千年[M]. 北京: 中国纺织出版社,2002.

[4] 赵丰. 中国丝绸艺术史[M]. 北京: 文物出版社,2005.

[5] 袁宣萍,赵丰. 中国丝绸文化史[M]. 济南: 山东美术出版社,2009.

[6] 李平生. 丝绸文化[M]. 济南: 山东大学出版社,2012.

[7] 赵丰,屈志仁. 中国丝绸艺术[M]. 北京: 外文出版社,2012.

[8] 林锡旦. 太湖蚕俗[M]. 苏州: 苏州大学出版社,2006.

[9] 徐德明. 中华丝绸文化[M]. 北京: 中华书局,2012.

[10] 刘克祥. 蚕桑丝绸史话[M]. 北京: 社会科学文献出版社,2011.

[11] 《中华文明史话》编委会. 丝绸史话[M]. 北京: 中国大百科全书出版社,2012.

[12] 朱启钤. 丝绣笔记[M]. 台北: 广文书局,1970.

[13] 赵翰生. 轻纨叠绮烂生光——文化丝绸[M]. 深圳: 海天出版社,2012.

[14] 刘兴林,范金民. 长江丝绸文化[M]. 武汉: 武汉教育出版社,2004.

[15] 岳俊杰,蔡涵刚,高志罡. 苏州文化手册[M]. 上海: 上海人民出版社,1993.

(作者: 陈 鑫 栾清照 甘 戈 原载《档案与建设》2015 年第 1 期)

漳缎三问

2014年深秋，苏州市工商档案管理中心迎来了两位特殊的客人——苏州丝绸博物馆书记、副馆长王晨，苏州工业园区家明织造坊坊主周家明。他们各自还有另外一个身份，前者是漳缎织造技艺省级非物质文化遗产传承人，后者是从事丝绸生产多年的传统手艺人。二人同时到访，为的是中心库房里新发现的24件丝织品祖本与十多件漳缎样本。经过谨慎鉴定，确认这些祖本正是目前外界已很难见到的漳缎祖本，而之前我们一直误以为是宋锦祖本。那么漳缎到底是一种什么样的丝织品呢？由此，也引发了我们对漳缎的三个疑问。

漳缎是缎吗？

《中国丝绸通史》中有关于绒织物的定义是："绒织物就是以细金属杆当做假纬织入，形成挂在杆上的绒圈，织过数杆之后以刀片划开绒圈，就成为绒毛。"漳绒是以这种方法织成的素绒织物。那么提起漳缎，大多数人会下意识地认为它是一种缎，否则为什么叫"漳缎"呢？《中国丝绸通史》解释：漳缎"是采用漳绒的织造方法，按云锦的花纹图案织成的缎地绒花织物"。由此可见，从类别上来说，漳缎其实并不是缎，而是绒。之所以称其为缎，是因为其地是大面积的缎组织。漳缎的主要特点是：外观缎地紧密肥亮，绒花饱满缜密，质地挺括厚实，花纹立体感极强。

清顺治、康熙年间，苏州的丝织高手运用漳绒和云锦的织造原理，按照漳绒的织造方法，结合云锦的花纹图案，应用束综提花织机的提花技术，并结合绒织物的特点，创造了独有的织造设备和织造工艺，创新出一种既是贡缎地子，又起绒花，风格独特的丝绒新产品——漳缎。（见图1-24）

漳缎一经问世，就得到了康熙皇帝的赞赏，他立即命令苏州织造局发银督造，大量订货，并规定督造的漳缎不得私自出售，违者治罪。一时间，宫廷贵族和文武百官服饰皆用漳缎缝制。清道光中叶鸦片战争前，宫廷皇室贵族及文武百官的外衣长袍马褂也多以漳缎为主要面料，当时也是漳缎生产的全盛时期。故宫博物院至今还藏有不少漳

图1-24 漳缎样本

缎服饰和陈设品,其中有一件藏品名为"香色暗勾莲蝠漳缎袷袍",是乾隆年间妃嫔于春秋季穿用的吉服袍。此袍圆领,右衽大襟,裾左右开,镶中接袖,黑色素接袖,马蹄形袖端。以香色暗花勾莲百蝠纹漳缎为面,月白色暗花绫作里。领、袖边绣梅花、水仙、灵芝、蝙蝠、五彩云等纹样,含有"灵仙祝寿""和美幸福"等吉祥寓意,表达了穿用者对美好生活的祈愿。

新中国成立后,北京迎宾馆和民族文化宫两大建筑的装饰用丝织品及沙发、椅子等套垫,也都采用的是苏州产的漳缎。

漳缎源于漳州吗?

2014年11月的APEC火了宋锦,用于亚太国家女领导人和领导人女配偶服装之装饰的漳缎也受到了媒体的关注。福建漳州和江苏苏州,这两个与漳缎的产生有着密切关系的城市,也由此展开了一场漳缎的发源地之争。

单从漳缎的名字来看,似乎漳缎与漳州的关系更近一些,同为"漳"嘛!其实不然。漳绒源自漳州,这一点是大家公认的。大约明万历年间至明末,漳州泉州海滨地区形成了生产绒类织物的中心。漳州和泉州,特别是漳州,被看作中国绒织物的主产地,所以漳绒之名一直沿袭至今。而漳缎却不是源于漳州。如前文所述,漳缎是在漳绒的基础上开发出的新产品,"漳"是显示与漳绒的一脉相承。换句话说,没有漳绒就没有独放异彩的漳缎。

王晨为探究漳缎工艺的来历,曾于2011年11月前往漳州地区调研,结果是"漳州各方只听说过漳绣、漳绒,不知道漳缎为何物。甚至在福建省博物院的库房藏品中,连一件漳缎实物都没有"。而在苏州,有官方认可的漳缎省级非遗传承人,苏州市工商档案管理中心和苏州丝绸博物馆保存了丰富的漳缎实物和资料,还有一台原汁原味可以生产漳缎的手工织机(见图1-25),苏州民间也还有一些知漳缎、懂漳缎、会织漳缎的传统手艺人。当然,我们并不能由此就断定漳缎起源于苏州,目前

图1-25 漳缎织机

学术界和丝绸界对此也尚无定论。有趣的是,尽管漳缎是我国发明的,但其所属绒类织物的发源地也存在着争议,而且是中外之争:绒究竟是中国自行研发的"国货",还是来自欧洲的"洋货"?这也是个未解之谜。有一点可以肯定,即无论是历史上还是当下,苏州都是漳缎的主要研发、生产基地,也是全国唯一具有省级织造技艺非物质文化遗产传承人的城市。

漳缎祖本是漳缎吗?

乍见漳缎祖本(见图1-26),不知情的人很难想到它会与华丽的漳缎有关。这些祖本大多由两到三种颜色的粗线编制而成,四周还有很多散乱的粗线头,经过岁月的打磨,部分粗线还略有褪色。这些祖本并不是我们所理解的漳缎,但从某种意义上来说,它们比漳缎本身更加珍贵。

图1-26 漳缎祖本

《天工开物》中这样写道:"凡工匠结花本者,心计最精巧。画师先画何等花色于纸上,结本者以丝线随画量度,算计分寸秒忽,而结成之,张悬花楼之上。即织者不知成何花色,穿综带经,随其尺寸度数,提起衢脚,梭过之后,居然花现。"这描述的正是我国古代丝织提花生产过程中非常重要的一步——挑花结本。而祖本则是通过这种方法挑好的第一本花本,又叫母本。祖本也可以上机使用,但一般不会轻易这样做。它就像用于复制的模本,有了模本,就可以复制出无数的同样的花本来,因此极其珍贵,要做好防潮、防虫处理,以便永久保存。

苏州市工商档案中心收藏的漳缎祖本,主要出自20世纪60年代。当时,苏州成立了宋锦漳缎厂、新光漳绒厂、东风丝绒厂等，产品有漳缎、宋锦、乔其绒、花绫等，部分手工生产改为机械化生产，部分漳缎织物还曾出口国外用作高档晚礼服，美国还用作高级糊壁装饰，蒙古国则用作民族服装。然而好景不长，由于漳缎产品工艺复杂，技术力量不足，生产发展速度缓慢，漳缎的民间生产从 20 世纪 90 年代起就几近绝迹。目前苏州全市也只有苏州丝绸博物馆一台织机仍在生产漳缎，但每天只生产 6 厘米，仅作展示、研究之用。为了让这些祖本背后的漳缎能够重获新生，经苏州丝绸行业协会牵线搭桥，苏州市工商档案管理中心于 2014 年底与一家企业合作，依据祖本在手工织机上进行漳缎的恢复生产。这些看似粗糙简陋、毫无美感的祖本，会还原给我们怎样美丽的漳缎呢？我们很期待。

参考文献

[1] 赵丰. 天鹅绒[M]. 苏州: 苏州大学出版社, 2011.

[2] 赵丰. 中国丝绸通史[M]. 苏州: 苏州大学出版社, 2005.

[3] 王晨. 论漳缎织机的科学性及其学术价值[J]. 现代丝绸科学与技术, 2012, 27(4): 163–167.

[4] 张国华. 试探漳绒、漳缎、天鹅绒之渊源与区别[J]. 江苏丝绸, 2011(4): 20–24.

（作者：甘 戈 陈 鑫 原载《档案与建设》2015 年第 2 期）

议苏州漳缎的科技成就与科学价值

曾经被皇家御用为服饰面料的漳缎,在苏州有很大的生产规模,不论是清代的官办织造或民间派造,还是计划经济的工业生产时期,都呈现了旺盛的产销势态。漳缎以其华贵端庄的外观气质和复杂而精湛的工艺技术,成为我国绒类织物的代表作,以致历经数百年,生产漳缎的整套工艺和相应的设备至今都没有被改变和超越,并无法用机械代替,仍需手工操作完成,这足以说明它的科学性和学术性,以及对我国纺织科技做出的突出贡献。作为非物质文化遗产的代表作,我们有责任对其进行保护和研究传承。

一、漳缎织物的由来

漳缎始创于明末清初,诞生于苏州官办织造局御用丝织工匠之手,是绒类的一个品种,系全真丝色织提花绒织物。漳缎织物结构是以缎纹为地,绒经起花,其外观具有缎地紧密肥亮、绒花饱满缜密、立体感极强的特点。

取名"漳缎",与它产生的历史有着渊源关系。"漳"是指福建的漳州,元代时在漳州地区生产出一种起绒的全素丝织品,它是在当地所产的漳绸基础上演变而成的,被称为"漳绒"。明代初期漳绒生产达到盛期,甚至流传至日本,明代宋应星《天工开物》"乃服篇"中所称的"倭缎",便是所指。但在明代末期,随着蚕桑养殖业的南移,漳州地区失去了生产丝绸的能力,使漳绒也随之消失,但它却在江南地区生根开花了,首先是南京大量生产,后延传至苏州。这种绒织物质地挺括、绒毛密集、光泽柔美,且绒毛在服饰衣着中无论受怎样的外力均不会倒伏,十分神奇。也许正是这些优点,使漳绒织物备受人们喜爱。苏州的能工巧匠充分吸纳了漳绒的织造工艺,同时结合"苏缎"的富丽特点,又引入了当时十分时尚兴盛的云锦大提花图案风格,将这三者取其之长巧妙地有机结合,应用束综提花织机的提花工作原理,再根据绒织物的结构特点,创造了独有的装造设备和织造工艺,制织出了一种既是贡缎地,又具有类似云锦的大提花,并且将花纹图案织成像漳绒那样的绒结构,因而它比漳绒更立体,更突显出绒的魅力,也由此赋予了漳缎华贵却含蓄不张扬的气质。正是由于该织物在起绒的织造工艺上源于漳绒,又以缎纹为织物基本组织,故名"漳缎"。

二、漳缎的科技成就与科学价值

漳缎织物在苏州官办织造局诞生后，作为贡品上供朝廷，即被清帝康熙所赞赏，命令苏州织造局发银督造，大量订货，专供朝廷，且规定漳缎不得私自出售，违者治罪。能被当朝皇帝钦点，自然不是一般的织品。那么它的科技成就体现在哪里呢？笔者将其归纳为三大方面：漳缎织物结构的合理性、漳缎织机构造的科学性以及漳缎织造工艺技术的创新性。

1. 漳缎织物结构的合理性

漳缎织物的基本结构是以缎纹为地，经线起绒花。缎纹组织有八枚缎、六枚变化缎或四经六纬的经面变化斜纹，但以八枚经缎最为常见。它由两组经线和四组纬线交织而成，其中一组经线与三组纬线构成经面缎纹，因缎纹在织物中是地组织，故把这组经线称为"地经"；另一组经线与一组"假纬"——起绒杆交织形成绒圈花纹，这组起绒花的经线就称为"绒经"，与之相应的织物组织称为"起绒组织"（见图1-27）。起绒组织的结构从绒经与纬线交织的剖面图中可以看到，四组纬线与绒经形成紧密的上下屈曲交织状，而其中的一组纬线为"假纬"，称之"起绒杆"，是一根直径为1毫米左右的不锈钢丝。由于其大大粗于四根纬线，因而此处的绒经所形成的拱圈要明显高出许多，因此当这根起绒杆被拔出后，缎纹质地的表面就会出现一个绒圈。如果将起绒杆上的绒经线用刀片沿垂直方向割断的话，就变成了绒毛，而这时的绒经线与四根纬线的交织

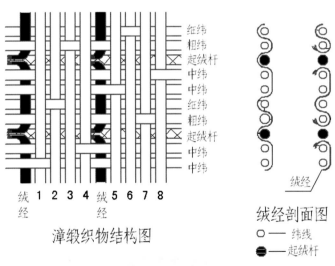

图1-27　漳缎起绒结构图和剖面图

状态就构成了"W"形。正是由于"W"中间多了一道弯曲，所以绒毛在织物上十分坚牢，一般无法拔动，可见这种起绒结构非常科学合理。若织物地组织是八枚缎纹的话，起绒杆与四梭纬线的关系是1:4，即每织入4梭纬线投入1根起绒杆；如果地组织是六枚变化缎纹，则起绒杆与纬线的关系是1:3。由此使织物既充分表现了缎纹组织光亮紧密的特点，也满足了绒经组织接结牢固的要求。

另外，漳缎的经纬线加工工艺及组合也十分讲究，古代工匠为我们留下的规格

图1-28　绛红地牡丹纹漳缎匹料(苏州丝绸博物馆藏)

是：经线为脱了丝胶的熟丝[(1/20/22D8T/S×2)6T/Z 桑蚕丝],地经与绒经的粗细之比为 1:3，这样可保证织物地部缎纹的细腻、花部的绒毛饱满，而纬线采用未脱胶的生丝，无捻，但要求以三种粗细的规格（分别为 3/30/35D、6/30/35D 和 9/30/35D）按粗纬、细纬、中纬、中纬的顺

序排列,其目的是让较粗的绒经线上浮于织物表面时所压住的纬线恰好是细纬,这样使缎面上所见的绒经接结点不是很明显,以尽可能地保证缎面细腻。这些细致的工艺环节是古代能工巧匠经过不断探索研究而形成的最佳丝线组合方案,并一直延续至今。(见图1-28)

2. 漳缎织机构造的科学性

漳缎织机亦称提花绒机。缎纹地上起绒花的漳缎织物结构决定了该织机装置与一般提花机不同,其机架分为两个部分,前半部分为机身,后半部分为绒经装置。以坑机为例，整机长 610 厘米，宽 120 厘米，地面至花楼顶端的高度为 325 厘米。(见图1-29)

机身部分主要由起地纹组织的素综装置和起绒花组织的束综装置构成，有开口、打纬、提花、卷取功能，涉及的织机构件多达141 个。为了满足缎纹地起绒花的织物结构要求,织机上用 8 片地综负责构成八枚经缎

图1-29　漳缎织机(苏州丝绸博物馆藏)

地组织。提花部分由花楼上的束综装置来完成,它由线制的花本及牵线、花综、衢脚盘、衢脚组合而成,因此漳缎织机在前半部分的功能上与一般花楼机几乎相同,唯一显著不同的是卷取机构。因为绒织物织成后绒毛是耸立着的,卷取方式就不能像普通面料那样紧贴着卷绕,而是在地综与花综位置中间安装一个立体卷取轴,使两层面料之间有一定的空隙,保证织成的漳缎绒毛不受到挤压。

织机的后半部分是一个体积较大的绒经装置,犹如美丽的大尾巴高傲地翘在机后,这是我国古代织机中独有的,不仅为漳缎织机最特殊的构件,也是古代纺织机中科学性和技术含量最强的部分。为何要设计这样形制的部件?因为绒经显花时每根经线的用量随着纹样疏密程度的不同会有所变化,因此它不能像其他织物一样用经轴方式同步送经,而是要设计一种特殊的送经装置来解决,使每根绒经线能作单独运动。古代匠人通过不断的探索,将绒经线绕在一个个类似于纬管的细竹管上,由它们各自按所需的用经量来控制送出的经线。而这些绕有丝线的"绒经管"必须固定在一个稳定的地方,以使能够按纹样用丝量的多少来自由地抽出丝线,于是在探索中形成了现在我们所见的呈"凸"形阶梯状的木构架,因形如宝塔,故又称为"塔形绒经架"(见图1-30)。经架的左右两边各有5条横档,上面分成两排交叉钉着间隔距离约5厘米的细铁钎上,绒经管就插在上面。为了解决绒经管插在铁钎上的稳定性问题,以及丝线从绒经管退绕拉出时的张力问题,古代匠人科学地应用了力学原理,即一方面,在绒经管的插入端刻上一圈凹槽,挂上一个6~8克重的泥砣,使小巧的绒经管有一个向下的重力,起到稳定作用;另一方面,将绒经管拉出的双根经丝穿入一个玻璃状的直径为0.2厘米的"料珠"空孔内,并将其悬挂在距试管10厘米左右的位置上,以此也形成向下6~8克的重量,

图1-30　绒经架

与另一端的泥砣保持重力平衡,使经线在向上引伸运动时产生一定的张力,并且是独立控制、自主调节,十分具有科学性。由于经线是悬挂着的,所以这种装置又俗称"挂经机构",这就是漳缎织机不同于一般花楼机的特殊部分,也是漳缎织物显花的关键机构(见图1-31)。

为了让丝线从绒经管拉出后相互间不干扰,并按穿综的顺序排列,古代工匠们

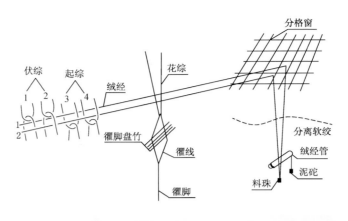

图 1-31　绒经送经及穿综示意图

想出了一个奇妙的解决办法，即在绒经架的上方安放一个由硬质木料制成的 222 厘米×120 厘米的长方形大木框，内用光滑的细竹杆编排成 1728 个小方格，供 1728 根绒经线穿入并延伸到机前。这个构件称为"分隔窗"，也可说是古代工匠的发明创造，至今还一直沿用着。

3. 漳缎织造工艺技术的创新性

鉴于漳缎的特殊结构，古代匠人设计了相应的织机，使其织造的方法、装造工艺也与其他非绒类提花织物完全不同。当时的创新技术成就了漳缎的产生，也使中国绒织物达到了一个巅峰，以致现今都还没有更先进的技术能够超越。

首先，穿经工艺是织造的重要环节，它要求地经穿入 8 片素综，绒经则穿入牵线上的花综内，而穿入前还有一个奥秘之处，即绒经卷绕在绒经管上时就必须以 2 根平行的方式卷取，当向上退绕拉出时即分开，并随即分别穿入上面的分格窗，使之各自独立，再共同穿入花综并通过地综，然后分别穿入 8 片素综前面的 2 片伏综和 2 片起综，地经与绒经的排列比为4∶1。

织造中，织缎纹地时织入纬线，每次仅需一片素综提起，而花综不动；而织绒花时，花综和伏综一起提起，其余素综则均不动。以八枚缎纹结构的漳缎为例，要求每织入粗纬、细纬、中纬、中纬 4 梭纬线后投入一根起绒杆，起绒杆是在绒经被花综提起而形成梭口时投入，一个八枚缎的基本组织需这样两次循环共 8 梭纬线、2 根起绒杆的织造才算完成。但在投细纬这一梭时有点特别，因为织此梭时绒经需全部浮在织物表面，以此才能使绒经在缎纹地上构成"W"形接结，为了满足这个要求就必须让起综和伏综都提起，使所有绒经线和 1/8 地经线一同与未被提起的经线形成梭口，这样既满足了地组织的要求，又达到了绒经全部上浮的目的。

织造后，一般丝织物就直接卷绕在卷布轴上，即便要进行后整理的话，也是下机后再进行的,但漳缎则不然,它要求在机上完成割绒工艺,即当织物在机上织有15~20厘米时就须进行割绒,即将绕在杆上的绒经线用一把特制的划绒刀割断,这样起绒杆就自然脱离织物,而在织物表面则出现了高耸的绒花,由此才构成了八枚经缎地起绒花的漳缎织物。如果希望绒圈留在织物上,那么就要在织物下机后将其放置在一种特制的架子上,固定好后用钳子捏住钢丝头用力拔出,便形成了缎地绒圈花纹的漳缎,这样的提花绒圈漳缎在故宫有为数不少的藏品,十分精细。

三、漳缎技艺的传承

然而,这样的优秀产品在近十多年间濒临消失,即便是苏州丝绸博物馆保存的仅有的古老漳缎机,也一度从动态变为静止的陈列品,使观众很难去了解它蕴含的纺织科学和优秀技艺保存的价值。经多方有识之士的共同努力,漳缎终在 2009 年被列为苏州市非物质文化遗产的代表作,2011 年被列为省级非物质文化遗产,才使这项技艺的保护工作得到保障。

我们知道,文化遗产是先人创造并馈赠给后人的宝贵财富,是人类社会健康发展、创新时代、创新文化的基石和源泉,因此,凡是保留到今天的先人的技术创造和文化创造,都应是我们要珍惜和保护的遗产。漳缎作为一项非物质文化技艺类的遗产代表作,由于老艺人的逐渐离去、史料留存的稀少、生产环境的变迁等,其传承工作相当艰难,寻找口述技艺和口传身教的保护传承方式成了奢侈,因此它不能像传承脉络比较清晰的缂丝、云锦那样有着很好的传承基础,只能从现实出发,着重在两方面进行保护和传承。一方面,师从前人留下的有限资料,将这些记载和现存的织机结合起来进行梳理研究,并整理成技术档案,形成可以传给现今和以后新人的基本理论和实践操作的指导指南,同时重视培养纺织工程技术人员和操作技术工人。另一方面,选择有代表性的清代漳缎织品,特别是宫廷御用漳缎进行复制研究,从而更有说服力和影响力地解读、完善这项技术工艺,运用文字、图片、录像、复制等手段,将所掌握的漳缎表现形式真实、完整地记录下来,使历史文化的真实形态和文化传承的脉络保持"活态传承"。同时,还应不断创新地将这项传统文化表现形式发扬光大,传之后人。

四、结论

综上所述,漳缎在织物结构上创新了原有素绒织物,在工艺技术上变革了一般提花织机的构造及相应装置,特别是独创的起绒装置,成为我国古代织绒生产上最为完善的单独送经装置。此外,漳缎独特复杂的织造工艺也令人称奇,它至今仍然必须用手工操作完成,无法用机器替代,这在纺织织造技术中是除缂丝而外唯有的一种传统产品,因此十分珍贵。实践认为,只有将遗产价值充分地挖掘出来,让更多

的人了解其科学价值和保护传承的必要性,才能让这样优秀的技艺保护传承下去,并通过创新实践,让这一文化软实力为我们厚重的历史文化添上更加浓重和精彩的一笔。

参考文献

[1] 苏州市丝绸工业局. 苏州丝绸工业志(未出版),1986.

[2] 钱小萍. 中国传统工艺全集·丝绸织染[M].郑州：大象出版社,2005.

[3] 王晨. 论漳缎织机的科学性及其学术价值 [J]. 现代丝绸科学与技术, 2012,27(4)：163–167.

（作者：王　晨）

英国王室钟爱的苏州丝绸

2015 年 3 月 1 日,英国剑桥公爵威廉王子抵达北京,开始为期 4 天的访问。这是继英国女王 1986 年访问中国之后,英国王室成员再度访问中国大陆,备受外界关注。2011 年 4 月 29 日,威廉王子和凯特王妃在威斯敏斯特教堂举行婚礼,新娘凯特王妃的美丽婚纱获得了人们的一致赞赏,随之流传开来的"婚纱所用的丝绸面料来自中国苏州"这一消息,也令国人为之骄傲。再往前推 30 年,威廉王子的母亲——戴安娜王妃也是穿着苏州丝绸制成的婚礼服步入了婚姻殿堂。

惊艳世界的婚礼服

1981 年,查尔斯王子和戴安娜王妃在伦敦圣保罗大教堂成婚。这场耗资高达 3000 万英镑,共有 2500 多名宾客参与,33 种语言全球直播的婚礼,给人们留下了难以忘却的记忆。婚礼当天,全英放假一天,给予新人祝福,全世界约 7.5 亿观众收看了电视直播,人们被王妃身穿的婚纱深深吸引。这是一件拥有 7.6 米超长裙摆的乳白色拖地长裙,质地轻薄挺括,光泽柔和明亮,将美丽的戴安娜衬托得愈发楚楚动人。(见图 1-32)

这件惊艳世界的婚礼服所用的丝绸面料,正是中国苏杭地区的传统特色品种——塔夫绸。在英国王室登报公开的查尔斯王子和戴安娜王妃的婚礼用品单上,婚礼服布料写得很清楚:苏州东吴丝织厂生产的水榭牌

图 1-32　查尔斯王子与戴安娜王妃

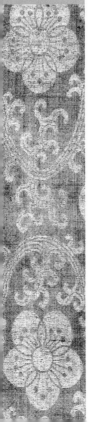

图 1-33 英文订货单原件

深青莲色塔夫绸，订货数量是 14 匹 420 码。苏州的塔夫绸登上了国际舞台，赢得了世界性的荣誉。如今，这些承载了无上荣誉的真丝塔夫绸的相关档案被完好地保存在苏州市工商档案管理中心的库房中，包括英国王室当时的英文订货单原件（见图 1-33），婚礼选用的真丝塔夫绸样本及相关的照片等，还有作为国家机密档案的制作塔夫绸的技术资料。

塔夫绸是法文"Taffetas"的音译，含有平纹织物之意，是一种以平纹组织织制的熟织高档丝织品，20 世纪 20 年代起源于法国，后传至中国，主要产地在苏州与杭州，苏州东吴丝织厂生产的塔夫绸最负盛名。塔夫绸选用熟蚕丝为经丝，纬丝可用蚕丝，也可用绢丝和人造丝，均为染色有捻丝，一般经、纬同色。以平纹组织为地，织品密度大，是绸类织品中最紧密的一个品种。到了 20 世纪 40 年代又生产出格子塔夫绸和经纬异色的闪色塔夫绸等高档产品。

塔夫绸的品种很多，根据所用原料不同，可以分为真丝塔夫绸、双宫丝塔夫绸、丝绵交织塔夫绸、绢纬塔夫绸、人造丝塔夫绸、涤丝塔夫绸等；根据制织工艺不同，又有素色塔夫绸、闪色塔夫绸、条格塔夫绸、提花塔夫绸等之分。素色塔夫绸用单一颜色的染色熟丝织造；闪色塔夫绸利用经纬丝的颜色不同，织成织品后形成闪光效应；条格塔夫绸是利用不同颜色的经丝和纬丝按规律间隔排列，织成织品后，形成条格效应；提花塔夫绸简称花塔夫绸，是在素塔夫绸的平纹地上提织缎纹经花，花纹特别突出光亮，纹样一般为自然或变形花卉，清地散点排列（见图 1-34）。

图 1-34 花塔夫绸样本

塔夫绸质地缜密硬朗、挺括滑爽、轻薄光亮、富有弹性,是丝织品中的高档产品,可用做高级时装面料。又因其经、纬密度较高,织纹紧密细腻,也适宜做羽绒制品的衬胆、伞面、鸭绒被套、高档刺绣底料等。另外,塔夫绸也非常适合做婚纱,戴安娜王妃的婚纱就是很好的证明,最适合的婚纱款式包括鱼尾型婚纱、A 字裙和装饰繁复的公主裙。

塔夫绸中的王者

能够被英国王室垂青,苏州东吴丝织厂的塔夫绸一定有它的独特之处。塔夫绸的制造工艺非常复杂,对于蚕丝的要求特别高,产量也不多,是妇女礼服的上品。苏州东吴丝织厂生产的塔夫绸花纹光亮、绸面细洁、质地坚牢、轻薄挺括、色彩鲜艳、光泽柔和,更是精品中的精品。1951 年初,国家外贸部门组织苏州丝织业 16 种产品去东欧 7 国展出,苏州东吴丝织厂生产的真丝塔夫绸等产品广受欢迎,在民主德国展出时引起轰动,被客商誉为"塔王"。"塔王"的称号由此享誉海内外,一提到塔夫绸,人们必然想到东吴丝织厂。

苏州东吴丝织厂的塔夫绸质量上乘,知名度又高,它被英国王室青睐也就可以理解了。然而东吴丝织厂的塔夫绸生产并非一帆风顺,经历了工艺改革才换来了后来的辉煌。最早是在木机(手拉机)上织造塔夫绸,但没有成功。直至 1932 年,塔夫绸产品终于在电力机上织造成功,这也是国内最早成功用电力织机织造真丝塔夫绸。新中国成立前,制作塔夫绸的织机很少,只有几台,生产的塔夫绸品种及花色也不多,质量也较差。1950 年,中蚕公司收购的塔夫绸中,只有 40% 合格。新中国成立后,在政府的大力扶助下,经全厂工人、技术人员的共同研究,改革工艺,塔夫绸的质量才得以迅速提高,花色品种也变得名目繁多。当时,市领导经常来厂指导工作,并提出:"全国有鞍钢,苏州有软钢。"这里的"软钢",正是指塔夫绸,当时出口一匹塔夫绸,可换回一吨钢材,其价值不言而喻。

虽说塔夫绸的质量相比早期已有了很大提升,但缺点也不是没有。1955 年,周恩来总理出访东德,该国总理乌布利希将一件格子塔夫绸面料的布拉吉连衫裙交给周恩来带回,请生产厂改进。由于染色牢度差,裙子淋雨后发生掉色和沾色,严重影响了我国丝绸织物的质量声誉,而这种格子塔夫绸正出自苏州东吴丝织厂。周恩来责成有关部门务必解决褪色问题。在苏州市纺工局和上海丝绸进出口公司的支持帮助下,东吴丝织厂经过反复试验,改进操作,选用弱酸性染料代替原有的强酸性染料和直接染料,再经固色后处理,终于使染色牢度达到三级或三级以上,1956 年全面推广,实现了熟织绸色光鲜艳不褪色。1957 年素塔夫绸一等品率提高到

89.69%，1959 年以后就一直保持在 90% 以上。

1966 年初，中纺部下达给东吴丝织厂一个艰巨的任务：塔夫绸品种之一的锡增重塔夫绸要赶超瑞士水平。东吴丝织厂毅然接受了挑战，经过半年多时间、338 次反复实践，锡增重塔夫绸在手感、弹性、防水、防缩等主要指标上基本赶上和超过了瑞士水平，经中纺部批准列为展览会展出产品。至 20 世纪 70 年代末，东吴丝织厂生产的素塔夫绸、花塔夫绸被中纺部评为全国名牌产品、江苏省优质产品，塔夫绸的生产取得了辉煌的战绩，并于 1981 年荣获国家质量金质奖，再次夯实了"塔王"的称号。

从上久坎到上久楷

苏州东吴丝织厂是一家历史悠久的百年老厂，其前身要从开设于清光绪二十四年（1898）的上久坎纱缎庄说起。

上久坎纱缎庄的创建人是陶兰荪，厂址最初在曹胡徐巷，职员 8 人，生产品种有西式花缎、高丽纱、高丽缎、花累缎等，年产 500 匹以上，销往朝鲜及内地。宣统元年（1909）陶兰荪逝世，其子陶耕荪接替父业。陶氏家族将厂名定为"上久坎"，因"上久"即永远、永久的意思，"坎"即泉水，表示源远流长、永不枯竭，陶家人对纱缎庄寄予了厚望。说到"坎"，还有一个感人的故事。民国二十四年（1935），陶耕荪母亲 70 大寿之际，苏州大旱，导致大小古井干涸，于是她将寿资捐出，欲凿井以惠邻里，却苦无适当之地。后得到道光二十年（1840）庚子科榜眼冯桂芬的后人冯公湛相助，割让了冯桂芬祠堂照墙边的空地，此井乃成。该井取名"坎泉"，寓意不忘凿井的坎坷，井边的装饰碑也刻下了该故事以作纪念。"坎泉"位于史家巷书院弄口，共有 3 个井圈，是苏州十大名井之一。

陶耕荪接替父业后，将厂址设在史家巷 78 号，产品有纯经缎、素累缎、花累缎、陀罗经、复儿经等，年产 1000 匹以上，销往西藏、广州及内地。民国八年（1919），陶耕荪抽调上久坎部分资金、人员、机台（手拉机 5 台），与管绶之等人合股，在阊丘坊筹建东吴丝织厂。民国十年（1921）正式开业时，手拉机由 5 台增加到 20 台，工人由 4 人增加到 30 多人，生产品种有铁机纱、花累缎等。[上久坎纱缎庄则附设在东吴厂内，民国三十四年（1945），租借齐门下塘华盛绸厂电力机 12 台，挂牌为上久坎绸厂，直至新中国成立。]之后东吴丝织厂的规模和生产品种不断扩大，民国十八年（1929）起逐步改用电力机。

从上久坎纱缎庄到东吴丝织厂，虽然厂名变化，但优良的产品品质始终如一。1929 年西湖博览会上，上久坎松鹤缎荣获优等奖。1954 年到 1956 年公私合营中，苏州市区丝织厂合并成东吴、振亚、光明、新苏四家国营丝织厂(苏州当地人一般称之为"四大绸厂")。东吴丝织厂为苏州乃至全国丝绸织造的领头羊,它生产的塔夫绸尤其闻名世界,"塔王"之称声名远播。1981年查尔斯王子与戴安娜王妃的婚礼,更是让塔夫绸和东吴丝织厂站到了世界的制高点。

回到开头的那场婚礼,凯特王妃的婚纱用料也来自苏州,而且与"上久坎"和东吴丝织厂有着不解之缘。为凯特王妃的婚纱提供丝绸用料的吴江鼎盛丝绸有限公司,在20世纪末东吴丝织厂改制之际斥巨资购买了该厂的部分设备,引进了一些核心骨干技术人员,全面学习吸收东吴丝织厂的文化、管理、技术和经验,并在此基础上开发出了"上久楷"这一品牌。从"上久坎"到东吴丝织厂,再到"上久楷",苏州丝绸的传承在继续。从戴安娜王妃的塔夫绸婚纱到凯特王妃的婚纱,英国王室对苏州丝绸的钟爱也在继续。拥有悠久历史的苏州丝绸,现今仍在不断向世人展示着她迷人的风采和无与伦比的价值,也赢得了世界的青睐。

参考文献

[1] 赵丰. 中国丝绸通史[M]. 苏州: 苏州大学出版社, 2005.

[2] 袁宣萍, 赵丰. 中国丝绸文化史[M]. 济南: 山东美术出版社, 2009.

[3] 卜鉴民. 苏州民族工商业百年往事[M]. 苏州: 苏州大学出版社, 2014.

[4] 刘兴林, 范金民. 长江丝绸文化[M]. 武汉: 武汉教育出版社, 2004.

[5] 岳俊杰, 等. 苏州文化手册[M]. 上海: 上海人民出版社, 1993.

(作者:薛 怡 栾清照 原载《档案与建设》2015年第4期)

姐儿绣活情缱绻

养蚕、缫丝、刺绣都是妇女操劳之事,因此妇女与刺绣有着天然的关系。中国历史上,千万勤劳智慧的妇女辛勤劳作和不懈创造,才使蚕丝的价值得到了充分的利用,产生了缤纷的丝绸、多姿的刺绣。

以苏绣为代表的江苏刺绣,产生于苏州地区,它既是一种传统的民间手工技艺,又是一种家庭手工业。历史上,苏州地区人多地少,尽管稻作精耕细作后产量逐年增加,但由于统治阶级的沉重盘剥,下层民众也只能够勉强度日。刺绣作为家庭手工业在社会生活中起着不可或缺的作用,男耕女织的小农经济状况下,以刺绣为主的女红成为农耕有力的补充。刺绣构成了苏南一大特色,"闺阁家家架绣绷,妇姑人人习针巧"。

绣娘们用灵气和巧手造就了精细雅洁的苏绣艺术,从古到今也成就了一大批杰出的行家里手。她们灵秀智慧、各领风骚,不断创新针法,悉心传授绣艺,创造了数不胜数的传世名作,形成了以刺绣技艺传承和创新为主的绣娘群体。她们的文化象征意义不可估量,正如德国齐美尔所言:"有过一种这样的职业,它具有最高的文化的意义。它在女性的本质里是完全原生的,而且现在也还有部分存在着家庭经济。家庭的经济领导及其对于整个生活所具有的根本无法估量的意义就是妇女伟大的文化贡献。家完全具有妇女的文化奉献的特色,在这里,妇女的种种特殊能力、兴趣、感觉方式和智慧……创造了一种唯独她才有能力创造的形态。"刺绣技艺由妇女家庭手工艺发展到遍布江苏省,成为江苏经济和文化的重要产业,江苏妇女的贡献不仅仅在于家庭经济,更在于文化的贡献。

历代刺绣大师们围绕刺绣的人生系列活动和社会经历,拓展了传统女性狭隘的生活空间和生活轨迹,也使得她们通过刺绣活动一步步走出了农村,由此带来了思维方式和人生价值的转变,最终促使其自主性的形成。

历史上以沈寿为代表的杰出女性刺绣群体,把传统刺绣通过创新推向了世界,让全世界对中国人精细的手工艺刮目相看。新中国成立后,以苏绣大师金静芬、顾文霞、李娥英、华璂等为代表的新中国刺绣人才辈出,各具特色,使苏绣技艺日益精进,为国家出口创汇做出了极大的贡献。改革开放以后，镇湖八千绣娘中又涌现出来一大批大师级的刺绣高手。古韵今艺，传承创新，使得苏绣古老的艺术获得了再生之机。苏绣以其独特的地方性和代表性，在 2006 年进入中国非物质文化遗产名录。

"夜合花开香满庭，玉人停绣自含情。百合绣尽皆鲜巧，惟有鸳鸯绣不成。"这是明代吴门画家唐伯虎的《题倦绣图》题诗。图中一位妙龄的姐儿辛勤刺绣，疲倦不堪，仍春情缱绻。春恨秋悲，人之常情，唯小女子情窦初开，绣那鲜巧百合，想那大好春光，飞鸟成双，自己一腔情思去向谁诉，"倘若有情相眷恋，四时天气总愁人"。

一、倦绣正逢停针线，欢聚游春情缱绻

24 个节气里，惊蛰、春分连接清明，正是一年中最令人留恋生情的时节。新燕将至，社日到来，古人称燕子为社燕，因其春来秋去之故。古时候一年中祭祀大地之神(即社神)有两次，分春社、秋社。人们在祭祀之礼后，酒食分餐，赛会欢聚。倦绣的女儿们此日也停针线放了假，"问知社日停针线"(周邦彦《秋蕊香·双调》)，可呼姊唤妹，门外游观。"结伴踏青去好，平头鞋子小双鸾。烟郊外，望中秀色，如有无间。"(王观《庆清朝慢·踏青》)

明清时游春之风更盛，特别是苏州、扬州等地，闺阁中也不能免俗，旧时正月里停针线、二月二龙抬头也要停针线，怕伤龙目。这段时间正是休闲时候，每当春和景明，城中大家闺秀亦结伴游春。明代诗人吴兆有《姑苏曲》描写妇女游春风俗，诗云："宝带桥头鹊啄花，金阊门外柳藏鸦。吴姬卷幔看花笑，十日春晴不在家。"在清文人沈复《浮生六记》"闺房记乐"中，曾记有其多次携其妻陈芸游太湖、游虎丘的乐事，可见清时江南城中妇女春秋游山玩水乃寻常事。女儿们在无限的春光里，尽情享受自然的花香鸟语，草绿莺啼。"双蝶绣罗裙，东池宴，初相见。朱粉不深匀，闲花淡淡春。　　细看诸处好，人人道，柳腰身。昨日乱山昏，来时衣上云。"(张先《醉垂鞭》)

女儿们看那牡丹粉红、迎春鹅黄、桃花含雨、柳叶飞绿、春水汩汩、燕子双飞，江南大自然丰富的色彩愉悦了女儿们的性情，也涵养了她们审美的眼光。俗话说："绣花容易配色难。"江南四季分明的气候，山清水秀的大自然，红黄绿紫的颜色交替频繁，思春伤秋的少女最是关情。这样情感交融的季节变换使得女儿们在飞针走线的时候，从心里到线上有意无意将自然界柔美的色彩融入自己的绣活之中。

二、闺阁女儿绣关情，游园惊梦幽思春

在古代，诗书人家的女儿思春无着，孤芳茕茕，幽闺寂寂，更漏迟迟，无以遣怀，则多游园。自古苏州私家园林众多，有厅、堂、楼、阁、榭、舫、廊、亭，曲墙花窗、砖雕门楼等组成不同的建筑样式，并用山石池塘营造曲径通幽的气氛，各式花草点缀其间，形成独具特色的园林艺术意境，以求"多方胜景，咫尺山林"的效果。

青瓦粉墙、叠山理水、题咏楹联、亭台楼阁、家具陈设,在每一个细节上都精心构造。没有大红大绿的喧闹,显得古色古香、幽雅怡静。"淮水东边旧时月,夜深还过女墙来。"(刘禹锡《石头城》)"二十四桥明月夜,玉人何处教吹箫。"(杜牧《寄扬州韩绰判官》)昆曲《牡丹亭》里情窦初开的杜丽娘看那园中姹紫嫣红开遍,遂有惊梦之事,春情缱绻,问天问地问自己:"梦回莺啭,乱煞年光遍,人立小庭深院。炷尽沉烟,抛残绣线,恁今春关情似去年?"(汤显祖《牡丹亭·游园惊梦·绕地游》)

游园外还可以品茗闻香。几叶芭蕉,数丛茉莉,深阁小窗,琴室曲房,品香啜茗,暖春炎夏,秋宵雪夜,文思不畅,又仗其润激诗肠。可以这样说,闺中腻友——茶,闺中至爱——琴,闺中良伴——绣。春风在手一瓯茶,乐趣何如静趣佳?唯有五彩绣线在,一枝一叶总关情。"困春心,游赏倦,也不索香熏绣被眠,春吓!有心情那梦儿还去不远。"(汤显祖《牡丹亭·游园惊梦·尾声》)

江南丰富的自然美色和人文景致,都是女儿们刺绣颜色搭配最好的老师,这就是为什么我们看到的苏绣都颜色和雅、构图细腻、如诗如画的重要原因之一。(见图1-35、图1-36、图1-37)

图1-35 刺绣作品《瓦雀栖枝》

图1-36 刺绣作品《郎世宁牡丹》

图1-37 刺绣作品:五品文官补子

三、莫道乡村寻常女,刺绣寄情传绣歌

乡村寻常人家女子,刺绣生情,倦绣思情:"姐儿窗下绣鸳鸯,薄福样郎君摇船正出浜。姐看子郎君针碰子手,郎看子娇娘船也横。"(冯梦龙《山歌·睃》)刺绣的姐儿如有自己的意中人,碍于男女授受不亲,只能以绣传情。现代我们收集的吴歌中也有大量乡村女子刺绣寄情的描画,如《绣荷包》:"东南风吹来浪头高,三层头楼浪格小姐勒拉绣荷包,一面要绣龙来一面要绣凤,要买五彩花线针来挑。头一挑要挑松鼠采葡萄,第二挑要挑白鹤童子御仙草,第三挑要挑三戏白牡丹,第四挑要挑白娘娘许仙相会在断桥,第五挑要挑五尺龙船龙演舞,第六挑要挑霍定金女扮男装离家逃,第七挑要挑七七四十九只灵官庙,第八挑要挑杭州西湖间株杨柳间株桃。小小荷包全绣好,拨拉(吴方言:送给)郎君哥哥挂勒腰,挪(吴方言:你)郎君哥哥高楼浪吃酒、低楼浪吃茶勿要说起格种真情事,漏仔口风断脚断手命难逃。"

四、刺绣生涯贫家女,倦绣贪看春色妍

城市一般人家,甚至仰仗刺绣糊口,如清苏州人沈复在他的《浮生六记》中记其妻陈芸:"芸既长,娴女红,三口仰其十指供给……一日于书簏中得《琵琶行》,挨字而认,始认字,刺绣之余,渐通吟咏。""时但见满室鲜衣,芸通体素淡,仅新鞋而已。见其绣制精巧,询为已作,始知其慧心不仅在笔墨也。"

贫穷人家女子以刺绣为生涯,或者父母失审,不能择伉俪,则更苦怨无诉,唐代秦韬玉《贫女》诗写道:"蓬门未识绮罗香,拟托良媒益自伤。谁爱风流高格调,共怜时世俭梳妆。敢将十指夸针巧,不把双眉斗画长。苦恨年年压金线,为他人作嫁衣裳!"擅长刺绣的贫寒女子,也许用尽自己平生之力也无力为自己赚取一份嫁妆。倦绣之余,倚绣而思,"蚕事正忙农事急,不知春色为谁妍"(朱淑真《东马塍》)。春恨秋悲也徒然,只好任岁月在丝线中飞走,红颜成皓首也未可知。

五、怨妇思夫绣作龟,敬献天子换君归

古时候怨妇思夫,无以排遣,"谁家今夜扁舟子,何处相思明月楼"(《张若虚《春江花月夜》)。寄情于方帕,相思入绣,凝结成无声的画、有情的诗,传诵古今。唐将张揆戍守边疆近十年,他的妻子非常思念自己的丈夫,于是绣诗于丝帛之上,呈给唐武宗。诗曰:"暌离已是十秋强,对镜那堪重理妆。闻雁几回修尺素,风霜先为制衣裳。开箱叠练先垂泪,拂杵调砧更断肠。绣作龟形献天子,愿教征客早还乡。"唐武宗见之,非常感动,诏令"放揆还乡",并赐侯氏绢300匹,"以彰才美"。绣诗可以换得夫妻团圆,这只有在盛唐气象的唐代才会发生。

由古代女性刺绣衍生出来的刺绣活动、刺绣习俗所形成的刺绣文化,展现了一种生生不息的女性文化特色,充满了水乡女性细腻、秀美的性格,坚韧、智慧的精神气象。在新时代的感召下,苏州绣娘们竭尽所能、薪火相传,古老的苏绣技艺将再次获得文化上的再生和提升。

参考文献

[1] 叶继红. 传统技艺与文化再生[M]. 北京:群言出版社,2005.

[2] (北宋)张先:《醉垂鞭》.

[3] (明)汤显祖:《牡丹亭·游园惊梦·绕地游》.

[4] (明)汤显祖:《牡丹亭·游园惊梦·尾声》.

[5] (明)冯梦龙:《山歌·睃》.

[6] 中共吴江市委宣传部等.中国·芦墟山歌集[M].上海:上海文艺出版社,2004.

[7] (唐)张若虚:《春江花月夜》.

(作者:沈建东　原载《档案与建设》2015 年第 12 期)

从"吃货"到"粉丝"

在吃货的世界里，有一款大名鼎鼎的蛋糕。它组织蓬松柔软，水分含量高，味道清淡不腻，口感绵密鲜嫩，是目前最受欢迎的蛋糕之一。它常见于生日蛋糕、奶油蛋糕、裱花蛋糕的基本蛋糕体和慕斯蛋糕里的蛋糕层，甚至还可以在制作提拉米苏的时候代替意大利手指饼干。它就是戚风（见图1-38），一款广受烘焙达人和美食

图 1-38　戚风蛋糕

家们喜爱的经典蛋糕。可是，你是否有想过"戚风"是什么意思呢?

下面，就让我们跟随着戚风，一同从"吃货"走入"粉丝"的世界吧。

戚风，音译于法语 Chiffon，本意是"雪纺绸"。在 20 世纪上半叶，一些欧美人士大概已经领悟了如今网络潮语体中 "不懂丝绸文化的时尚大咖不是好厨师" 的道理，居然创造性地用丝绸来为美食命名。雪纺——轻薄、透明、柔软、飘逸、富有弹性；而餐盘中的这块蛋糕呢?——轻柔松软、富有弹性，裹挟着蛋香油香，令人回味。用雪纺来为这款神奇配方制作出来的蛋糕命名是不是真的很贴切?

春季已至，雪纺面料的衣服已经星星点点地开始展露于街头；而夏季不远，想必街头将活跃着更多的雪纺衬衫、雪纺连衣裙、雪纺长裙等等。之所以如此，是因为雪纺质地柔软、薄如蝉翼、透气、垂感好、手感爽滑、富有弹性。时下的服装界，雪纺仍然是一款非常流行的面料，这也使得它受到了很多奢侈品牌的青睐，成为女式衬衫、衣裙、高级晚礼服及丝巾、围巾中出镜率非常高的元素之一。

吃货们注意了，笔者要向诸位祭出另一款美味了，用它来搭配戚风蛋糕也是很不错的——香醇咖啡一杯。然而，咖啡有现磨咖啡和速溶咖啡，哪一种更能得到地道吃货的推崇呢?答案应该显而易见吧。异曲同工的，雪纺也是有区分的，可分为真

丝雪纺和仿真丝雪纺。

先说说后者吧。仿真丝雪纺相比真丝雪纺更常见于平时的服装中,它的一般成分为100%涤纶,也就是说它是纯化纤的。它质感轻薄柔软、自然垂感好,多洗也不易褪色,不怕曝晒,打理起来方便,牢固性较好,不易褶皱,价格也相对便宜。而真丝雪纺的成分则是100%天然蚕丝,它同样轻柔且垂感好,而更出众的是它亲肤感好、吸湿性佳,但由于采用了天然纤维,因此不能暴晒,只能手洗。在价格方面,自然是比较贵了。

那么,真丝雪纺和仿真丝雪纺不就成了"真假美猴王"了吗?非也!我们来科普一下丝绸类的基础知识。构成雪纺的最基本的组织是平纹组织,随着丝绸纺织工艺的不断进步,雪纺也衍生出了很多有特色的品种,如顺纤雪纺、闪光雪纺、丝绵双层雪纺等。目前,最广泛被纺织界所提及的传统雪纺,应该是乔其绉(也叫乔其纱)。它是用加强捻的丝以平纹组织织成的。而我们所说的仿真丝雪纺和真丝雪纺都是应用了这种基本的纺织工艺、结构组织。真丝雪纺正是随着生产工艺的发展、人们对于高品质的追求,由100%天然蚕丝面料的介入应运而生的。当然,仿真丝雪纺也是有它的特点的,这也使得它活跃在了女性朋友们春夏季的日常服饰中。

我们是地道的吃货,要做地道的"粉丝",故而还是把视线拉回到丝绸,看看真丝雪纺,聊聊雪纺绉的丝绸属性。

丝绸可以分为14大类:绫、罗、绸、缎、锦、纱、绡、绢、绉、绮、纺、绒、葛、呢。前面已经提到,我们通常所说的雪纺,又叫乔其纱或乔其绉,但其实从纺织基本组织结构来看,它既不是纺,也不是纱,而应该属于绉类,因此乔其绉之称谓似乎更加名副其实。

绉,指起绉的丝织物。尽管雪纺、戚风均为舶来品,但绉却是地地道道的"土特产",我国早在战国时期便已出现,当时称为"縠"。宋玉在其《神女赋》中就以"动雾縠以徐步兮,拂墀声之珊珊"来描绘巫山神女的动人姿态,神女所着衣裙面料正是如薄雾般的绉纱。绉的外观呈现各种不同的皱纹,光泽柔和,手感柔软而富有弹性,抗皱性能良好。绉的品种有轻薄似蝉翼的乔其绉,薄型的双绉、碧绉,中厚型的缎背绉、留香绉,厚型的柞丝绉、粘棉绉等。虽未能查到"绉"字的出处,但从其字形结构来看,可不就是"丝"织的"褶皱"吗?如果你亲手触摸过雪纺面料的话,想必一定会感受到一种轻柔的磨砂质感吧。绉类织物成熟的基本结构组织正是这种绉组织,通过不同长度的经、纬浮线在纵横方向错综排列,在织物表面形成分散且规律不明的细小颗粒状外观,使织物起绉。但除了这种基本结构外,还可以利用强捻丝线在织物中收缩起皱,或是采用两种不同伸缩性能的原料交替排列交织使其产生不同程度的收缩而形成绉效应。经典雪纺正是用加强捻的丝以平纹组织织成的。所以,毫无疑问,雪纺是绉类织物中的轻薄似蝉翼的典范。

在苏州市工商档案管理中心浩瀚的馆藏档案中,保存着20世纪末至21世纪初

图 1-39 要货单

苏州东吴丝织厂一批珍贵的有关雪纺的文书类、科技类、实物类档案。（见图 1-39）其中，文书类档案记录着 20 世纪 90 年代苏州东吴丝织厂作为供货方经由南京、上海的进出口公司出口海外的销售，包括销往英国的顺纡炼白雪纺、销往美国的闪光雪纺等。当时出口的这些闪光雪纺，花型多样、色彩丰富，有宝蓝、海绿、白色、黑色、灰绿、橄榄绿、铁锈色、吐司黄……

科技类档案记录着专业技术人员对于雪纺面料织造工艺方面的科研成果，反映了该面料加工细节方面的不断改良与创新，如在织物的经向面料匀度上的调整。馆藏档案中有当时东吴丝织厂的一些新品设计流程书，这些新品规格上的改进都是根据当时市场流行趋势和科学的市场调研分析做出的，涉及丝锦雪纺、丝大豆雪纺、双层雪纺等。

实物类档案则罗列着各式各样的丝绸样本，包括闪银雪纺（见图 1-40）、闪色雪纺、尼龙雪纺、双层雪纺等，呈现出了每一款雪纺面料的独特气质。

当这些带着历史记忆的杰作从档案库房密集架上的一摞档案盒里被小心翼翼地打开的时候，一种经典的味道扑面而来，那一刻展现在眼前的不曾褪色的雪纺，似乎也期待着穿越岁月的光影，和时尚前沿擦出新的火花，以丝绸之名，展现出新的中国风。

阳光、午后、戚风、咖啡、雪纺、绉、丝绸……新晋"粉丝"们，你们有没有

图 1-40 闪银雪纺（东吴厂）

慢慢感觉到这个世界除了美食与爱之外，还有丝绸也不可辜负呢？

参考文献

［1］周启澄,等.中国大百科全书·纺织[M].北京:中国大百科全书出版社,2004.

［2］中国农业百科全书编辑部.中国农业百科全书·蚕业卷[M].北京:农业出版社,1987.

［3］顾冬娟,张玲妹,许璀莹,王国和,丁建中.新型雪纺面料的研发及性能探讨[J].丝绸,2010(9):24-25.

（作者：宋晓成　原载《档案与建设》2015年第8期）

初探苏州非物质文化遗产——四经绞罗

推开厚重的库房大门,摇开高高的密集架,一盒盒档案整齐地呈现在眼前。在苏州市工商档案管理中心,保存了大量完整的丝绸档案,在这些丝绸档案中,最吸引我的是——罗。因为在记忆里时常会浮现出"君到姑苏见,人家尽枕河。古宫闲地少,水巷小桥多。夜市卖菱藕,春船载绮罗。遥知未眠月,乡思在渔歌。""罗裙婵娟芙蓉花,凉亭月下奏琵琶""绣罗衣裳照暮春,蹙金孔雀银麒麟"……这样的诗句,想必古时候苏州的美丽女子就是和罗衣罗饰相伴的吧。身为土生土长的苏州人,时刻感受着厚重历史底蕴和丝绸文化所带给我的感动。

据史书记载,春秋时期,吴越两国除依仗肥沃的江南水乡,发展麻纺织业生产之外,还从事丝帛、罗、纱生产等。吴楚两国还因养蚕之争桑发生了"争桑之战",由于民间争桑,竟导致了两国交战,可见蚕桑生产在当时经济上的重要地位。苏州至今还保存着与吴国丝绸遗址有关的地名,如:织里,为吴王宫廷织造锦绸的场所,位于今城内道前街之司前街口吉利桥一带,吉利桥原称"织里桥",后讹为今桥名;锦帆泾,春秋时为子城护城河,为今人民路西侧憩桥巷至香花桥段,现人民路东侧干将路与十梓街间第一条通道仍称为"锦帆路"。

近代在苏州工业园区唯亭草鞋山遗址发掘到的碳化纺织物残片就是以野生葛为原料的罗纹织物,距今有6000多年历史。罗作为丝绸十四大类之一,因起源在苏州,俗称"吴罗",是苏州传统丝绸的代表之一。战国时,苏州曾为楚国一大都会,织制纱罗较普遍,罗就是用绞经的方法织成的轻薄网孔织物,具有质地较薄、手感滑爽、花纹美观、透气性好等特点。用它制作的织物较之绫、绸、缎更为名贵,因其舒适、透气、华贵等特点,历来是宫廷和上流社会的穿着面料。罗是我国古代丝织品中的巅峰之作。绫、罗、绸、缎中,绫、绸、缎的织造方式相对简单,而罗的织造难度最大。

四经绞罗是一种特殊工艺制成的绞经组织织物,这种织物的纬线相互平行排列,但相邻的经线却相互扭绞与纬线交织,扭绞的地方经线就重叠在一起,但不扭绞的地方就形成了较大的但不规则的孔,专家们曾称它为"大孔罗",后称"链式

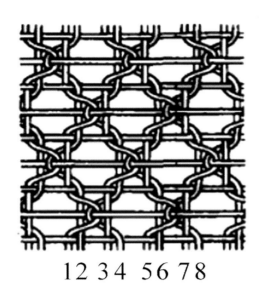

图1-41　链式罗结构

罗"。（见图1-41）

链式罗的组织到元代之后就不多用了。后来的罗采用的是较为简单的组织，只由两根固定的相邻经线对应绞转，每织很多梭平纹之后就绞转一次，这样就形成了一道道横向的孔路，成为横罗。根据平纹纬数的不同，历史上有三梭罗、五梭罗、七梭罗等称呼，明清时期最为著名的是产于苏州和杭州的横罗。

四经绞罗多以蚕丝作原料，生产工序多达30道，纯手工织造。由于采用绞经组织，经纱相互勾链，呈曲线状，织物纹理直中有曲、曲中见直、曲直相宜；经线排列有疏有密，疏密有致，形成均匀椒孔，结构十分稳定。若与其他组织相配，还可织成花罗。无论是素罗还是花罗，都风格独特。尤其是花罗，花地同色，花纹若隐若现，有质有文，质文统一和谐，符合中国传统的审美观念。到清朝后期，随着国外化纤类产品的进入，现代机器工业冲击尤甚，导致传统工艺、机具的失传，罗逐渐消失，四经绞罗织造工艺也逐渐湮没，如今的复制工作困难重重。社科院考古研究所特聘研究员王亚蓉说："攻克罗的各种制造工艺，就像数学界的哥德巴赫猜想一样，是一个攻关的难题。"

1995年，专门为日本和服加工缂丝腰带的苏州斜塘南施村村民周家明，经过多年摸索，成功恢复了四经绞罗技艺，并使罗织物提花精密度趋于稳定。在斜塘街道的一个小型工业区内，有一家没有招牌的工厂，500平方米的厂房被分成三间，其中两间密密地摆放着16台手工铁木织机。这里就是家明织造坊，是由周家明厂长在1992年创办的，主要生产半手工平纹和服腰带、漳缎、四经绞罗、二经绞罗、妆花织锦、二经绞妆花罗、织彩漳绒、宋锦等产品。（见图1-42、图1-43）

穿过几台庞大的织机，可以看见办公室的外墙上挂着"苏州非物

图1-42　周家明复制的四经绞罗

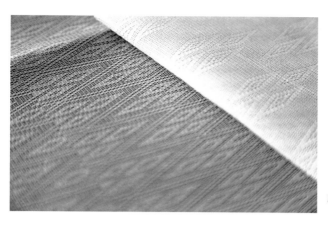

图 1-43　周家明复制的四经绞罗

质文化遗产"的招牌,这里就是苏州非物质文化遗产"四经绞罗技艺"的保护单位之一,也是目前唯一仍保存着四经绞罗完整半手工工序的企业。16台铁木织机,全是周家明厂长自制的。一个工人一天只能织出40厘米的活儿。在这样艰苦简陋的条件下,目前还保留着用手工铁木机织造的技艺,非常难得,年近60的周家明厂长能坚持下来,并且不断地钻研,实属不易。为了更好地保护和传承这一珍贵的传统织造技艺,苏州市工商档案管理中心主动与周家明联系,派出工作人员协助其对包括四经绞罗在内的大批丝绸样本实物进行专业化、系统化的整理归档。社科院考古研究所特聘研究员王亚蓉看过周家明织制的四经绞罗后认为,这项手工传统工艺技术非常精湛,在全国来说可以名列前茅了。王亚蓉对这么一个小作坊在如此艰苦的环境下有这么多的精品产出表示非常之惊讶,也欣慰苏州的传统丝织技艺还能够有这么多的品种存在,但同时又对传统技艺的现状表示担忧。像这种小作坊在当今社会环境里生存确实举步维艰。总的来说,困难大致有三方面:一,产品市场不景气,销路不畅,企业生存困难;二,像苏州这种新兴工业城市,场地的租赁费用、人员的薪资水平非常高,加高了企业的运营成本,作坊本身只是在勉力维持,这样就更加导致传统手工行业无法生存下去;三,技艺传承方面面临着断代,从业人员老龄化,而现在的年轻人又不喜欢从事这种枯燥复杂且工资又不高的工作,从而使得这种技艺面临着无人可用的局面。王亚蓉认为,对于这种优秀的传统手工技艺小作坊,各级政府应该像苏州市工商档案管理中心这样加大扶持和保护力度,从而使我们优秀的传统技艺能够更好地传承与发展。

如何有效地对四经绞罗等苏州传统丝绸品种进行抢救、保护、研究和开发利用是社会各界所关心的问题,积极认真地做好这项工作是档案管理部门和丝绸企业应尽的义务和责任,也是为更好地保护千古丝绸文化、促进丝绸产业发展、传承丝绸工业文明做一点事。

(作者:陈明怡)

民国丝绸纹样漫谈

中国丝绸有着悠久的发展史。据史料记载，从新石器时期起，我们的祖先就学会了栽桑养蚕、缫丝织造，可以说中国是世界上最早开始饲养家蚕、织造丝绸的国家。而新石器时期丝织物一经出现，便与当时以彩陶纹样为代表的器物装饰纹样相结合，形成早期丝绸纹样。说到丝绸纹样的产生，除了与之相关的远古装饰纹样，或许我们还能谈一谈"文身"这一看似与之无关的词。文身作为一种原始社会崇拜图腾与装饰艺术的反映，在商周之前的中华大地上颇为流行，有祛病、巫术等多种意义。而新石器时期的人们在学会了手工纺织、缝制能够抵御寒冷的衣服后，因衣服遮盖了文身，便将文身的花纹转移到了衣服上来。因此可以说，中国丝绸纹样的产生一定意义上也是原始人类文身习俗的延续。

中国丝绸纹样从新石器时期到明清经历数千年，在漫长发展进程中，既是统一的、具有中国民族特色的，又呈现出丰富多彩的不同样态，在历朝历代均有所扬弃、演变和发展。纹样作为丝绸面料的装饰花纹，是其中最直观、易辨认的元素。民国时期丝绸业大力发展，新型原料、先进机器设备的引进，丝织、染色技术的进步，使得丝绸在品种与花色上更为丰富饱满，突破了中国丝绸纹样几千年来自成体系的发展模式，由传统向现代蜕变。民国丝绸纹样既有对中国传统纹样的继承，又有借鉴模仿西方、日本的创新，总体呈现出兼容并蓄的特点。

民国早期纹样基本沿袭清代，以吉祥寓意为主题的龙凤、福禄寿最为常见，纹样写实，色彩艳丽中见朴素。龙凤纹样是我国人民创造出来的集百兽百鸟之美的意象，无论是龙威燕领之相抑或百鸟朝凤之景，都是人们心灵智慧的体现，颇富浪漫色彩，也成了民族精神的象征，"龙凤呈祥"是我国最具代表性的吉祥纹样。但是，龙凤纹样在其久远的历史中，一直为当权者所用，有着严格的等级区分，直到辛亥革命推翻了清政府的统治，千年来封建帝制的覆灭，终于使得封建服饰制度被取消。在摆脱了等级的桎梏后，龙凤纹样不再是象征统治阶级特权的特殊宫廷纹样，而转变为民间吉祥纹样，用于百姓日常生活中，在被面、床单、服装、围裙等丝织品中均有体现。

20世纪20至30年代开始，时新的外来纹样伴随着新技术、新思想的涌入，给本土风格的纹样带来了冲击。受其影响，在吸收了国外纹样的某些特点后，对传统纹样加以改造，丝绸纹样越来越多地呈现出西方的艺术风格，人们越来越关注纹样的外部形式美而不仅仅是其所代表的特定内涵。以谐音寓意的纹样组合在总纹样中的比例急剧下滑，取而代之的是高度抽象概括和符号化的纹样组合，色彩鲜明的花卉纹样、形式多样的几何纹样与变化丰富的条格纹样开始增多。由于生活节奏日益加快，民国丝绸中几何纹样的使用呈现上升趋势，特别是简化条格纹样开始盛行。这段时期使用的条格纹大大超过了清代纺织品，条格纹样也成为民国中后期服饰纹样中最基本和重要的纹样之一。虽然说条格纹本身便是中国传统丝绸纹样，但

图 1-44　条格纹样

民国条格纹样并不仅仅只是对古代条格纹的简单延续，而是在植入西方审美理念后，变化丰富，不拘一格，娴雅与性感兼顾，彰显出文静端庄的气质。（见图 1-44）

再者，由于受到西方极简主义风潮影响，与传统花卉纹样追求纤细繁缛有所不同的是，民国丝绸纹样中具象的花卉造型日趋减少，有些花卉仅以圆圈代表花蕊，数个圆弧围在花蕊外作为花瓣，花卉的形式变得十分简洁。在题材上，除了牡丹、兰花、菊花等中国传统吉祥寓意的植物纹样，西方的玫瑰、郁金香、百合等素材的传入，丰富了传统的纹样形式，这类外来纹样在人们的日常服饰中活跃了起来。像玫瑰，在我国古代花卉中通常只具有普通观赏、食用入药的作用，不常见于丝绸装饰，但在民国时期玫瑰纹样开始被广泛运用，成为最流行的染织花卉纹样之一。特别是作为民国女装上的装饰时，那朵朵玫瑰缠绕在枝茎草蔓间，东方女性的含蓄与妩媚，便随着那花团锦簇的艳丽颜色，在摇摆挪移间体现了出来。（见图 1-45）

丝绸纹样在一定意义上也反映了人们生活的各个方面，随着许多新事物的产生，丝绸纹样便具有了鲜明的时代特征。民国时期中西方文明的交流碰撞，使许多不同种类的新型器械出现在人们的衣食住行中，黄包车、汽车、自行车逐渐成为人们的代步工具，网球成为人们新的娱乐活动。故而丝绸纹样中出现了黄包车、网球

图1-45 玫瑰纹样

拍等新兴图样，这也为丝绸纹样由传统向现代的演进带来了新的启示。在织锦缎上的黄包车图案通常都搭配着亭台、山树以及繁花，车夫拉着载有客人的黄包车穿行其中，风景写实，人物抽象，组成了丰富而有趣味的画面效果。（见图1-46）

丝绸纹样既彰显了使用者的个性，又反映了时代的特征。民国丝绸纹样虽只是中国丝绸纹样发展史上较为短暂的一篇，但有着承上启下的重要意义。短短40年左右的时间，民国丝绸纹样面貌焕然一新，在对西方、日本等外来纹样吸收后推陈出新，大胆突破程式化。这是打破中国丝绸纹样固有继承模式的重要转折点，中国丝绸纹样风格在民国时期发生了重要转

图1-46 黄包车纹样风景古香缎

变。如今，随着科技的发展，各种新式面料层出不穷，真正使用丝绸的人们或许不如那时多，但传统纹样并没有消失在历史的洪流中，而是以其他形式和载体继续存在于人们的生活里。

参考文献

[1] 赵丰. 中国丝绸通史[M]. 苏州: 苏州大学出版社,2005.

[2] 回顾. 中国丝绸纹样史[M]. 哈尔滨: 黑龙江出版社,1990.

[3] 苏州市文化广电新闻出版局,苏州丝绸博物馆.苏州百年丝绸纹样[M].济南:山东画报出版社,2010.

[4] 宋执群. 锦上姑苏: 漂泊在光阴中的丝绸印记[M].苏州:苏州大学出版社,2014.

[5] 徐德明. 中华丝绸文化[M].北京: 中华书局,2012.

[6] 吴山. 中国纹样全集[M].济南: 山东美术出版社,2009.

[7] 包铭新. 丝绸之路:设计与文化[M].上海: 东华大学出版社,2008.

[8] 郭廉夫,丁涛,诸葛铠.中国纹样辞典[M].天津: 天津教育出版社,1998.

（作者：杨 韫　原载《档案与建设》2015 年第 7 期）

让美丽图案在丝绸织物上绽放——意匠图

我国的丝绸织染历史悠久,内涵丰富,技艺也高超。自古以来,苏州就是丝绸之乡,苏州丝绸润泽着苏州这方土地,给苏州经济、社会的发展带来辉煌的荣耀。在苏州市工商档案管理中心的馆藏档案里,保存着苏州近现代丝绸工业发展中所包含的一项既古老又现代的技艺档案——丝绸织造纹样工艺中的意匠图。意匠图的设计制作是丝绸织造工艺技术发展的文化、美术等特性的完美表现。

在丝绸织物的织造中,特别是提花织物的织造,想要通过不同颜色的丝线织出丝绸特有的质地感,织出丝绸面料上的各种花纹图案,需要通过手动控制、机械控制或自动控制等不同方法来对织物的经、纬线进行复杂而又有规律的上下摆动、穿梭,从而织出需要的丝绸面料花样图案。各种花样图案的编织需要通过织造工艺中的纹制工艺来完成。自战国至秦汉,经过长期的研究和改进,到唐宋时期,纹制工艺逐步趋于完善。据记载,直到明代以前,我国传统的纹制工艺始终处于世界领先地位。18世纪末,法国纺织工匠综合前人的革新成果,发明了结构简单而又合理的纹版提花机,用机械提花代替手工牵花。目前,丝绸织造纹制工艺已发展到当今提花织造的自动化控制。

我国在唐代已开始用手动拉花机织制提花丝绸织物,手工拉花机上经纱是用独立束综进行手动提升,提升束综以"花本"为依据,花本的制作称"挑花结本",这就是早期的纹制。传统的纹制工艺以"挑花结本"来完成,包括三个工艺过程:挑花、倒花、拼花。挑花是花本最基本的工艺,对于确保织物花纹正确显示起着决定性的作用。中国从古代直到近代,都是以手工传统工艺织造为主,要把花纹图案织制到织物上去,仅以直观的实物展示,而且,古代没有意匠纸,只能用画稿直接挑花,难度更高。

传统的挑花技术将花稿纸样以九宫格方式,分作若干个方格或长格,计算出每个纵、横格内所占有的经线与纹纬数,按组织结构进行编纹挑花结本,首次挑花完成的花本,俗称"祖本",亦称"花脚子"。

随着近代工业的发展,近代按九宫格原理和织物的经、纬密度之比与纹格的

图 1-47　交织锦花软缎意匠图

图 1-48　交织风景古香缎意匠图

图 1-49　明绮绉意匠图

关系,开发出意匠专用格纸,作纹制填绘之用。把不同的图案纹样织制到丝绸织物上,需要根据图案纹样结合丝织物的组织结构将各种不同图案纹样放大,绘制在一定规格的格子纸上,这种格子纸称为意匠图纸,格子纸上的图纹统称意匠图。(见图 1-47、图 1-48、图 1-49)

　　意匠图的绘制和设计,在整个丝绸织造过程中起着承上启下的关键作用。在丝绸织造过程中,不同图案和花纹最终要在丝绸面料上体现出来,需要通过人工绘制意匠图,把复杂的图案和花纹经过简化后,形成不同的经线,通过特殊的装置,让其分别进行上下的摆动,同时让不同纬线进行来回穿梭,最终织出预先设计的花纹图案。

　　要织出预先设计好的花样图案,首先要采用自然景物、几何图案和变形文字等设计纹样。然后,结合织物的组织结构和织机条件,用铅笔将纹样的图案按比例放大到特定规格的意匠纸上,称放样。接着,将意匠纸上的图案轮廓线按花纹的组织结构以不同颜色描绘成意匠图,称勾边。在勾边的花纹轮廓内,涂以与勾边相同的颜色代表花纹的各种组织;然后点绘间丝点(经纬交织点),以赋予花纹姿态和控制花纹中经纬纱的浮长,增加提花织物的牢度。最后,根据意匠图规定的经纱提升和下降规律,用纹版轧孔机对纹版进行轧孔。每一块纹版控制提升经纱形成一次梭口。将一个花纹循环所需要的轧孔纹版顺序用绳或线编联成纹版帘(俗称花本),供

提花织机织制大花纹织物。传统的纹制工艺流程很长，工作费时，对手工技能要求也高。

意匠图形的大小用一个花纹循环所需的纵、横格数表示，在意匠图设计绘制中，根据花样图案，结合不同织物的组织结构，须绘制不同纹版的意匠图，如果把花样用意匠图来表达，须根据织物提花的经纬线用四张意匠图来分解，即每一幅意匠图控制着一块纹版上的经纱。

意匠图上涂绘的颜色只代表织物中不同的组织结构，并不代表花纹的色彩，也不必与纹样色彩一致，只要求用色醒目、花界分明，便于识图和纹版轧孔。如果同一纹版内有不同的经纱，则须用不同色彩画出，以区分不同的经纱。

花纹图案仅一种颜色，并有规律地分布的，用一张意匠图也可。

20世纪60年代出现了纹制工艺自动化系统。它的基本工作原理是：应用光电装置对纹样进行扫描，向电子计算机输入花纹的色彩信息，形成意匠图，然后将意匠图信息输入纹版轧孔机自动轧孔。因此，意匠图还可存储以备用，这一方面扩大了意匠图的使用范围，另一方面也提高了意匠图的制作效率。我国直至20世纪80年代从国外引进全自动织造机后，才开始运用高效率的自动提花织机，织造生产的丝绸面料花纹和图案千姿百态，既体现了中国传统花纹图样的精美，又体现了现代气息。如原苏州东吴丝织厂于20世纪80年代开始投入生产的著名丝绸面料花塔夫绸，就有近百种意匠图设计纹样，此外还有20世纪90年代定制生产出口到日本消费市场的丝绸纹样图案意匠图。

参考文献

钱小萍. 中国传统工艺全集·丝绸织染[M]. 郑州：大象出版社，2005.

（作者：朱亚鹏　原载《档案与建设》2015年第12期）

那些年用过的"国民被面"

不久以前，网友晒出家里用的老式床单，一时间成为热门话题，又一次将大家的记忆拉回到了那个年代。记得小时候，家里用的也都是这样的"国民产品"：中间一朵大花、四周四朵小花的四角中花图案，俗称"四菜一汤"的床单；或是床单上均匀地印染了一些小朵的花，被叫作"天女散花"。妈妈的卧室至今还铺着这些床单，据说都还是她结婚时买的，当年是结婚嫁娶的必备之物。而在江南一带，尤其在自古便是丝绸之乡的苏州，更考究一些的人家则会为嫁女准备几床光洁柔亮的真丝被面，这不仅是家庭条件尚佳的表现，是件颇有面子的事情，更代表了一种文化和风俗的传承。

据说给女儿出嫁置办五色绣花被这个婚俗来自宫廷，说是唐太宗长乐公主嫁给长孙无忌的儿子，太宗本想大肆风光一番，却被魏征上奏阻止，于是折中改嫁妆为上百条的龙凤绣花被，满满铺叠在新床上。嫁妆过处，一路上"被艳如花"，百官见了啧啧称奇，百姓们见了个个叫好。这样一来，嫁女儿讲究嫁妆被的风俗便流行起来，成为家家户户一比高低的重要方式。

苏州人有着浓厚的真丝情结，最喜爱的自然是真丝被面，柔软的手感、华丽的外观、优雅的光泽、良好的吸湿性和悬垂性使其成为婚庆市场曾经的"宠儿"。丝绸被面品种颇多，主要有提花、印花和绣花三大类。苏州市工商档案管理中心的库房里就静静躺着若干不同时期、不同品类的地产真丝被面（见图1-50），其中吴江新联丝织厂生产的软缎被面属于常见的提花被面。软缎被面大多用桑蚕丝（真丝）和有光粘胶人

图 1-50　真丝被面

造丝交织而成。人造丝光泽明亮、质地紧密柔滑，使得提花部分光彩悦目，且层次多变而分明。加之人造丝和桑蚕丝的化学成分不同，染色性能各异，可以染成大红烫金、桔黄闪银、玫红闪白等富丽堂皇的色彩。馆藏的这床便是明黄闪银，高档感十足，非常好看。（见图1-51）

图1-51 吴江新联丝织厂产软缎被面

具有里程碑式意义的馆藏当属东吴丝织厂的百子图织锦被面了。这百子图织锦被面是苏州最早以人造丝和真丝交织并采用独幅花样的被面。1940年，苏州师蚁丝织公司上海千里和记绸庄的丁庆龄设计、织制成了百子图织锦被面。该织锦被面突破了以往真丝被面经纬全用真丝、花样皆为"六花"的固定思维，以人造丝和真丝交织，图案则采用以中心图案为主体、四角衬对称的图案，使用2900针的提花机织制。1946年，师蚁丝织公司改为千里道记绸厂，1955年7月并入振亚丝织厂。"文革"之前，百子图织锦被面曾一度停产，20世纪80年代初才由苏州东吴丝织厂借鉴原实物恢复生产。新百子图织锦被面正中是一个起绒的"喜"字，四边围绕着雍容华贵的牡丹花，其间织有100个七八厘米大小、身着古装、嬉戏游玩的"小官人"，他们神态各异、栩栩如生，连眉毛、眼睛、发辫都清晰可见。百子图织锦被面的经线为真丝，两根白色和彩色人造丝作为纬线，绸面呈三色。织造这样一张2.2米的被面需花工近4小时，可谓精品中的精品，在20世纪80年代至90年代初曾多次荣获"最受消费者欢迎商品"称号。（见图1-52）

图1-52 苏州东吴丝织厂百子图织锦被面荣获苏州市第三届消费者信誉奖

细细观察馆藏的这些真丝被面，不难发现，传统的家纺产品常常将象征吉祥的图形运用其中，如"龙凤呈祥"与牡丹结合，"多子多福"与石榴、花生相结合,都生动有趣地表达了老百姓对幸福生活的追求和向往。而采用谐音字来表达人们的祝福,也是常用的表现手法,如"枣"同"早"、"桂"同"贵"、"花生"通"生","莲花"和"鲤鱼"则表示"连年有余"等。光明丝织厂的粉红全真丝被面、光明丝绸集团的龙凤六花真丝被面绘有牡丹、桃花等图案,吴江新联丝织厂生产的软缎被面绘有鱼儿戏水等花样。

那幅著名的百子图织锦被面之所以广受好评,除了工艺复杂之外,也和它满含喜庆和祝福密不可分。百子的典故最早出于《诗经》,是歌颂周文王子孙众多。传说周文王有许多儿子,当他在路边捡到雷震子之时,已有 99 个儿子了,加上雷震子正好 100 个,俗称文王百子。中国古人坚信"子孙满堂"是家族兴旺最主要的表现,故此"文王百子"便成了祥瑞之兆,流传至今。将百子图印制于真丝被面之上,寓意多福多寿、多子多孙、子孙昌盛,祝愿新人早得贵子、阖家美满。

向往幸福和追求美好是人的共性,那些或简朴或华丽的床单、被面都是把美好的愿望寄托于生活各个方面的表现。虽然它们的鼎盛时期已经离我们远去,但这些代表着民族工业曾经的辉煌,承载着人们对真善美热爱的"国民产品",将以一种全新的面貌重返历史舞台,伴随着新一代苏州人的成长,并激励着苏州人重振丝绸产业。

(作者:董文弢 原载《档案与建设》2015 年第 11 期)

真丝蜡染作品《寒山拾得图》

苏州市工商档案管理中心馆藏一幅真丝蜡染作品——《寒山拾得图》(见图 1-53),为老丝绸人孔大德先生所捐赠,此作品系原苏州丝绸工学院(1997 年并入苏州大学)范绿宝教授研制。该作品用真丝蜡染工艺展现了罗聘的《寒山拾得图》,保持了古朴的传统风格,色泽浓艳、裂纹精细、色牢度好,突出原作粗犷爽利的线条,具有很强的艺术色彩。

蜡染在我国具有 2000 多年历史,是我国古代传统印染宝库中的珍贵技术,贵州、云南地区的苗族、布依族等民族擅长蜡染。在丹寨县、安顺县等以苗族为主体的多民族聚居区,因长期与外界隔绝,居民形成了自给自足的生活方式,古老的蜡染技艺才得以保留下来。按苗族习俗,所有的女性都有义务传承蜡染技艺,每位母亲都必须教会自己的女儿制作蜡染,所以苗族女性自幼便学习这一技艺,她们自己栽靛植棉、纺

图 1-53　真丝蜡染《寒山拾得图》

纱织布、画蜡挑秀、浸染剪裁,代代相传。长期以来的积累,使苗族聚居区形成了以独特蜡染艺术为主导的衣饰装束、婚姻节日礼俗、社交方式、丧葬风习等习俗文化。

蜡染是以蜡作为防染剂,将熔融的蜡质通过描、刷、印等方法覆盖在织物特定的部位,形成防染层,经过染色,再去除蜡质,由于染色前或染色中织物上部分蜡面破裂,破裂处在染色的同时染上颜色,形成了各种风格、自然精细的裂纹,又称蜡纹或冰纹,它是一种艺术与化学相结合的加工技术。如今,蜡染产品在服装面料、室内装饰、工艺美术等方面都有其特殊的地位。国内外加工的蜡染产品主要以棉织物蜡染为主,在科学技术发展的今天,各位专家在学习民间工艺技法的基础上,应用现

代理论及加工技术不断提高蜡染加工水平,并把传统的蜡染产品从棉布向高档的真丝织物发展,开发真丝织物蜡染系列产品。以原苏州丝绸工学院范绿宝教授和苏州丽华丝绸印染厂王开喜厂长为首的课题组,经过努力探索与实践,完成了纺织部科技发展司下达的科研项目"真丝蜡染系列产品开发与理论研究",使真丝蜡染产品远销海外,在当时进一步扩大了批量生产,并取得了很好的经济效益与社会效益。

真丝蜡染作品《寒山拾得图》描绘了汉族神话传说故事中的寒山与拾得两位大师,他们是佛教史上著名的诗僧。

寒山是个诗僧、怪僧,他用诗歌描述了自己的境遇:"我住在乡村,无爷亦无娘。""立身既质直,出语无谄谀。""学文兼学武,学武兼学文。""世有聪明士,勤苦探幽文。三端自孤立,六艺越诸君。神气卓然异,精彩超众群。"他曾隐居在天台山寒岩,因名寒山。他的诗"非俗、非韵、非教、非禅",但他脾气十分怪僻,常常跑到各寺庙中"望空噪骂",和尚们都说他疯了,他便潇洒而去。

拾得是个苦命人,刚出世便被父母遗弃在荒郊,幸亏天台山的高僧丰干和尚化缘经过此地,慈悲为怀,将其带至寺中抚养,起名"拾得",并在国清寺中将他受戒为僧。

这两位唐代高僧于贞观年间由天台山至苏州妙利普明塔院任住持,此院遂改名为闻名中外的苏州寒山寺。寒山寺在大雄宝殿后亦镶有《寒山拾得图》的石刻,画的一角有"吴郡唐仁斋所作"字样。寒山与寒山寺的渊源亦通过寒山诗相联系,深奥的佛经教义通过寒山诗,似乎融入了红尘日常烦细,被平淡如话的语言娓娓道出。我国民间珍视他俩情同手足的情谊,便把他俩推崇为和睦友爱的民间爱神。至清代雍正年间,雍正皇帝正式封寒山为"和圣"、拾得为"合圣","和合二仙"从此名扬天下。

"和合二仙"的艺术形象雅俗共赏,广泛地运用于书画、刺绣、雕刻等艺术门类中。该真丝蜡染作品所展现的《寒山拾得图》为"扬州八怪"之一罗聘所绘。图中的寒山右手指地,谈笑风生;拾得袒胸露腹,欢愉静听。在罗聘的笔下,"和合二仙"坦坦荡荡,憨态可掬。画论家秦永祖评价罗聘的人物佛像画是:"奇而不诡于正,真高流逸墨。"其题识为:"寒山拾得二圣降乩诗曰:呵呵呵,我若欢颜少烦恼,世间烦恼变欢颜。为人烦恼终无济,大道还生欢喜间。国能欢喜君臣合,欢喜庭中父子连。手足多欢荆树茂,夫妻能喜琴瑟贤。主宾何在堪无喜,上下情欢分愈严。呵呵呵。考寒山拾得为普贤文殊化身,今称和圣合圣,为寒山拾得变相也。花之寺僧罗聘书记。"

令人遗憾的是,罗聘原作藏于美国纳尔逊美术馆,无法让中国普通老百姓随意得见。但苏州市工商档案管理中心的真丝蜡染作品《寒山拾得图》可供各位艺术爱好者品鉴。承载人类艺术创想的书画、丝绸虽都无法长时间经历时间的洗礼,但艺术通过再次创作,呈现了更美好的形态。

(作者:赵　颖　周静玲　王颖华)

《红楼梦》中的绫罗绸缎

　　中国丝绸文化源远流长，在古代的史志、诗词和文学作品中都有所体现。而位居中国古典四大名著之首的《红楼梦》（见图1-54）对丝绸描述之丰富，在文学作品中实属罕见。《红楼梦》一书在前八十回中频繁叙述了与丝绸相关的服装、饰物、面料及陈设用品等，其专业知识的精确宽泛，种类的繁多和真实，无不令人惊叹。《红楼梦》中对丝绸描述之丰富，得益于作者曹雪芹出身于曾在康熙、雍正两朝其祖孙三代四人共做了58年江宁织造的世袭织造之家。自幼耳濡目染的丝绸文化伴随着他的这部呕心沥血之作，他借助于不同情节和场景的描述，生动详实地展现了清代中后期丝绸业发展状况和各类丝绸制品的功能、用途，所描述到的丝绸种类，粗略统计一下也有十几个。

图1-54　1987年版电视连续剧《红楼梦》剧照

　　曹雪芹笔下的丝绸品种，在按现代丝绸分类标准确定的绫、罗、绸、缎、锦、纱、绡、绢、绉、绮、纺、绒、葛、呢14大类中占到8个。绫、罗、绸、缎作为丝绸的大类名称从古至今已成为丝绸的代名词，尽管不全面，但也充分反映出了这四个大类所具有的典型性、代表性，这在《红楼梦》中也得到了印证。

绫

"绫"类。其织物地是以斜纹变化组织为地,并用提花工艺织造的花织物,又称花绫,在清朝多用于服饰面料。(见图1-55)《红楼梦》中对"绫"的描述,分别从红、水红、杏子红、石榴红、葱黄、白、月白、藕色、绿、松花色等多种色彩,做袄、裙、被、帐、裤、肚兜、抹胸、包袱和扎灯彩等实际用途这两个方面进行。

如第三回黛玉初进贾府,"只见一个穿红绫袄青缎掐牙背心丫环走来"。对宝玉的家常穿着的描述是:"下面半露松花撒花绫裤腿,锦边弹墨袜,厚底大红鞋。"第八回宝玉探望病中的宝钗时,宝钗那天穿着"蜜

图1-55 古绿色菱纹绫(清)

合色棉袄,玫瑰紫二色金银鼠的比肩褂,葱黄绫棉裙,一色半新不旧,看去不觉奢华"。第二十一回中,又出现"林黛玉严严密密裹着一幅杏子红绫被,安稳合目而睡"的情节。第二十四回,鸳鸯"穿着水红绫袄儿"。第二十六回,袭人穿着"白绫细折裙"。第四十回,贾母见宝钗房内太素净,吩咐拿几件摆设来,其中有一顶"白绫帐子"。第四十五回宝玉雨夜访黛玉,匆忙中里面只穿"半旧红绫短袄"。第四十六回中讲到,鸳鸯的家常穿戴是"半新的藕荷色的绫袄"。

从中我们不难看出,当时的"绫"类织物面料除了用作衣料外,也用于褥帐等寝具。

罗

"罗"或"纱罗"类。罗是全部或部分采用罗组织,织物表面纱孔呈条状。(见图1-56)而纱是全部或部分采用纱组织,织物表面呈现清晰纱孔。(见图1-57)二者都是质地轻薄、组织结构稀疏的丝绸织物,依据现代人对织物厚度的划分,属于薄型织物。"方孔曰纱,椒孔曰罗",是对这两种织物的形象描述。在唐代美其名曰"轻容",即所谓的"纱之至轻者曰轻容,举之若无,裁以为衣,真若烟雾"。所以古人

图1-56 本白地二经绞团龙纹罗(民国)

图1-57 蓝色祝寿纹暗花实地纱(清)

常以"蝉翼""轻烟"来比拟轻薄柔软的纱罗。

《红楼梦》中称纱罗为"软烟罗""霞影纱"。第四十回,贾母由窗纱引发一番议论:"那个软烟罗只有四种颜色:一样雨过天晴,一样秋香色,一样松绿的,一样就是银红的,若是作了帐子,糊了窗屉,远远的看着,就似烟雾一样,所以叫'软烟罗'。那银红的又叫作'霞影纱'。""老祖宗"在这里简直既是丝绸专家,又是艺术家;其描述既内行,又有诗情画意。而刘姥姥离开贾府之际,收到的赠别礼品中有1件"实地子月白纱"。这实地纱是纱类中最厚密的一种,用平儿的话说是可以用作衣服里子。可见,在清代,纱除用作居室饰品,如窗屉、窗纱、灯笼罩子等外,还广泛用于服饰,并且根据不同对象所用面料,清楚显示其身份的贵贱。纱类织物在古代曾经是夏季普遍使用的衣料,有着"衣必华,夏则纱,冬则裘"的说法。透过《红楼梦》中的表述,可以了解纱罗在当时的主要用途和使用功能。

绸

"绸"类。其织物的地纹可采用平纹或各种变化组织,或同时混用其他组织。(见图1-58)它是丝织品中最重要的一类。按照不同的织造工艺能生产出不同的品种。在《红楼梦》中分别以宫绸、茧绸、绉绸和洋绉出现。

宫绸:顾名思义是宫廷专用绸。其工料极为考

图1-58 菊花万字纹暗花绸(民国)

究。清代的《苏州织造局志》卷七上载有八庵花宫绸、八庵素宫绸等名目，"花宫绸一匹需工十二日"，可以想象其做工的精细、质量的讲究了。

茧绸：书中第四十二回刘姥姥所得贾府赠品中提及。茧绸的原料为柞蚕丝，主要产于山东省，在当时以昌邑县所出者质优。因其丝质粗，虽别有风格，但属低档丝织物。在当时或许非常适宜于刘姥姥这样的"粗民"穿用。

绉绸：第四十二回中"贾母穿着青绉绸一斗珠的羊皮褂子"，青绉绸是这件贵重皮衣的面子。绉绸，今称"绉"，似罗而疏，似纱而密。由于织造时经纬丝线拈向不同而产生自然皱纹，又称为"洋绉"，通常用来做皮革服饰的面料。如第六回中"大红洋绉银鼠皮裙"、第三回中"翡翠撒花洋绉裙"，这两处都是王熙凤的服饰。但凡能被贾府风云人物凤姐所钟爱的面料一定不俗，亦属上等丝织品了。

宫绸、茧绸和绉绸所制服饰显示了穿着者的身份地位，其服饰文化所透露出的社会内涵非常深刻。

缎

"缎"类。这类织物在《红楼梦》中地位突出，出现频率之高、花色品类之丰富，在书内提到的丝绸织物中当属首位。缎类织物俗称"缎子"，品种很多。它是丝绸产品中技术最为复杂、织物外观最为亮丽、工艺水平最为高级的大类品种。因质地较厚且结构特殊，使其一面呈现平滑光泽的效果，所以在书中被赋予"闪缎"的称谓。（见图1-59、图1-60）

图 1-59　漳缎(清)

《红楼梦》中前八十回所涉及缎类的品种有云缎、倭缎、蟒缎、妆缎、羽缎、宫缎和普通缎7种。其中的妆缎亦称"妆花"，云缎即今天所说的云锦。妆缎和蟒缎、云缎一样，主要在织造时大量运用金、银线织入图案中，从而产生富

图 1-60　花累缎(现代)

丽华贵的视觉效果。

妆缎和云缎，第三回中"缕金百蝶穿花大红云缎窄袄"，第十八回中"彩缎"，第二十二回中"妆蟒堆洒"中的妆段，第二十八回中"大红妆缎"，第四十九回中"水红妆缎狐肷褶子"，第五十二回中"大红猩猩毡盘金彩绣石青妆缎沿边的排穗褂"，第五十六回中"上用的妆蟒缎"和"妆缎蟒缎"中的妆缎，共8处提及。由于这类缎的图案比较繁复，书中主要从色彩方面进行了叙述。

蟒缎，第一回中有"紫蟒"，第三回中有"大红金钱蟒引枕""秋香色金钱蟒大条褥"，第八回中有"秋香色立蟒白狐腋箭袖"，第十五回中有"江牙海水五爪龙白蟒袍""白蟒箭袍"，第十七回中有"妆蟒洒堆"。这里的"蟒"即指蟒缎。第十九回中有"大红金蟒狐腋箭袖"，第二十九回中有"大红蟒缎经袱子""蟒袱子"，第五十六回中有"妆缎蟒缎"和"上用的妆蟒缎"。全书共计有12处叙及。其中"金钱蟒"也称"寸蟒"，主要为宫廷服装用。立蟒、白蟒、金蟒，皆为六品和六品以上官员们的服饰所用。而"五爪龙白蟒袍"，除皇子外，未经皇帝赏赐任何人不能穿着。可见当时这类服饰穿着者的高贵身份。

倭缎，明代宋应星在《天工开物》中写道："凡倭缎制起东夷，漳、泉海滨效法为之。"《红楼梦》书中仅在第三回出现"石青起花八团倭缎排穗褂"一处。漳州仿自日本的倭绒，因地定名，称作"漳绒"。清初，苏州在漳绒的基础上，吸收妆缎、云缎的花纹图案，改进织造工艺，创造出一种既是贡缎地子，又有漳绒特有绒感及浮凸花纹图案的全新品种——漳缎，因属倭绒的再创造，有时也被称为"倭缎"。苏州漳缎一经问世，就深受康熙的赞赏，曾下令苏州织造局发银督造，并规定织造府督造的漳缎不得私自出售，违者治罪。在《红楼梦》第三回中有一处写得或明或暗的"弹花椅袱"。"弹"，是指起花的绒面图案须突出于丝绸地面之上，而且在承重以后，绒面图案还能自然回弹，立而不倒；"花"，即指其上面织有花卉图案，不同于一般的素漳缎，显得更为华贵。书中虽未明指，但据其描述应属今日所称的漳缎。第六十三回描述到"绒套绣墩"，"绒套"明显就是素漳缎，因为只见绒，未见花。这些均为座垫物，需承受人体重量的负荷。

羽缎，在第四十八回中有一段对话："原来是孔雀毛织的"，"那里是孔雀毛？就是野鸭子头上的毛做的"，"羽毛缎斗篷"。第四十九回中也有"羽毛缎斗篷"。在第五十回中对上述这件服装定名为"凫靥裘"。在第五十一回中有"半旧大红羽缎的"，"人人穿着不是……就是羽缎的"，"大红羽缎的红绸小棉袄儿"。在第五十二回中有"把昨儿那一件孔雀毛的氅衣给他吧"，"这叫做'雀金呢'，是……拿孔雀毛拈了线织的。前儿那件野鸭子的……"。上述这些都是羽缎，其描述极为具体。在清代《苏州织造局志》中，也载有生产的这一品种的记录："翎毛圆金身满装褂一件，工九十二日。"织一件衣需 92 日,可见加工织造极为复杂。

宫缎,书中仅在第十八回中写有宫廷赏赐的"'富贵长春'宫缎"。宫缎,其实就是织有图案的提花缎。书中描述的这一例,只不过是织有牡丹和万年青之类吉祥图案的提花缎而已。但由于"织造衙门"在所用颜色和图案上,均严格按宫廷专门设计下发的稿样制作,民间不得摹仿,产品仅为宫廷自用或赏赐,所以称其为宫缎。与前面所述的宫绸是一样的道理。

另外,在第二回中的"四匹锦缎"和在第四十九回中描写的"莲青斗纹锦上添花……的鹤氅",都属于缎类中的一个品种,可统称为织锦缎。

素缎,书中描述较多,如第三回中的"青缎靠背引枕""青缎靠背坐褥""青缎粉底小朝靴",第二十四回和第二十六回中的"青缎子坎肩儿",泛指的都是缎。第二十九回中的"鹅黄缎子",第四十四回中的"两匹缎子",第四十六回中的"青缎掐牙坎肩",第五十一回中的"青缎灰鼠褂",第五十六回中的"上用杂色缎",第五十七回中的"青缎夹背心",第六十八回中的"月白缎子袄""青缎子掐银的褂子",第七十四回中的"缎鞋",都属于不提花的平纹缎。尤其是"鹅黄缎子",看似作者不经意所写,却是神来之笔。因为当时朝廷对颜色是有严格规定的,这种颜色仅列于"明黄"之后,为皇亲国戚专用,即使一品大员一旦僭用也是要掉脑袋的。作者在这里借此衬托出贾府当时显赫的社会地位。

此外,《红楼梦》中对绢、纨、绉、锦和缂丝等也都有描述。清代的丝绸品种林林总总,多达数百种。《红楼梦》中所描述的丝绸种类,基本上反映了清代当时丝绸业发展的状况和水平。

(作者:彭聚营 原载《档案与建设》2015 年第 5 期)

第二篇 丝·城
——东北半城,万户机声

苏州是一座丝绸之府，丝绸与苏州有着千丝万缕的联系。工业园区唯亭镇草鞋山出土的六千年前的纺织品实物残片见证了苏州丝绸的悠久历史。不管时代如何发展，丝绸与苏州一直相生相伴。唐宋时期，苏州就是全国丝绸中心，明清时期，更是呈现了"东北半城，万户机声"的繁荣景象，并逐渐享有"日出万绸，衣被天下"的美誉。

勤劳的苏州人在"唧唧复唧唧"的机杼声中开始了一天的劳作，有了织工们辛勤劳作的身影，古老的苏州城变得更加生动美丽。本篇汇集了描写苏州丝绸历史和文化风情的文章20篇，苏州官府织造机构和云锦公所、霞章公所、丝业公所、文锦公所等丝绸行业组织的历史于此得到了集中展现，关于丝绸的历史传说、养蚕的风俗习惯等也在这里娓娓道来！

苏州官府织造机构始末

苏州水壤清嘉、蚕桑繁盛,自古以来是丝绸及其制品的著名产地。苏州工业园区唯亭镇草鞋山出土过 6000 年前的纺织品实物残片,证明新石器时代这里已经具有丝织的技术。春秋时期,吴国宫廷就设立织里,生产缟素罗锦等织品。宋朝先后有北宋的苏杭造作局和南宋的苏州织锦院,皆为官府织造,工匠多达数千人,苏州的宋锦、缂丝、刺绣就是在那时开始名扬天下。

据清康熙年间孙佩所撰《苏州织造局志》(见图 2-1)等旧志记载,苏州织造局始建于元至正年间,位于苏州府衙之前、平桥之南,局址由宋提刑司改建。元朝的织造为领主式"和买"制度,所用的劳动力、工具和原材料都为蒙古贵族对当地汉民的强制义务,生产出的织品专供宫廷消费。到了明清时,江南财赋甲于天下,物宝天华的苏州既是产丝区,又是消费中心,各种手工艺制作精良。明人笔记《松窗梦语》中写道:"吴制服而华,以为非是弗文也;吴制器而美,以为非是弗珍也。四方重吴服,而吴益工于服;四方贵吴器,而吴益工于器……工于织者,终岁纂组,币不盈寸,而锱铢之缣,胜于寻丈。"这段文字写的就是苏州人对织造服饰做工的过于考究。故"大都东南之利,其莫大于罗、绮、绢、纻,而三吴为最。既余之先世亦以机杼起家,而今三吴之以机杼致富者尤众"。在此背景下,苏州织造的兴盛就显得在情理之中了。

图 2-1 《苏州织造局志》

明清的官府织造，除了继承元朝的剥削机构功能之外，还带有情报机构的性质。明代苏州织染局肇创于明仁宗洪熙年间，明朝政府委派宦官在此主持催督，并充当朝廷耳目监视地方官吏。织染局所生产宋锦绸缎及御用云锦织品，材料多用贵重的金线及孔雀羽。从文徵明撰写的《重修苏州织染局记》中可知，明嘉靖二十六年（1547），苏州织染局有织机 173 张，机工 667 人，按规定每年要织造纻丝 1534 匹，遇闰月则要 1673 匹。局址设于天心桥东真武庙（今观前街北局一带），共计房屋 245 间，其中内织作 87 间、掉络作 23 间、染作 14 间、打线作 72 间，此外有避火园池、真武殿、土地堂、碑亭及两口水井。

苏州织染局的组织形式为"加派""采办"，除了生产出的丝织品之外，产生的盐钞、税款也都被宦官收去。封建王朝通过官府织造肆意搜刮当地财富，从中贪污浪费。万历二十九年（1601），苏州的织造工人就彻底爆发了一回。明神宗派宦官孙隆到苏州征税，孙隆随意增加许多苛捐名目，在各城门处设立关卡，凡是绸缎布匹进出一律征收重税，使得商贩不敢进城买卖。时值苏州水灾，许多桑田淹没，孙隆却仍下令按每台织机和每匹绸缎征收机户重税，这导致大量机户关门停业，工人失业无以为生。机工葛成便率领众人暴动，打死税监，包围衙门，赶走了孙隆。事后葛成一人担当挺身投案，也许是慑于群情激愤，他被关押多年后最终获得释放，死后葬于虎丘五人墓旁，被世人尊为"葛贤"。这是苏州的织造工人与封建剥削阶级的一次正面交锋，对织造史而言意义重大。

明末清初，因战乱频仍，苏州织染局长期荒废，房屋倾圮颓败，园内荒草萋萋，沦为养马场所。到了清代顺治四年（1647），工部侍郎陈有明在明织染局旧址附近重建织染局（俗称北局），并将带城桥下塘明崇祯帝周皇后之父周奎的故宅改建成总织局（俗称南局）。建成后的总织局有机房 196 间、染作房 5 间、织缎房 5 间、验缎厅 3 间，其余神祠、灶房等 30 间，四面围墙 168 丈（约合 560 米），开沟一带，长 41 丈（约合 137 米），整个总织局房屋星罗棋布、颇具规模。而重建后的织染局也有机房 76 间、染房 5 间、厨房 4 间，局神祠堂、漉线祠堂一一具备。清朝苏州织造局由总织局和织染局共同组成，其中总织局有机工 1160 人，织染局有机工 1175 人，两局共有织机 800 张。织造工人种类繁多，有织匠、染匠、车匠、绣匠、缝工、绘刻、掉络、写字等不同分工，需通过行会招募。康熙十三年（1674），在总织局的基础上成立织造衙门（也叫苏州织造府或织造署），占地约 60 亩（约合 4 万平方米），西有行宫（今为苏州市第十中学地址），含正寝宫、后寝宫、御膳房、御茶房、书房、戏台及佛堂等，并配有含亭台楼阁、假山池水的园子，以供皇帝与后妃们游巡时歇息。（见图 2-2）

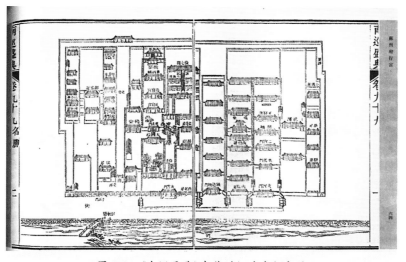

图 2-2 《南巡圣典》中苏州织造府行宫图

苏州地区的官府织造由满人主管,地方高级长官予以协助,佥报苏州、松江、常州三府巨室充当机户,由其以行会形式雇用民间机工进局应织。由于官吏乘机勒索当地乡绅富户,行会又转嫁给底层机工,导致很多人不堪重负,破产以求解脱。康熙二十一年(1682),佥报制度被废除,改为招募制,原料采办、工具配置、机工报酬、运输费用由苏州所辖长洲、吴县、吴江、太仓、常熟、昆山、嘉定、华亭、娄县、青浦、上海等地税粮中支拨开报, 生产出的丝织品全部上供朝廷。织造局可以说是皇家服装厂,光供给皇帝一人的龙袍就分上百种式样,以备在不同场合穿戴,而一件精美的龙袍往往要花三四个月时间织绣而成。除织造各式龙袍、蟒袍、霞帔、宫装、百官朝服等之外,还要应付各种临时差派,如皇帝大婚、太后寿贡、祭祀大典、节日贡,所需费用数目庞大。机工要随时听候织造局差遣,在没开工的时候又不能另谋生计,所以一些机工为求生存只好改行,乃至到了康熙四十七年(1708),江宁织造局、苏州织造局两处机工加起来才 370 多人。后苏州民间手工业作坊大量设立,民间丝织规模日趋扩大,渐渐超越了官府织造。

清朝皇帝对江南的织造其实颇为重视, 因为织造局主持官吏必须是内务府旗籍包衣,多为皇帝心腹,既为皇帝督造和采办绸缎,又暗中监视当地官府,可直接向皇帝上密折,汇报的内容包括当地米价、收成、疫病、民情、官吏名声等。康熙和乾隆分别六次南巡,均驻跸于苏州织造府行宫。曹雪芹的祖父曹寅和舅公李煦曾先后担任过苏州织造一职,为了招待康熙南巡及平时采买孝敬皇帝,一向挥金如土、拨万轮千,乃至曹、李两家后来都出现巨额亏空,在雍正帝时被以亏空公款之名抄家籍没,李煦更因曾买苏州戏班女子送给允祀(康熙第八子,雍正政敌)而判斩监候,后流放至死。

《红楼梦》中有很多人物、情节涉及苏州,应该与曹、李两家在苏州织造府那段奢华生活的记忆有关。如写芳官、龄官等十二官原本是为了元妃省亲而在苏州采买来专门学唱昆曲的。昆班戏子在当时也算是苏州一大特产,尤震《玉红草堂集》有诗云:"索得姑苏钱,便买姑苏女。多少北京人,乱学姑苏语。"指的便是京城贵族对苏州戏班的迷恋。苏州织造府为投其所好,用苏州产出的税银为皇亲国戚们采买苏州女子是常事。为迎合康熙所好,曹寅和李煦在苏州织造府自蓄昆腔小班,在皇帝南巡时演出,并选戏子入内廷供奉。李煦之子尤喜昆曲,还亲自串演,并延请名师教习织造府内戏班表演《长生殿》,光在戏服上的花费就达数万两,到最后亏空了几千万两白银。

由于机工须经介绍才能进入织造局谋事,并有子承父业的传统,一些管事便在机工病故或年老告退、由子侄顶替时肆意敲诈勒索,形成织造行业的陋习,这使机工极其不满。乾隆六年(1741),织染局众机工集体立下一碑,严禁织造局管事恣意需索,并规定如有顶替之位要在三天内呈报,谙熟织造者应立刻顶补,如果机工与管事私相行贿受贿,要从严治罪。这个碑刻保存至今,可以说是苏州织造史上一个反腐败的例证。

咸丰十年(1860),苏州总织局和织染局皆毁于太平天国兵燹。此后织造局暂时安排在颜家巷民房内,有织机200余张。然而逢到皇帝大婚典礼、奏办服物采章,承接工程浩大时,就显得工场过于狭小。同治十一年(1872),苏州织造署在原址重建而成,有房廊400余间,用钱42000余串。因为经费不够,行宫未能一同修复。然而清末国运已衰,早已无力承办奢华浩大的工程。光绪三十二年(1906),苏州织造局停织。至此,以上贡为主要职责的官府织造彻底退出了历史舞台。

当然,苏州的丝织仍以另一种形式存在着。民国元年(1912),江苏省行政公署在阊门内下塘宝苏局原址筹建江苏省立第二工厂,有职工200多人,生产改良江绸、提花丝光布等。5年以后,江苏省立丝织模范工场暨职工传习所在盘门内梅家桥创立,有职工300多人,生产铁机纱缎。这两家均为苏州官办丝织工场,在20世纪20年代初先后告停。而苏州的纱缎业行会组织云锦公所,从清朝雍正元年(1723)一直保持到民国三十二年(1943),协助官府织造规范了运作,也在一定程度上保障了机工的利益。

不管是官府织造还是民间丝织,都对以苏绣、宋锦、缂丝等传统工艺为代表的苏州民间手工艺有推动作用,所形成的非物质文化遗产又相应地弘扬了苏州的名气,让苏州"丝绸故乡"的美誉名副其实。

参考文献

[1] 曹喜琛,叶万忠. 苏州丝绸档案汇编[M]. 南京：江苏古籍出版社,1995.

[2] 陈守实. 跋苏州织造局志——明清间特种史料考释之一[J]. 复旦学报(社会科学版),1959(10)：52–60.

(作者：俞 菁 原载《档案与建设》2015 年第 3 期)

漫谈云锦公所

雍正元年(1723),吴县知县所立的《纱缎业行规条约》碑文中有这么一句话:"吴中纱缎一业,在《禹贡》则载为织文之篚,在《广舆》则著为土物之宜。"纱缎业确实是苏州的大宗产业,产品远销全国各地及朝鲜、南洋。经营此业的商人向来是"老成持重、精明谙练之人",由官府发给"印贴",按现在的话说是手持营业执照,"商客"向其交付银两定制纱缎产品,而其则发货给机户进行织造。为规范纱缎业的行为,保障商客与机户的利益,制定条约七款,明确规定"印贴"只传子孙,不得与其他人合伙开业,一旦不再从事此业须将"印贴"缴付行头,也不允许无贴之后再操旧业。这个行规相当于纱缎业的行动准则,约束从业者的行为。苏州的纱缎业还有一个行业组织活动场所,叫轩辕宫。

咸丰皇帝成为道光帝的接班人,表面看是一朝天子,实则日子并不好过。庚申之乱祸及大半个中国,特别是财赋重地苏州遭受重创,经济、文化和市民生活受到极大的影响,位于祥符寺巷内的轩辕宫"劫灰之余,遗址仅存"。同治十二年(1873)冬,云锦公所张文树、孙毓松等人集资重修公所,举办义塾、恤婺、消防等公益善举,先购置水龙等消防设备,聘请专人负责,又花费数千元建造轩辕宫大殿和山门书院,这项工程历时一年告竣。接着又计划在轩辕宫大殿后面再造房屋,开设义塾。造房、办学、消防等所需费用皆由同业筹集,可谓来之不易,纱缎商们担心不法之徒借机聚众敛财,特地要求长洲县给予保护。

1921年,根据江苏省实业厅要求,所有工商同业公会不论公所、行会、会馆等名称,均须重新登记,且要求他们将章程、规则呈报地方最高长官,由其转农商部备案。接到这一指令,云锦公所代表王兆祥、程兆栋、杭锡纶将公所历史原原本本汇报,且奉上章程15条。他们在章程中明确"以研究出品、改良丝织、整齐货盘、推广营业为宗旨",规定苏州城厢内外所有纱缎庄必须加入公所,且须有业中声望素著者介绍。公所对同行有相当大的约束力,如同行之间有经济纠纷时,由公所派人调停;如发生"冒戴牌号,剿窃花本暨一切不规则之行动,妨害同业利益者,得由当事人报告公所,同业公同议罚,或令其退出公所"。如同当时的其他行业组织,云锦公所也采取民主选举制度,通过年会进行改选,当然当选者往往是业内实力人士。纱缎业由于经济实力超强,在苏州商界也有一定的地位,而且从业者的社会责任意识较强,故兴办学堂,扶贫帮困,抚恤帮困对象以 120 名为限,每年调查一次,及时更新抚恤名册。云锦公所也收取会费,收费按造货多寡而定,也就是说按商人的实力而有所区别,分甲乙两等,甲等收取两元,乙等收取一元,这些费用作为日常开支所用。

1929 年,当局要求所有的公所一律改为同业公会。从公所到同业公会本无多大区别,关键在于同业公会之前用"吴县"之名还是用"苏州"之名。1930 年 1 月,云锦公所、丝业公所、酱业公所、典当公所、尚始公所、太和公所等九个行业组织联名上书苏州总商会,声称之前没有县、市之分,而今既有市、县之分,同业公会若称吴县某业同业公会,则遗漏市区之同业,若称苏州市某业同业公会,则遗漏各县之同业。在商人们看来,"商业区域如必随行政区域以为变更,则必困难丛生,纠纷蜂起。如各业有总店在市,分店在乡者,有设店在乡收货、设庄在市售货者。又如原有各业公所,其所营事业所积公产,均为全县市乡同业所公有,一旦遽欲割裂,势必遇义务则各思诿卸,遇权利则群起争执,徒滋纠葛,无从解决"。面对这个困惑,苏州总商会没法答复,层层反映。4 月 11 日,工商部部长孔祥熙签发训令:"苏州市与吴县畛域早经划分清楚,其所属公会自应照市、县区域改组分立,以免紊乱行政区域扩系统。"

1930 年 3 月,云锦公所更名为苏州云锦纱缎同业公会。一份 1929 年的纱缎业同业名单中,有 57 家纱缎庄入会,曾担任苏州总商会领导职务的程幹卿、施筠清都是纱缎业中人,其中施筠清分别在西北街、娄门大街开设施和记、洽昌永纱缎庄,而当年与云锦公所据理力争,另立文锦公所,且分别出任理事和助理的严鸿魁、王梅春,此时又改换门庭,加入云锦纱缎同业公会。随着社会的发展与时代需求的变化,纱缎业同业公会也不断调整职能,1930 年上报的章程与之前的章程相比,内容更加丰富,共 7 章 27 条,涉及的内容也有所变化。如公会宗旨比之前增加"整顿市价、矫正弊害及谋工商互利,维持公益";纱缎学堂改为纱缎小学校,同业中贫寒子弟免费入学,其余均酌收学费;抚恤的定额扩大到 160 户,每户限三大口(男至 16 岁,女至20 岁);设立蚕桑场试办种桑、育蚕、制种等事宜;与铁机丝织同业公会合办运输处,专门负责运输同业的纱缎丝织货物。(见图 2-3)

图 2-3 1929 年 12 月,苏州云锦纱缎同业公会章程

云锦公所作为行业组织领导纱缎行业的发展，在苏州丝绸界具有龙头老大的地位，除此之外在办学方面也卓有成效。光绪三十一年(1905)苏州商会在成立之初就提出"商战世界，实即学战世界"的观点，认为我国商人"力薄资微，知短虑浅，既无学问，又坚僻拘墟，以无学识之人与有学识者遇，其胜负可立决矣"。同年十二月，纱缎业杭祖良、李文钟、邹宗涵、邹宗淇等人联合呈文商部，提出同业中人自筹经费，成立纱缎业公立初等实业学堂(见图2-4)。其实，早在同治初年，孙毓松就创办蒙养义塾，培养纱缎业中的贫寒子弟，免收学费，且免费提供食宿，除四书五经外，高级班的学生还要练习科举八股，以便应试，走"学而优则仕"的道路。大约光绪二十七八年间，蒙养义塾更名为蒙养学堂，改变传统教育模式，进行分班教育，又增加体操一课，开始重视对学生体能的训练。无论是蒙养义塾还是蒙养学堂，都取得了不小的成绩，如世家弟子陆鸿仪曾入蒙养义塾读书，生活上得到补贴，学业上得到塾师的指点，大有增进，18岁时成为秀才，继而一路顺风，通过乡试、会试、殿试，得中进士，又被钦点翰林院庶吉士，此时的陆鸿仪年仅24岁，可谓春风得意。另外，著名中国文学批评史专家郭绍虞、苏州早期小说家程瞻庐也曾在此求学，得到老师们的指点。但蒙养义塾、学堂与新兴学校相比，教育内容相对陈旧、落后，且与商业人才教育有所脱节，所以纱缎业决定在蒙养学堂的基础上创办公立初等实业学堂，培养职业人才，从规模、课程、教习等方面进行改革，以"注重普通各科学，以期童年皆具营业之知能及有谋生之计虑"为宗旨，且期望学生毕业后进上海南洋高等实业学堂继续深造。既然制定这样高远的目标，自然重视学堂负责人的名望资历与专业素养，于是聘请五品衔翰林院编修王同愈为总董，陆鸿仪之弟、元和县廪生陆鸿吉为校长。

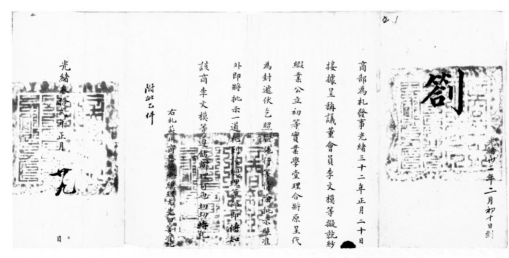

图2-4　1906年3月，商部为准设立纱缎业初等实业学堂的批文

他们制定《纱缎业公立初等实业学堂章程》8条及科目表。学堂设在白塔子巷,后在祥符寺巷,分本科与预科两级,本科、预科分别按照部颁初等实业学堂章程、初等小学章程办理。学校专门招收同业中16岁以下子弟,确定招生名额为60人,学制4年,学生全部寄宿,免收学费,但每人每月须支付食宿费3元。本科生须学习修身、读经、国文、算术、历史、地理、格致、体操、图画、音乐、英文、手工、簿记等13门课,预科生则比本科生少了英文、手工等4门课。修身与读经仍然列在首位。在接受传统教育的商人们看来,修身是为人处事的首要任务,也是做人的根本所在,"指示古人之嘉言懿行,以为立身之规则"。而读经则是通过经书掌握圣贤之道,使其"浸灌于心,以免流于匪僻"。至于让学生们学习英文,则是顺应时代发展的需要,英文已通行全球,学好英文不仅便于对外交往,开展商业往来,而且能让儿童"口齿灵便"。簿记相当于现在的财务,既可以作为将来家庭管理之用,又可以作为谋生之用。

纱缎业的办学之举得到苏州商会和商部的认可,认为他们"急公好义",值得在商界推广与倡导,并同意将来毕业生"申送上海高等实业学堂考验录入",提供更高的平台与更多的机会。《陆鸿吉遗稿》记载,纱缎业初等实业学堂开办两年,毕业一班,培养了后来成为苏州工商界知名人士的陶叔南等优秀学生。纱缎业初等实业学堂在民国时期成为云锦小学,后又改名为纱缎小学。四岁半的丁大钊就在这里接受启蒙教育,多年的勤奋与钻研使其成为著名的物理学家,1991年被评为中国科学院院士。商人在农耕社会处于末等地位,但经济的发展促使商人们勇于肩负起社会责任,关注民间疾苦,关注教育事业,以慈善之行改变贫寒子弟的命运,为社会为业界输送有用之才。他们这种重教而侠义的行为,值得当代企业家们学习与借鉴。

从云锦公所到云锦纱缎同业公会,从其成立起,除发展自身的业务外,还经常要分神处理各类劳资纠纷。这个行业的产业工人队伍庞大,兼因晚清、民国初期社会动荡,经济凋敝,工人们时常罢工,与纱缎业商人冲突不断。仅光绪三十二年(1906)到宣统三年(1911),就发生了10起较大的机工罢工等事件。导致机工们罢工的理由各式各样,有的"借端米贵,首倡停工",有的因洋价骤落"聚众索加工钱",有的机工卷走所织缎匹,有的甚至将"承揽在家之经纬机纤一切及织成之缎匹,向各当任决典押"。云锦公所作为行业组织,他们与机工们虽有冲突,但双方终究是利益共同体,因此他们一面借助官府的力量平息罢工,一面适当提高工价作些让步。随着铁机丝织等新技术的引进,完全靠手工织造的纱缎业日益受到影响,抗战全面爆发时各业停顿一年,从此一蹶不振。拥有云锦之美名的公所(公会)逐渐从历史舞台上慢慢消失,而纱缎产品继续在丝绸世界展示着华丽。

参考文献

[1] 曹喜琛,叶万忠.苏州丝绸档案汇编[M].南京：江苏古籍出版社,1995.

[2] 章开沅,刘望龄,叶万忠,等.苏州商会档案丛编(第一辑)[M].武汉：华中师范大学出版社,2012.

(作者：蓝无瑕　原载《档案与建设》2015 年第 5 期)

现卖机业的行业组织——文锦公所

苏州享有丝绸之府的美誉,丝绸产业十分发达,行业分工细致,先后成立云锦公所、霞章公所、丝业公所、丝边公所等行业组织。传统的纱缎庄均是商界实力人士开办,专办丝经及组织纱段产品的生产(发给机工织造)、销售,其行业组织叫云锦公所。那些无力自备丝经,而是向缎庄领取丝经,承揽织造,甚至不能向缎庄揽活,只能佣织"计工受值者",即进行生产的机户们也成立了行业组织——霞章公所。除此之外,在苏州丝绸界还有一个叫"现卖机业"的行当,介于两者之间,又不同于上述两个行业,准确地说是包揽了两个行业的活,他们既组织生产者,又是产品经销商,通俗地说是自产自销,属于小本经营。在公会、公所纷纷成立的年代,他们希望成立自己的组织——文锦公所,目的为"维持同业,以图永久"。

——

1918 年 8 月 9 日,严鸿魁、王庆寿、李桢祥代表苏州城内 80 余家现卖机业户向苏州总商会打报告,称他们"系自备工本织造纱缎货疋,零星现卖以为营业,其丝经原料既无须仰给于纱缎庄,而货品之织造亦不必假手于机工,故称现卖机业。与纱缎业之专办丝经、招工放织及机业之承揽丝经、专事织造者不同,故自来与彼两业不相属而另为一业"。(见图 2-5)显然,现卖机业户略有资本,自购丝经,或雇工织或自己织,兼织缎庄定货,因为有生产的成分,这个行业的部分成员也加入霞章公所,但多数人认为应

图 2-5　1918 年 8 月,王庆寿等为组设文锦公所致苏州商务总会报告节略

该成立行业公会。他们经过三年的谋划，集资购买公所房屋，决定在玄妙观机房殿内成立行业组织。严鸿魁请求苏州商会的负责人与吴县知事公署沟通，同意他们成立文锦公所。

现卖机户要成立公所的消息很快见诸苏城各大报刊，霞章公所负责人王士铨坐不住了，立即写信给苏州商会，认为现卖机业没有成立公所的必要：目前现卖机户不到机业的10%，"今日现卖，明日带织，视为常事，试问从何分清界限"。之前135户现卖机户参加了霞章公所，一度与霞章公所产生摩擦，而今他们已和好如初，每机每月纳捐一角，似乎相安无事。霞章公所成立以来一波三折，又因工价问题时常与纱缎庄的老板们发生矛盾。现卖机业另立门户，显然影响到其作为同业公所的威信，其反对也在情理之中。然而对现卖机户来说，经过三年的筹备，好不容易有了头绪，因此霞章公所的反对并不能阻挠他们的决心，严鸿魁们针对王士铨的意见再次向苏州总商会据理力争。他们声明："现卖机户一业，性质与帐房（指纱缎庄）相近，力绵势散，既不能加入云锦公所范围，其营业与机匠迥殊，工而兼商，当然不能受霞章公所之统辖。"双方各执一词，各有理由，关键是苏州总商会的态度。

出乎霞章公所意料的是，苏州总商会同意严鸿魁等人的观点，认为现卖机业兼具工商性质，既不同于与缎庄富商，也不同于机匠工人，在当时的形势下，"工商各业非集合团体，不足以企进步而谋发展"，因此成立文锦公所完全是"正当行为"。作为苏州商界的领袖，苏州总商会的话可以说一言九鼎，遂致函吴县知事公署，请求官方暂予备案。在这封公函中，苏州总商会对纱缎业的情况作了进一步说明，特别指出现卖机业"系属一种小本经纪，以工人而具有商业性质，惟资本未充，不能与缎庄富商齐驱，稍有身家，当然与机匠工人异派"。显然他们比纱缎庄的大佬们资本规模要差很多，但比出卖劳动力的机织工人又要富裕一些，稍有身家资本。通常苏州总商会的意见往往起到决定性作用，但事情的发展又出乎意料。

原来王士铨等人在上书苏州总商会的同时，直接将意见上报县衙门，反对现卖机业另立公所，指出文锦公所成立"有碍全体机业行规"。吴县知事觉得霞章公所的意见有一定的道理，因此下令苏州总商会进一步调查、核实。与此同时，王士铨也再次上书苏州总商会，陈述看法，提出霞章公所由"带织、现卖、工人三者合成"，若现卖机户脱离机户名目，加入云锦公所尚属名正言顺，如果明明也是机户而另立公所于法理不合。苏州总商会召开常会，邀请双方代表出席，严鸿魁表示现卖机户从未参加霞章公所的活动，且指责霞章公所对现卖机户"恶感日深一日，本年罢工风潮，竟不惜诬现卖机户杨雨卿、张玉泉两人为祸首，送警拘押，以泄其抽捐不成之怒气"，表示文锦公所成立后既不会仗势欺人，也不愿受人凌辱。如前所说，现卖机户的经济状况好于一般机户，且与纯生产性质的机户不同，令其服从霞章公所的领导自然内心不悦,且因罢工风潮双方已心存芥蒂。而霞章公所则从现卖机业的"工"性质,认为应该属于其管辖范围,且多一个会员加入毕竟可以多征收一份捐助,因此极力阻挠。

双方的争执从衙门到商会,再到衙门,最后的定夺权其实属于苏州总商会。有意思的是,还没有等到上级的批文,文锦公所已定制了一块招牌"文锦现卖纱缎业事务所",此牌号挂在玄妙观吴县土黄酒公卖局牌号南首,但不知何故遗失。因为彼此已有成见,严鸿魁等人遂怀疑这块招牌被霞章公所机工拿走,且有机房殿刘道士、杨雨卿为证,这件事情激化了双方的矛盾。苏州警察厅厅长崔凤舞派警员"不动声色"地悄悄到霞章公所调查,结果根本没有杨雨卿所指证的招牌被供奉在神龛前,事实上双方因结怨颇深,才产生了误会。

二

好事多磨,又过了一个月,吴县知事公署终于松口,同意现卖机户成立文锦公所,但须由他们拟订章程送县衙。这是令苏州商会和文锦公所满意的结果,苏州商会赶紧将文锦公所拟好的16条章奉上,且说明:"该现卖机业系属购备丝经,自织缎货……其营业与云锦之缎商相同,其范围较云锦之缎业略狭",并肯定文锦公所的章程"妥洽可行"。文锦公所明确其成员为现卖机户缎商,其工作范围为"购办丝经,自织各种花素纱缎,或雇工帮织,或兼织各庄之定货",并按农商部出台的工商同业公会规则要求,将同业牌号姓名送苏州总商会备案,以便接受其监督指导。

《苏城现卖机业缎商文锦公所章程》共16条,除上述所讲宗旨、范围外,主要包括以下几个方面。

1. 宗旨:研究纱缎织造业原料,改良制造货品,维护同业权益,举办各项善举。

2. 组织:文锦公所的办事机构与其他公所一样,设立干事、副干事(后改为理事、助理),任期两年,干事一名代表公所行使职权,副干事二名协助干事处理公所事务,他们均由全体同业选举产生。另外产生司年一人、司月一人,他们均由同业抽签产生,按年按月当班。

3. 职责:干事代表公所行使职权,副干事协助干事处理公所事务;司年负责保管公所银钱,稽核收支账目,司月"有经理收入,支出经费之责"。干事等职均属义工,不领工资。

4. 会议:阴历每月初一、十五召开常会,每年召开会员大会一次。遇到特别事件,另外召集会议,共同决议。

5. 经费:由同业自行认捐,不向业外募捐。公所每年收支经费由司年在大会时报告,"公同监盘移交于下届司年"。

6. 价目:同业雇佣机工,其工价均按照云锦公所的价格,不得私自增减。

7. 处罚:凡加入公所之同业,如违背章程、破坏同业公益者,经三人以上举报,并查明属实,须公同集议,分别予以处罚。

当时机工与纱缎庄之间常因工价的增减产生矛盾,云锦公所、霞章公所之间有着紧密的关系,因此文锦公所在章程里规定参照云锦公所制定织工的价格,避免工价混乱,引发工潮,维护三家公所之间的和平共处。

历经三个月的折腾,1918年11月14日,吴县知事公署终于同意文锦公所挂牌。11月22日14时,文锦公所在玄妙观机房殿内举行同业大会,与会人员达40余人,选举理事、助理、司年。严鸿魁当选为理事,王庆寿、李桢祥当选为助理(即副理事),鲍佩钦当选为司年。成立之日,苏州警察厅发放第99号布告以示保护,且责成南区警察署派员到场保护。在1918年8月17日上报苏州商会的一份会员名单中,共有86户加入文锦公所(见图2-6)。相比霞章公所历时多年才成立的曲折,文锦公所仅用三个月的时间就顺利开张,算是相当幸运的。

图2-6 1918年,文锦公所会员名册

三

光绪十八年(1892),补园(拙政园西部)主人张履谦(作为苏州商会的创始人曾出任四届议董、一届总理和董事)在迎春坊创办保裕典当。文锦公所与保裕典当似乎并无交集,然因缎货收购与典当的事情,双方发生一段公案。

1922年2月27日,糜寄鸿等人到保裕典当丝枪缎47匹,当洋1700元,后来又陆续典当缎匹等物,骗取当洋后,糜寄鸿与边仁义缎庄主边子嘉随即潜逃。案发后,商民汪子均等16人联名要求通缉边子嘉等人。4月10日,苏州商会为边子嘉卷款潜逃事致函苏州警察厅。苏州警察厅厅长李子明表示将"并案通令严缉"边子嘉等人。典业公所也积极配合查案,要求各典当追查有无收到该缎匹。保裕典如实回复收到缎匹等情况。

缎商顾悦甫获悉该货内有 47 匹由糜寄鸿向保裕典质后,遂请求文锦公所出面交涉。原来边子嘉曾向缎商顾悦甫先后收购各色丝枪缎 47 匹,当时未付货款。文锦公所与典业公所协商,决定由原主备足本金和利息赎回这批丝枪缎。保裕典表示了极大的诚意,愿意配合苏州商会和典业公所,要求商会在期满三月后,"令该货主备足本利刻日来典赎回",他们典当的其余缎货,如果有货主认领,"应请饬令一并取赎"。为免节外生枝,1922 年 6 月 24 日、25 日,文锦公所、典业公所分别致函苏州总商会会长、副会长、议董,要求商会出函证明。不久,顾悦甫凭苏州商会的证明函,携带本金 1700 元及利息 61 元 2 角,取回丝枪缎 47 匹。而那批零星典当的缎匹因未有原主认领,仍存保裕典。

事情至此本应结束,但一波才平一波又起。1922 年 9 月 8 日下午,镇江商人翟邦泰到文锦公所找王梅春(在 1921 年 3 月 15 日文锦公所第二届选举时,当选为理事),声称自己也被边仁义庄骗去横经两庄,因得知边仁义庄将缎匹、丝经等物当在保裕典,故特去保裕典查询。保裕典伙计告知所有边仁义庄当物都由文锦公所凭商会函取去。王梅春听了这番话,勃然大怒,当即写信给商会,言明:文锦公所缎商仅取了 47 匹丝枪缎,因边仁义庄当在保裕典的丝经并非文锦公所管辖范围,所以未及顾问,而保裕典伙计如此之说,"显有人利用发生黑幕",要求商会严究查办保裕典。苏州商会得知消息,马上查阅卷宗,并无"函证取赎丝经之事",于是致函典业公所,要求典业公所查明。不久真相大白,保裕典伙计当时就回复实情,并没有说"无中生有"的话,并说明边仁义庄所当的 616 两生丝,当洋 420 元,已由施松亭担保取赎,立有笔据。由此可见,边子嘉等人的典当物中并无翟邦泰的横经混杂在内。至此,文锦公所与保裕典的一段公案得以了断,一场误会得以消除。

作为一个行业公所,文锦公所经常要调解各种纠纷,如 1925 年为宝康恒号向潮州商会求援,追讨再兴合号的欠款等琐事。由于档案资料的缺乏,文锦公所何时结束不得而知。之后成立的丝织业同业公会意味着各自为政的丝绸行业组织的大合并。

(作者:沈慧瑛　原载《档案与建设》2015 年第 10 期)

丝绸产业工人的组织——霞章公所

　　历史上苏州丝织业发达,催生了各种行业。纱缎庄业专门负责纱缎产品的组织生产及其经销,他们成立了自己的行业组织——云锦公所。当时从事纱缎生产的织机工人遍布苏城,是苏州的产业大军,其生产品种涉及"花素摹本、头累选置、拾景洋缎、玉兰葛、局西纱、大小芙蓉汗衫、仿织纯绒、杭缎、杭绸,采办上有彩袍、旗袍、各色妆缎、妆花、加赤真金、圆金、花素拾丝、版金、精造八丝、宋锦、选织百子被褥、一切花色等货"。这些产品时至今日大多消失,但当年从事机织业的人数众多,光绪末年从业人员达 2 万余人。他们与纱缎庄各司其事,各取所需,相互依赖。然而机户停工聚众闹事时有发生,对纱缎庄和社会的稳定产生影响,所以,成立一个行业组织被提到议事日程上来。

104

—

　　当时苏州的机业工人分两种,即带织、现卖。带织指机工向各纱缎庄领丝经代为织造各种产品,称为大机户,有 18000 余人;现卖,指自备丝经而招工织造,自产自销,称为小机户。这样一个庞大的队伍确实需要成立一个机构来组织协调内外事务,维护其合法权益。因此,程兆溁等 26 人代表广大机工于光绪三十二年(1906)十一月联名向苏州府申请,要求成立机业工人的同业组织——霞章公所。他们商定公所开办及常年经费由机工捐助,每机每月捐助 50 文,此时已募集洋 300 元,公推胡光昌为董事,管理同业事务及"赒恤济急"等善举,并保证"约束各机户永无暴动",如有此等事情发生,由程兆溁等 26 人承担责任。第二年五月初四(1907 年 6 月 14 日),苏州总商会向程兆溁等人回复长元吴三县知事的批复意见:赞同机户的决定,认为霞章公所的成立有利于工业的发展(见图 2-7)。然而霞章公所接到县衙的批复后,对"如有暴动,惟发起人是问等语"无法接受,认为他们只负责排解矛盾,消除隐患,因此要求取消此批语。其实这句话是程兆溁的原文,并非商会所加。可能当时为了政府尽快有回复,发起人说大话愿意承担责任,此时觉察到这句话的分量与责任,毕竟苏州的机工罢工活动从古到今时有发生。

图 2-7　1907 年 8 月,长元吴三县为组织霞章公所事致苏州总商会照会

尽管没有正式成立,霞章公所的筹备活动已在紧锣密鼓进行中,期间取消原推举董事胡光昌的资格,另推选纪松寿为临时代表。光绪三十四年(1908),他们集资购买乔司空巷一所房屋,共有 30 间,计洋 2200 元,分年修葺建成。

霞章公所与云锦公所一样供奉轩辕祖师。修缮房屋的同时,于宣统元年(1909)仲春订立同业行规,出台行规 18 条,宣称主旨是"一则能兴吾业,二则工商联络,三则可消败陋之名"。行规在司年的资格、经费的来源、"二叔"的责任、工人的奖励、学徒的审核等方面做了约定。首先提到司年的人品与资格要求,"行事克己廉洁,世务老诚练达,言语公正和平"。除了为人正派端正外,还要求幼时拜过师学过艺,壮年做过带织。熟悉这个行业加上有好的人品,更有利于行业管理。机业工人主要为纱缎庄生产、加工纱缎丝织品,机工们经常因为物价、工钱等问题与纱缎庄的老板们产生矛盾,因此霞章公所表示,一旦公所成立,互相约束,"保护各庄"。遇到机工歇机停产,由公所出面清理他们拖欠"各宝庄工银、纬料、纤横等",避免双方矛盾与损失。霞章公所明确经费由机友们上缴,每"承机一只,每月仍认经费钱五千文"。至于承揽的工价,"不增不减",万一物价上涨,工人们难以糊口,则由公所讨论办法,绝不举行暴动或罢工。同时行规中也有奖励措施,机工们"织正号花累,三庄半归本。每织一匹,给奖钱三百文;每织两匹,给奖钱六百文;满四庄者,给奖钱一千文"。除正号花累外,织二号花累、素累缎等也有相应的奖励。对在一线负责的机织工人提出要求,须有保人,一旦拿了钱不进场的,或进场后不做活的,都由"保人赔偿"。机织也是一门手艺活,学徒须到霞章公所领"关书",双方签订协议。如云锦公所意识到教育的重要性一样,霞章公所也表示如果经费有结余,要开办公益善举,"最要紧者,各处设立学堂,开化同业等子弟智识,以敦人伦,工业兴发,为第一根本"。

然而霞章公所的理想还没实现,辛亥革命就爆发了,政治体制的改变对经济也产生了深刻的影响。随着苏州原来作为江苏省城地位的改变,各行各业均受到不小的打击,居于龙头老大地位的纱缎业一落千丈,机工"连带衰败"。因此,霞章公所虽有其名,虽购置办公地方,但实际上并没有正儿八经的办公场所。直至 1915 年 2月,霞章公所将办公地方重新整修,怕将来业内不肖之徒染上恶习而无约束,间或地痞恶棍骚扰来之不易的公所,要求苏州警察厅给予保护。霞章公所从光绪三十二年集议成立,至今只是有名无实的办事机关,且事隔八九年,警察厅对此不甚明了,遂通过苏州总商会向云锦公所核实情况。苏州警察厅厅长孙翊向总商会了解霞章公所的成立与云锦公所有无利益冲突,"以免抵触而昭公允"。云锦公所坦然表示霞章公所与己并无窒碍,霞章公所"所系工业性质,与商业性质自不相同,机织工人能知集合团体,组织公所,并办理善举事宜,自属热心公益,不可多得之事"。云锦公所唯一担心的是霞章公所的经费来源,他们十分清楚机工们的生活状态,当初借给霞章公所的 1300 元至今没有归还。机工位于产业链的末端,是最辛苦的劳动者,收入微薄,平时能糊口就不错了,虽然人数众多,但不能指望人人热心公益,自发捐助者更不会多,霞章公所曾经请纱缎庄的老板们出面代向机工收取费用。鉴于此,云锦公所担心"该业工织所得之资集腋成裘,殊为困难"。不管如何,霞章公所终于顺利挂牌。

二

1915 年 12 月,吴县知事孙锡祺收到机业代表夏鼎瑞等 90 余人的控告信。夏鼎瑞指责霞章公所董事王士铨冒充董事身份,"品行刁狡,兼有嗜好,即与同业一二败类朋比为奸,胆敢私立行规……印刷捐票联票,俨同国家机关,派人四出向各现卖机户任意勒捐"。吴县知事原本指望苏州总商会出面调查,但后者以霞章公所并未入会为由不愿卷入纠纷。程兆溁作为副董联合其他干事接连两次向孙锡祺说明情况,从夏鼎瑞控告王士铨"私立行规""朦请给示""冒充董事""强迫勒捐"四个方面逐一驳斥,认为王士铨于 1915 年 9 月被正式当选为正董,热心公益,"才大心细,宗旨纯正","实心实力,矢慎矢公",有口皆碑,反驳夏鼎瑞挑拨少数现卖机户"借勒捐等为名目,希图推翻正董,以为规复旧时工价地步"。通过王士铨的申诉和对夏鼎瑞控告情节的调查,吴县知事对夏鼎瑞警告一番,本来要严惩,考虑到那些受其愚弄的现卖机户也会因此受到牵连,姑且"宽容免究,以示体恤"。

霞章公所正董王士铨才从官司中获胜,本应消停过日子,然而又因工价的问题,与纱缎庄的老板们结下梁子。原来 1914 年 6 月,苏州机织工人再次发生工潮,一万余机户罢工,"几酿巨祸"。王士铨与云锦公所的领导、纱缎业大佬杭祖良等人沟通协调,召集各缎庄老板,商议加工价三分。然而,过了一年多,有的纱缎庄老板撕毁协议,或以手工不良为借口,故意发难;或推托生意不好,多方克扣;或将放机收回。凡此种种,矛盾日益激化。霞章公所作为机工们的"娘家",自然替他们说话,认为如果不妥善解决,那么在苏州的机工们生活无继,外地机工则"又乏川资","隐患堪虞"。他们请求政府出面调停,要求杭祖良"召集各庄领袖,责令工价照常发给,不得减扣"。出乎意料的是,在地方商界颇有影响的杭祖良并未为王士铨的话语所左右,他联合43家纱缎庄向孙锡祺控告王士铨以工价为名,挑起事端,声称纱缎业在辛亥年、癸丑年政局不稳之际,不惜血本,成立质缎局,维持织业,接济机工,"以图一日之安"。杭祖良表示同业中确实存在个别停止加价的现象,也有因造货不良而扣除工钱的惯例,但王士铨以此为借口,"投函恫吓",扩大打击面,其目的是为了个人的私利。原告成被告,而被告成了原告,原被告角色的转换导致了形势的变化,个中复杂皆因双方维护自身利益所致。吴县知事需要商业的繁荣,也需要社会的稳定,因此以和为贵,劝解双方。然而机工们又于八月三日"迫胁罢工,抢梭勒停,聚众至西白搭子巷宏富祥、护龙街石恒茂等各缎庄,毁夺牌号,掳劫伙友",霞章公所处于被动地位。吴县知事及苏州警察厅出面调解,警察厅长崔凤舞贴出安民告示,说纱缎业同意加价至阴历十月,要求工人们"体恤商艰,安分工作",若有人再闹事,一定从严惩办,"决不宽贷"。

霞章公所机工们的激烈行为自然引起苏州总商会的不满。会长庞天笙致函江苏省长齐耀琳,状告王士铨:"既非缎商,又非织工,以业外之人,号召手工劳动,盘踞公所,充任董事,派收捐款,擅作福威,机匠织工,人多稚鲁,视公所为衙局,桀奸附和,良懦吞声。"苏州总商会、云锦公所与吴县知事、苏常道道尹及江苏省省长之间公函来往不断,层层申诉,层层施压,直至1918年12月省长作出这样的批示:"王士铨煽惑众罢工,诬陷良善,不法已极,既经吴县知事讯明管押,自应将该董事先行撤销,归入司法范围从严惩办。"

王士铨终究不敌云锦公所与苏州总商会的大佬们,挥泪告别经营多年的霞章公所,霞章公所进入了新一轮的人事改选。

三

霞章公所根据各方的意见,公选颜大圭为新的董事,但吴县衙门认为未经报县,又非正式选举产生,要求重新择日公开推选,并由县衙派警监督。1918年11月17日,霞章公所同业正式投票,当场唱票,有一个叫张一澧的得票遥遥领先,达422票,颜大圭次之,得22票,孙汉忠得13票。张一澧何许人?原来是个目不识丁的手艺工人,无才干、经验可说,平日"衣履褴褛,不登大雅之堂,难与社会作平等之交际"。但他有一个长处,虽非机工,因生活在苏东城,与工人们相熟,与各缎庄也相识,似乎是个不错的候选人。颜大圭则出身贡缎世家,其父颜桂乔早年在浙江办贡缎,在社会上有一定的知名度。其父死后,颜大圭接手办贡缎,直到宣统初年才停

止。颜大圭的同族兄弟们仍操机业,因此他也算是同业人士。霞章公所拿不定主意,要求吴县知事定夺,吴县知事则要求苏州总商会拿出意见,苏州总商会表示:"颜大圭曾办贡缎,似于缎业情形,尚非绝无关系。孙汉忠现充行头,亦系机工同业中人,似应暂由该二人维持公所现状。"12月4日,吴县知事正式复函苏州总商会,同意颜大圭当选为霞章公所正董,孙汉忠为副董。苏常道道尹要求颜大圭、孙汉忠妥善办理公所事务,"严行约束各机工安分营业,毋得滋生事端"。

颜大圭、孙汉忠上任没多久,又出现工人要求增加工资的老问题。颜大圭、孙汉忠一边发通告,要求机工们"各守本分,照常工作",一边与云锦公所沟通,同时通知县衙门与警察厅预先防范。云锦公所接到霞章公所的信后,认为米价稍有上涨,工人就要求涨工资,这种风气不可助长,否则工商两业从此不胜其烦。在这封回绝信里,云锦公所肯定颜大圭的做法。或许为了缓和两个公所的关系,自1920年2月起,云锦公所主动每月捐助洋50元给霞章公所,以资补助,而颜大圭免去机工们的月捐,"确为工人造福,深堪嘉尚"。

至6月16日,又因米价上涨,云锦公所答应颜大圭的请求,补助机工米价,"花机以两人计,每天食米一升,素机以一人计,每天食米五合……补助米价每升钱三十文。花机每张按月给钱九百文,素机每张按月给钱四五十文,自旧历五月朔日起,至平粜终止时,庶几实惠均沾"。令颜大圭想不到的是,他和霞章公所的同仁们正为机工们的利益与云锦公所协商,尽量提高工价,机工们却在背后捅他刀子,个别不法之徒捣毁颜大圭在宫巷的家,附近商户见此情形,纷纷关门。

苏州历史上有过不少公所,但像霞章公所这样一波三折的并不多见,从光绪三十二年倡导到民国四年的正式成立,从霞章公所初期领导层的数次更换和诉讼,最后到1939年将公所房屋抵押给纱缎庄业同业公会,从清雍正年间的"永禁机匠叫歇碑"到1927年震惊中外的苏州铁机工人大罢工,其主角一直是苏州丝绸行业的产业工人。作为丝绸产业工人行业组织的霞章公所,其工作的难度也可想而知,往往两面不讨好。1942年2月1日,吴县丝织业产业公会宣告成立,替代了原来的霞章公所,且收回了公所的房屋。机工们也历经从传统手工工艺到铁机丝织生产技术的转变,其生存状态并不乐观,但技术革命促使他们前行。1942年《重修霞章公所记》中"以全体工友的力量拥护工会,以整个工会的力量保障工友"两句话,表明霞章公所从传统的行业组织转向新型的工会组织,转型后的行业工会或许能更好地维护工人们的权利。

(作者:沈慧瑛　原载《档案与建设》2015年第9期)

苏城丝业公所掠影

旧时苏州,丝织品业成立了云锦公所、文锦公所、霞章公所等名称美丽的行业组织,那么丝织品所依赖的原料——丝业又有怎样的行业组织呢?

一

位于祥符寺巷的轩辕宫原分东、中、西三落,宽敞气派,却因太平天国运动化为焦土。道士李润田劫后返苏,计划恢复旧观,于是向苏州商界大佬纱缎业募集资金,打算将原来的中落、西落重建一新。后来中落房屋成为云锦公所的办公场所,西落作为先机道院,嗣承香火。没几年工夫,中、西两落恢复如初,李润田颇有一番成就感。然而当他的目光投向东落时,喜悦之心减去几分,那里依旧荒凉一片,杂草丛生,与修复完好的中、西落形成鲜明对比。李润田遂向在上海做生意的苏州人李樾求助,希望得到丝业的鼎力相助,就像纱缎业那样筹集资金,进行修建。李樾之兄也告诉李樾在苏州的丝商凌允陶、李寿严、黄少鞠等人因为"丝业规模不振,弊窦日滋",决定成立公所,"定章立案",整顿业规,希望李樾牵头,于是就有了丝商们与李润田的合作。

同治九年(1870)仲春,李樾自上海回到苏州,到祥符寺巷实地察看,发现东落基地狭窄,门面较少,需要征购房屋,扩大基地,才适合办公。他们与李润田签订合约,说明"东落添置基地,盖造房屋,皆归丝业筹款,仍由润田香火,迨所落成,宾主另条,各守常也"。李樾与凌允陶等四人为首,召集同业沈寅陶、杨寿堂、焦雨琴等丝业老板22人,及俞省三等4位执事,共同出资,作为公所造屋之用。多次协商的结果是,丝业公所成功地征购与东落基地相邻的邵、钱、沈、江等4户人家的房子,共11间3披,这样一来丝业公所宽敞很多。从签约、集资到征地,事情进展十分顺利,但拆迁、规划、备料、雇工十分繁琐,工程浩大,李樾本身业务繁多,一人难以招架,于是请周霭卿一起管理事务。

那时,造房子、办公所也不是随随便便的,他们向厘捐总局和长元吴三县汇报,获得批准,勒石纪念。李樾等人从同治十三年(1874)九月,"鸠工庀材",历时 10 个月,一座像模像样的房子出现了,"起造头门一间、二门一间,中建大厅三间,正供黄帝元妃先蚕母西陵氏神位。后起涵芳阁楼房六间,东厕一间,其余厢廊备弄"。这花费白金 3800 两。有意思的是,丝业公所房屋落成之时已到了光绪元年(1875)七月,从动议到完工前前后后用了 5 年时间。

丝业公所的商人们认为自己的地盘不如云锦公所"宏敞",但亦初具规模,应该取个漂亮名字。他们觉得吴地产丝,"莫盛于太湖诸山",因此将这所房子取名"湖山别墅",请吴大澂题写,"额其门"。丝业公所的来龙去脉也被李樾详细写下来,"记之贞珉,俾后人欲知经营之始"。

二

1921 年,江苏丝绸机织各团体在上海组织联合会,引起了农商部的关注,要求各地官府调查本地的工商团体有无备案。根据新出台的同业公会规则第九条的规定:"原有关于工商业之团体不论用公所、行会或会馆等名称,均得照旧办理,但其现行章程规系应呈由地方主管官司厅,或地方最高行政长官转报农商部备案。"丝业公所接到上级文件,不敢怠慢,立即呈上反映公所沿革的碑记和规范管理谋求发展的章程 11 条。章程对丝业的经营地点、纳税、选举、职权、经费、处罚等作了具体规定。

其实,苏州丝业公所不仅在前清就已向官府备案,而且民国三年(1914)又向吴县知事公署备案。苏州经营丝业生意的商家称为"丝行",丝行都要向政府立案,由农商部"颁布牙帖,给领开张,认税抽捐"。民国之后,牙帖改为执照,由丝行向地方政府备案,换领执照。如果不向政府备案,未领执照,私自交易,一旦被发现报官,则要立即关店歇业。当时对这种私下交易以逃避税收的人,有个称呼叫"白拉"。丝行不同于其他行业,对开设地点有严格的规定。清代、民国时期丝行设在阊门外,即吊桥起东西直线到普安桥为界,悦记、恒兴、公正祥、成祥、同丰源、泰昌等 20 余家丝行集中在这里,一旦发现它们越界,那么就像上述对付白拉的方式处理。如果哪家丝行发达了,要扩大营业,则须征得 2/3 以上同行的同意才行。之所以有此规定,主要是为了维护同业公共利益,"矫正营业的弊害",而免紊乱。由于地点的限制,且苏城毕竟不是大城市,丝业公所基本上掌控各路丝行,可以说了然于胸,那么对外省或者乡间贩丝的商贩又是如何管理的呢?《苏城丝业公所章程》(见图 2-8)第二条中规定,"凡外省及乡间有行家贩丝来苏,当一律投行买卖,照章纳税抽用,不得越行进城,容留东城,私自拆消察出后,照窝藏白拉论罚"。之所以强调不得进城,尤其是禁止进入东城,主要因为东城都是用丝大户——生产丝绸的机户云集在此。

由于丝业公所在城东祥符寺巷,而各家丝行则在城西阊门外,办起事来很不方便。于是在阊门城口设立办事处,既方便办事,又能防止偷税漏税。丝业纳税,以每年丝的丰歉定税率之增减,由同业认领,按数摊派。丝业公所及其所属事务所管理整个苏州丝行及来苏丝商,外省外县的丝

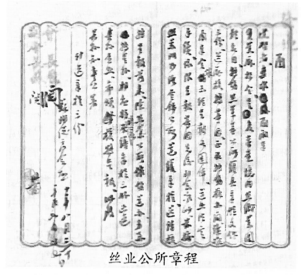

图 2-8　丝业公所章程

商到苏城第一件事情就是到事务所"加戳验讫"。丝业公所的办公经费、抚恤等费用,均在每年小满之日由同业讨论商定,各丝行分担。

丝业公所领导人的产生均采取民主推选的方式,每行推选两票,以票额最多者为正,次多者为副。初由周廷梁、李庭担任正副职。领导层是两年一任,任满改选,连举连任。同时选举产生司年一职,两家丝行承担司年,相当于财务管理人员,负责丝业公所的银钱税款账目等事。司年之外,还有司月,按丝行数逐月推轮办事。司年、司月均为义务劳动,不收取报酬。丝业公所还雇用司事三人,负责处理日常事务。

三

苏州的丝商们在同治九年(1870)议设公所,整顿业规,试图振兴丝业,但即便有组织、有业规,总有人会做些违规之事。太平天国对苏州的经济、文化和社会生活造成重大创伤,经济的不景气带来社会的不稳定,不少原来从事丝业生意的人因此失业在家,他们有的被白拉们笼络,私下买卖丝,扰乱了市场。丝业公所与政府双双出面,严厉惩办白拉,稍有成效。为了改变这一局面,丝行想出了录用"伙纪"这一招。伙纪分经伙、经纪两种,经伙在丝行工作,经纪则在外招揽生意,各行其是,不伤和气,也切断了白拉的后路。考虑到公所已成立,各丝行更要对伙纪严加管理,周廷梁、李庭等丝业公所负责人请求长元吴三县对丝经、牙行、经伙、经纪遵守议规出示晓谕碑。同治十年(1871)十一月十九日,长元吴三县立碑告示大众。

经伙在丝行内做事,就在东家眼皮底下干活,一切都在掌控之中,但经纪就不

同,到外边招揽生意,涉及丝物银钱交易,一旦在外行骗,以及"昧吞逃逸,违章犯科,情难预料"。丝商们一想到这个问题,心里直发怵,于是第二年又请求长元吴三县出示晓谕碑。明确各丝行录用经纪的时间为同治十一年(1872)二月二十八日到同治十二年(1873)一月二十八日,以及对经纪的约束。录用经纪的条件并不高,除原来业内人士外,外行人只要懂得经纪业务、为人诚信可靠并有人担保,即可录用。有关经纪的担保共有四条。首先欲做经纪的人要寻找丝行熟悉且有身家的人作保,自行填写统一的保书,由所保之行收执。然后凭所在丝行图记,再到丝业公所领秤,交付银五两七。为避免弄虚作假,更避免为情谊所累,规定父不能保子,同行叔伯兄弟也不能作保。有意思的是,"缙绅显宦"也不能作保人。缙绅显宦之流可是有头有脸的人物,且在地方有影响。缙绅显宦不能作保人这个规定值得玩味。"买卖细务,总属银钱交易,倘有错误,事理直。而该人或升迁他省,或公务羁留,殊多未便。"以今日之目光看,这种方式既是保护官员和士绅远离经济纠纷,也是保护丝商自身的利益。试想,一旦经纪出问题,自然会找到保人,如果保人是官场中人或地方名流,那么尴尬、倒霉的必然是丝行老板。

议保文书如下:"立保据某某,今有亲友某某,素系安分,愿作丝行经纪,转保到某宝号,转至公所领秤卖买。设有客款银钱错误,愿甘理直,立此保据存照。计缴置秤立簿司费银　正　同　治　年　月　日　某某押"。

除了经纪要保人,在1942年的一份业规中讲到,同业向牙税局纳税,领取行贴,也要有保人。丝和缎在战乱年代,都可以典当、取现,属于"硬通货",因此对其管理相当严格。

四

丝业公所与云锦公所关系密切,都在祥符寺巷办公,丝业为纱缎商们提供原料,丝业公所造屋时特地留了通道,便于双方沟通协调。云锦公所是用丝大户,他们于1921年6月在洞庭西山开设公裕丝行,初由邹宗淇担任主任,后由李绳迪继任。由于西山四面环湖,港汊纷歧,盗贼出没,给丝行银货交易带来危险,因此云锦公所多次要求县政府发告示及警察厅在新丝开市之时派兵保护,以"靖萑苻而安商旅"。

1930年,吴县丝业同业公会在国民政府实业部立案,协成永号经理朱世英出任主席。从1933年一份吴县丝业同业公会第一届改选委员会名单中获悉,除公兴协、和记丝行在光福外,其余都开在普安桥大街。至1937年,共有34家丝行加入同业公会,其中光福有22家,苏州城内有12家,且与原来规定在阊门城外开设也有所不同,义记永号设在护龙街双林巷,大成号设在西中市。

抗战期间,吴县丝业同业公会根据章程出台业规 13 条。业规决定每年新丝上市,由同业公会决定日期,各行一起开秤;每年小满日,同业拈香供祀先蚕圣母之神,并祭祀前辈;每年夏天,由同业集资修缮公所房屋,对公所器具杂物一一登记造册。当然,公所严格禁止私下交易,杜绝白拉,更不能私用乡客拉包收丝。对佣金也作了规定,统一为"五色",即每百元抽佣金五元,不得私自缩减,扰乱正常的交易。

丝行最大的对手是茧行,照理它们的关系就如丝业公所与云锦公所的关系,有了茧才有丝。问题在于茧行的茧都被远销海外,仅 1919 年,数千万包的干茧出口,致使丝价暴涨,影响到丝行生意和丝绸行业。因此,丝业公所和云锦公所多次与官方交涉,希望划分丝茧区域,限制茧行茧灶的设立。为各自利益博弈,丝行与茧行矛盾重重,先后出现了丝业公所与云锦公所联合状告钱镜秋茧行案、汪莲初违章收茧案等纠纷。

从清代的丝业公所到民国的丝业同业公会,它们出台章程、业规,加强行业管理,对稳定丝业市场、处理各方关系、维护合法权益起到了积极作用。

参考文献

曹喜琛,叶万忠.苏州丝绸档案汇编[M].南京:江苏古籍出版社,1995.

(作者:沈慧瑛　原载《档案与建设》2015 年第 2 期)

重视职工培训的苏州铁机丝织业公会

随着铁机丝织厂的诞生，苏州的丝织品从原来的"木工手织"慢慢转向铁机织物，至 1920 年上半年苏城内外拥有铁机丝织厂 10 家，共有机器 1000 多台，"进行之神速，出口之精良，实有一日千里之势"。面对这样喜人的局面，苏经纺织厂经理谢守祥、振亚织物公司经理陆季皋等人认为："欲求一业之发达，不有团体以联络之不足以奏功；出品之精良，不有多人以研究不足以见效"，故提出成立铁机厂同业公会。

江苏省实业厅审核了由苏州总商会转呈的铁机厂同业公会章程，逐条提出修改意见，并指出苏州铁机业公会名称不太确切（见图 2-9）。谢守祥、陆季皋根据省厅的要求，改名为苏州铁机丝织业公会，"丝织业"点明了所从事行业，"铁机"则说明了生产方式。他们明确公会成员为吴县境内华商所设各铁机厂的厂东或经理，职责主要包括研究铁机丝织方法、调查机械、兴利除弊、招收艺徒等几个方面。

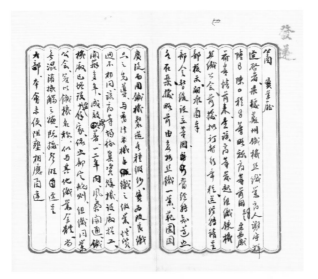

图 2-9　1920 年 10 月，苏州总商会为再请转呈实业部准予成立铁机丝织业公会致江苏省实业厅函

从地方商会到省实业厅，对组织铁机丝织业公会均无异议，但没想到的是最高业务主管部门——农商部提出异议，指出："苏州铁机丝织业仅属丝织同业之一部分，该业拟请单独组织公会，于该项同业全体难保不发生窒碍，且铁机厂现在仅有十家，更无设立公会之必要。"客观地讲，农商部的话不无道理，铁机丝织业与纱缎业生产的产品是一样的，区别在于生产方式不同，纱缎业沿用土法生产，而铁机丝织业则运用新式机器生产。当然，上级领导并没有把话说死，要求暂

缓设立,摸清情况。20 世纪初,由工业革命带来的先进生产设备无时无刻不冲击着中国的产业,谢守祥、陆季皋等无疑是苏州丝织业先吃螃蟹的人,较早在自己的厂内采用铁机生产丝织产品。他们一致认为:只要农商部提倡,商会大力引导,未来的丝织行业必然会转型升级,技术改良的同时,产品的质量与数量也会大幅度提高,新式铁机厂定会如雨后春笋不断涌现;按农工商部制定的规章,公会的成立不受同业的多寡限制,且公会只是同业中研究产品改良的机关而已。

  1920 年 10 月 3 日,苏州总商会再次致函江苏省实业厅,说明丝织业范围广泛,运用"铁机制造各种缎纱,实为改良织品之先导,与旧质木机手织之缎业性质迥不相同……冠以铁机名称,似与其他织业全体尚无混淆抵触之处"。既然负责地方商务的商会如此赞同此事,农工商部也无反对之必要了,因此同意备案,但对章程中涉及的董事数额、连任次数提出修改意见。翌年 1 月 10 日,铁机丝织业公会依法投票选举董事,又从董事中选举总董,谢守祥当选为总董,陆季皋当选为副董。1 月 16 日,苏州铁机丝织业公会各董正式就职任事,在祥符寺巷先机道院正式对外"营业",苏州的同业公会又多了一个"兄弟",而这个公会的设备比较先进与现代。

  与其他同业公会相比,铁机丝织业公会由于引进机器生产的缘故,因而对工人的技术要求颇高,比较重视对职工的培训。在 1920 年 6 月公会正式批准前,他们就制定了铁机丝织业公会甲种艺徒章程和乙种艺徒章程,各厂家免除学徒的学费、膳费等费用约 50 元,当然这世上没有免费的午餐,甲种、乙种艺徒学成之后要从其工资中扣除这笔费用。甲种、乙种两种艺徒的最大区别在于学历与年龄。要求甲种艺徒年龄在 16 岁以上 20 岁以下,"略识普通字目,并能解释浅近文学",且学徒期间每天要上课一小时,"藉以练习文字,灌输普通知识,渐次造就高尚人格"。而对乙种艺徒的要求相对低些,年龄在 20 岁以上 30 岁以下,能代作帮工,并无文化程度的要求,也不上文化课。相同的是,他们学艺期满后都要以不同的方式回报厂方与师傅,如甲种艺徒义务织 150 丈(全义务),领取三成工资,三成工资中又要拿出一半"酬谢工头教导之劳",再织 150 丈(半义务),工资依旧三成,但都归学徒本人。但是如果学徒期间半途而废或者服务期间转投他厂,则要交纳赔偿金;如果本人无力支付,则由保人赔偿。1926 年 1 月,苏州铁机丝织业公会在原来的基础上重新修订铁机丝织业公会艺徒章程,将甲种、乙种艺徒章程合二为一,且减轻了艺徒的义务。如甲种艺徒学成之后,"织练习货一百丈,给工资五成,以五成之内之一半,酬教练员教导之劳,再织一百丈仍给工资五成(统归学徒)"。减少义务、半义务织品的数量,而工资比以前有所增长,这极可能是铁机工人经常为提高待遇举行罢工的事件刺激了厂方,艺徒的工资因此水涨船高。章程中还规定艺徒织满 200 丈之后,须在本厂服务三年,也比原来的四年减少一年。修改后的艺徒章程,艺徒的待遇更好,换句话说资本家对艺徒的"剥削"减少了不少。服务期满,公会颁发毕业证书,以后无论进何厂工作,均享受甲等职工工资待遇。公会还制定了《苏州铁机丝织业公会织工暂行章程》,以取得毕业证书为标准,有证书者为甲等织工,无证书者为乙等织工。1927年1月,随着生产设备的更新与发展,公会又拟订《电织科织工章程草案》。

在铁机丝织业公会成立前夕,陆季皋与娄凤韶等组建的振亚织物公司也十分注重职工的培训,专门订立了《电织工场艺徒章程》,吸收身体健康、品行端正、年纪在16岁以上的青年人学习电织工艺,免费提供学膳费。当然,艺徒学成之后也须为振亚厂服务,如须半工义务织1000丈,完成任务后才拿全额工资。振亚为铁机丝织业公会提供借鉴,利用相对先进的机器生产的厂家对员工的训练是必不可少的。1933年前后,苏州拥有铁机丝织厂33家,振亚的规模最大,拥有机数50台,出货3500匹。至1940年11月30日,铁机丝织业同业公会因上级要求重新改组,此时会员已发展到99家。如果没有日本的侵略,苏州的铁机业发展会更好,但历史不以人的意志为转移。

(作者:沈慧瑛　原载《档案与建设》2015年第6期)

民国时期的当缎局

1911年,政局动荡波及苏州的各行各业,金融停滞,机织行业受损的现象尤为严重。为改变这一局面,维护社会稳定,苏州商会会同纱缎业成立质缎局,使机户们免于破产。之后时局多变,战火迭起,第一次世界大战、江浙战争、北伐战争相继爆发,人民饱经战乱之苦,工商界更是难以安宁。苏州纱缎业的行业组织云锦公所借鉴辛亥年的办法,一面将丝运沪抵押套现,一面组织当缎局,以此募集流动资金,缓解机工生计危机,维护行业的正常运转。

一

1914年,第一次世界大战爆发,各洋行停止交易,即使已签约的货物也不接受,以致丝厂难以为继,面临停工关厂的危机。本来中国生产的丝经销欧洲各国,尤以"法兰西为大宗",而苏州丝织染料行业也淘汰了土法,依赖国外的染料,以德国礼和等洋行经销的染料为大宗,但战争把人们的生活、生产秩序全部打乱了。苏州云锦公所向苏州商会的呈文中表达了对纱缎业现状的担忧:"纱缎织工人数殊众,即女工数亦近万,皆恃十指为生计,一旦停顿,在女流饥渴良用可怜,而织工聚哄尤属可虞。不幸战争延长,商力有限。钱业告匮之后,惟有各以存丝存货随时向中国、江苏银行抵现款",希望由政府出面让银行救市。但财政部的指示透出一股寒气,"中、交两银行款项往来应照营业通例办理,未便专为政府维持市面,致滋牵累"。吴县知事孙锡祺传达上峰的指示,要求纱缎业、典业"按照通例,向中、交两银行直接议商押借"。战争影响的不止苏州,影响的不止纱缎业和典业,苏城的商人们只能依靠自己渡过难关。

经过了近十年磕磕碰碰的时光,到1924年江浙战争爆发,苏州金融再次动荡,"各小户无款周转,致多数机工势将停歇,地方治安旦夕可危"。苏州纱缎商们将各庄现存之丝运往上海,"向各银行抵借现银,以应苏地急用"。苏州与上海两地的商会、税务公所进行沟通,双方约定苏商凭运丝护照将存丝运沪抵押,将来市场复苏之后,凭原照运回苏州。如果在上海销售掉,则要补纳捐税。上海商会会长虞洽卿致函苏州商会,转达了上海税务公所的要求:"该丝运沪时,须将丝庄牌号、包数、重量,函报敝所登记,日后运回苏州,仍须按批开报,以凭稽查。"

当大家眼巴巴等着免税护照发放之时,苏城税务公所表示他们并无权利签发免税护照,须得财政厅的同意才能生效,因此要求苏州商会一起向江苏财政厅请示,集双方之力办事,效果或许更好些。好在当局者通情达理,财政厅特事特办,兼顾商情与国税,约定以印花为凭,倘有短斤缺两,必须在原起运地点补交税银。公文之间的来来回回需要时日,而有的商人等不及免税护照,就在9月初将各庄存丝52包运往上海抵现,由施魁和向苏城税务所说明情况。到10月下旬,战事平和之际,云锦公所请求苏州商会向上海方面说明情况给予放行。

有丝的商号可以以丝抵现,暂缓困局,而无丝抵现者则束手无策。云锦公所想到辛亥年成立质缎局的做法,向苏州商会提出依照成例成立当缎局(与质缎局同一性质,质者即以物换钱之意),让机户们"以存缎抵现洋","以维敝业小户,藉济机工生机"。由于筹款有限,机工嗷嗷待哺,云锦公所不得不一边向政府请示备案给予保护,一边于阴历八月初十在其大本营祥符寺巷公所内先行开办当缎,随时筹款,源源接济,维护大局。苏州守备司令赵金诚命北区警察署派警察保护,并送布告一道,昭示大众,这意味着影响数万机工生计的危机以运丝抵沪取现和当缎的方式得以化解。

一

1927年3月北伐军抵达苏州,苏州各界热烈欢迎,但商界还是受到战事影响。云锦公所向苏州商会发出求救信,其言词与之前的颇为相似:"现因政局改革,军事方殷,商业停顿,敝业各小户无款周转,多数机工势将无法维持,影响地方治安。兹拟仿照辛亥(1911)、甲子(1914)两次办法。敬请贵会协筹款项,组设当缎局,以维敝业小户,藉机工生计。"云锦公所希望苏州商会出面邀请金融界人士,"筹借基金",一旦经费有了着落,当派代表出席会议,讨论办法,并承诺若有损失,由其承担全部责任。苏州市公安局局长陈复同意当缎局备案,并发给布告以示保护。正在苏城的北伐军国民革命军新编第十旅旅长张镇也表示支持,但要求云锦公所上报当缎局章程。

云锦公所制定了《试办当缎局简章》,共六条。首先向银钱业和各庄借钱,"以五万元为度,专备本业各户维持机工之用"。当货由同业各庄"验明正身",按缎货实值六成核定当价(如这匹缎值100元,只能当60元),然后封包盖章,填写介绍书,由介绍人担保到期取赎,手续齐全后"方可收当"。当货期以三个月为满,按月九厘计息,到期不赎,由介绍人"担赎"。在这个简章中说明如果遇到"兵火抢劫",当缎局不承担赔偿责任。由于经费有限,当缎局规定,每天只放 1000 元,各庄介绍当货每日以两匹为限。

与此同时,苏州铁机丝织业公会也因"运输停顿,经济告匮,原料难继,停业险状,危在眉睫"等理由,请求苏州商会向政府出面借公款 100 万元,"藉济眉急"。铁机丝织业公会从 5 月到 9 月一连写了数封信函,但杳无音讯,不是政府不肯伸出援手,而是无能为力。商人们在商言商,关注自身的发展与安危,而政府也有其为难之处。江苏省财政厅明确表示:"苏州铁机丝织业经济告匮一节,事关地方企业,亟宜设法救济,惟此时大军北伐,需饷孔殷,万无余款堪资拨助,仰即会商苏州总商会,就地设筹维持方法,并调查各厂创立时经济支配计划,及现在状况。"

工商两业就如一对双生子,商业繁荣必然使工业发达,而精美的产品也会推进商业的昌盛,工商业相互影响、相互促进。诚如云锦公所在年末给苏州商会的一份公函中所说的,20 世纪 20 年代中下期外有时局不靖,内有工潮不断,商业连年衰败,导致纱缎业难以为继。他们从几个方面分析:一是洋货充斥市场,外来之丝织、棉织、毛织、呢绒等织物因产品精美、价格低廉而受国人青睐。其中关税的作用最大,外商关税自由,可以加税拒华货,而中国是关税协定,不能加税拒洋货,曾经远销日、韩的苏州纱缎因税高而绝销。二是缺少安全保障,既有贪官污吏敲诈勒索,又有盗匪抢劫,再有工人恃众横行,稍有不顺,即罢工闹事。三是工价过高导致成本剧增,难以维持。除此之外,他们认为:"交通运输之险阻,金融周转之困难,伙友待遇之增高,印花杂税之苛扰,经此重重之打击,故敝业丁卯(1927)年终结算,无一家不亏折,多数意图停业,只因牵于对外之种种之关系,一时未决。"

三

其实除纱缎业外,苏州工商业也存在各种各样的问题,为此,苏州商会曾向省农工厅提出救济办法:维持实业、提倡国货、商业自由。他们首先提出关税自主,减轻国货税率,提高洋货税率。税率问题确实影响苏州产品出口,比如出口到日本、韩国的苏州纱缎产品分别加征 100%、50% 的税率,不平等条约致使帝国主义经济侵略变得明目张胆,中国只有任人宰割的份。五四运动以来,各界提倡国货的声音始终没有停止过,商界固然有维护自身利益的目的,但从国家利益的角度看,工商发达、人民富裕才是国家之幸。他们希望政府在全国范围倡导国货,"凡民众一切服饰,概须选用国货",特别是为官者更应以身作则,拒绝舶来品。对这个时期的工商业主来说,更头疼的是工潮迭起,资方管理难度陡增,商业自由从何谈起。掩卷深思,如果

图 2-10　1928 年 11 月，云锦公所为组设当缎局事致苏州总商会函

从理性的角度考虑问题，那么劳资双方属于相互依存的关系，双方应同心协力才能达到双赢，既提高劳工待遇，又保障资方利益，从而推进工商业进步。

北伐胜利，举国欢腾，然而国民政府百废待举，根本无暇顾及一个地方的一个行业，路还得靠自己走。1928 年临近年关之时，为了接济零星小户机工，避免停业，云锦公所第四次设立当缎局，由其向银钱业借款，设立章程，定期开办，主要收当小户缎货，帮助他们暂时渡过危机。（见图 2-10）

组织当缎局，毕竟只是临时的救济之法，不能从根本上解决问题。因此苏州铁机丝织公会和云锦公所联合要求工商部转请财政部拨款救济，并说"苏沪同属子民，谅不致于歧视"。他们提出这个申请貌似有点过分，又有点酸溜溜的味道。原来他们听说 1914 年和 1918 年，政府曾用公款接济上海丝厂。其实当年是由财政部担保，上海银钱两业借钱给丝厂，最后"由厂丝出口，每百斤附缴银三十两归还"。时任工商部部长孔祥熙明确表示："当此举国凋敝，上下交困之际，无论国库空虚，无从挹注，即向金融界商垫，亦恐不可复得，事实显然，无可掩讳。"向政府借款不成，他们又提出暂定免税年限、暂免原料之内地各税、规定以丝织品为国人服饰等意见，但都被工商部否决。

直至 1930 年，蒋介石下令调查各业失业问题及救济情况，云锦公所陈述了纱缎业衰落的现状及请求救济的方法，提出了增加丝茧原料、创办人造丝工厂、免征国货出口关税、加征洋货进口关税、免征各省重复捐税、全国官民统一"服用国货"等办法。然而九一八事变、一·二八事变相继发生，政府救市还没开展，政商两界又被战事拖累。1933 年，纱缎业公会(云锦公所更名)在给苏州商会的信中表示："公会能力益见薄弱，实无再行设立当缎局可能"，而此时同业资金周转比以前更加困难，希望"国货银行，轻其利息，尽量抵押，以资流通"。

从 1911 年辛亥革命爆发到 1928 年，云锦公所依靠苏州商会的支持和银钱业公会的相助,四次成立当缎局,自我输血,自我救赎。尽管当缎局的成立不能解决根本问题,但在战争频仍、危机四伏的时代,对维护苏州地方秩序、稳定机工的生活与生产发挥了积极的作用。随着抗战的爆发、铁机丝织业的发达,纱缎业日渐式微,但它曾在很长一段历史时期内谱写了苏州丝织业历史上最华美绚烂的篇章。

参考文献

[1] 曹喜琛,叶万忠.苏州丝绸档案汇编[M].南京:江苏古籍出版社,1995.

[2] 马鸣,祖苏,肖芃.苏州商会档案丛编(第二辑)[M].武汉:华中师范大学出版社,2012.

[3] 马鸣,祖苏.苏州商会档案丛编(第三辑)[M].武汉:华中师范大学出版社,2009.

(作者:沈慧瑛　原载《档案与建设》2015 年第 3 期)

民国年间江苏省丝茧区域划分之争

宣统元年(1909)十二月十七日,农工商部上奏,打算次年开始执行农、工、商三个方面的改良,而调查外洋丝市及改良、振兴中国丝业是其重点。次年二月二十六日,又向宣统皇帝呈上"预筹次年农工商政实行办法折",农业方面主要整顿丝、茶、棉,其计划远至十年。丝茶向来是我国出口大宗,也是江浙两省地方的主要生计。江苏省咨议局积极响应朝廷号召,提出了整顿全省蚕桑事业规划,然而还未付诸行动,武昌起义就敲响了大清王朝的丧钟。丝业的问题并没有因为朝代的更替而消亡,茧业与丝业、绸缎业两业之间的矛盾依然激烈,引起了江苏省政商两界有关丝茧区域划分、限设茧行的讨论与争执。

—

南京作为清代织造府所在地之一,是生产绸缎的主要基地之一。由于江苏省土丝产量有限,而浙江海宁一带土丝细洁,最适合绸缎经丝之用,因此南京的绸缎商们向来到海宁一带购丝。然而自1913年九、十月间,丝价狂涨,绸缎业的成本随之增长,损失惨重。南京丝业公所通过调查发现,原来海宁城西按规定设有茧行四家,近期增至八家,且在各乡分设支行,派人下乡收茧,致使原来丝行无茧可收可缫,价格上扬。丝业公所将浙江出台的《各属商民呈请开设茧行应遵守条例》《各属旧有茧行应遵守条例》《查验茧灶条例》等一并呈送江苏民政长韩国钧,要求当局出面与浙江沟通,令其遵守条例,限制茧行增设,确保丝行利益,从而保障南京方面绸缎商原材料的需求。

南京出现丝荒,苏州也同样缺少土丝。苏州素有丝绸之府的美誉,生产的精美绫罗绸缎销往全国各地,无疑是用丝大户。19世纪末,苏州的绸缎商们主要向吴县和无锡的荡口、梅村等地收购原料,每年用丝达16000余包,而无锡提供12000包。之后无锡茧行林立,"寸丝不出",苏州商人们改赴浙江采丝。丝绸行业是苏州的传统产业,女工丝绣、男工织染,数万人"无一不依赖丝缎,几占全城生计十之六七"。

进入民国后,茧行的兴盛进一步导致丝行的萎缩,严重影响了绸缎商们的生意。苏州、南京如此,浙江也出现同样的情况,所以率先出台了取消茧行条例。由茧到丝,再到绸缎织品,犹如一个食物链,茧业与丝业、绸缎业原是紧密相关的行业,唇齿相依。从理论上讲,有了茧行才有丝行,最后才有绸缎业,反之,没有绸缎业,也就没有茧行、丝行存在的必要。实际上,茧行的存在严重威胁着丝行的利益,影响到绸缎业的生意,只因茧行并不与丝行交易。丝绸作为苏省资本雄厚的行业,历经变乱的影响,"既存消极之心,原料不求多数,出品仅堪敷衍,洋商乘此时机,到处设庄,吸收产茧,于是丝价低,茧价昂,丝之供给机织日益少,茧之输出外国日益多"。换句话说,茧行的茧基本上卖给洋商,导致土丝匮乏,于是就出现丝业与绸缎业联手要求划分丝茧区域的呼声。

韩国钧鉴于省内绸缎与丝业两界的实际情况,要求苏州商会参照浙江省《取缔茧行条例》,"筹议截留原料办法"。1914 年 4 月 25 日,云锦公所、丝业公所联名向苏州商会上书,要求江苏省制定丝茧区域划分条例,提出"吴县境内除东山、西山各茧行成立较久,准即划入茧区之内,此外浦庄、横泾、胥口、木渎、向街以及荡口、梅村等处所出之丝,向来均为缎机用丝,机织营生较多,似应划入缫丝区域,原有茧行应令饬迁让"。因为荡口、梅村是传统的产丝区,且紧邻苏州,所以划为缫丝区域;鉴于无锡丝商早已消亡,建议将其划为"茧业区域",但条件是开设的茧行须离吴县十里之距。云锦公所、丝业公所还未等到回音,又呈上《苏城茧盛丝绝实在理由书》,进一步说明划分的理由及丝绸商们不得已的苦衷。经过多次研究与讨论,丝业与绸缎业的意见获得吴县县政府的初步肯定。吴县县政府反复征求意见,制定《划分丝茧区域办法十二条》,主要内容如下:首先,规定区域划分,除东山、西山三个乡为茧区外,其余均为丝区。其次,丝区内不得开设茧行,也不准丝商私自收茧贩运,出口图利。再次,规定每年新茧上市前夕,丝、茧公所核定价格,呈报政府,"以防抑勒之弊"。第四,准许旧茧行在规定区域内开设,但须在新茧上市两个月前由商会出具保证书以示保护,并不得另外开设分行,并报明灶数,不得私自增加;如果茧区内要增加茧行,须商会取具保证书报县。第五,禁止白拉(称私下交易丝以逃避税收的人)小贩私自在两区域内揽收鲜茧。第六,区域划分以三年为限,三年内丝区不得设立茧行,原来在丝区登记的茧行须迁出,执照仍然有用。第七,要求丝区内的丝缎业创办手工缫丝厂,改良生丝,维护蚕户的生计。

吴县县政府拟定的《划分丝茧区域办法十二条》经上报江苏巡按使(1914 年 5 月,民政长改为巡按使;1916 年 7 月,又改称省长)韩国钧,基本得到认可。同年 11 月,根据各县汇报的情况,韩国钧呈文农商部,说南京产绸最多,除江宁禄口镇为茧区外,其余江宁、溧水、高淳、句容四县全境均为丝区,吴江除北坼、南坼等四个地方定为茧区外,震泽、盛泽、横扇等八镇为丝区,丹徒全境为丝区;吴县除东、西山外全为丝区,"以明年为始,丝区内所有茧行,饬迁茧区,不另纳捐领照……丝区内三年以内停给茧行登录,一面饬令丝商广设手工缫丝厂,并预防把持丝市,抑勒价格,于补救丝业中之中,仍寄提倡育蚕之意"。(见图2-11)江苏省呈报农商部的《划分丝茧区域办法十二条》基本上照搬照抄吴县县政府的办法,对文字表述稍作调整,没有增加新内容。

图2-11　江苏巡按使韩国钧为拟划定丝茧区域办法致农商部呈

农商部接到江苏省的《划分丝茧区域办法十二条》后,逐条审核,提出四个方面的问题。一是针对"丝区内不得开设茧行",农商部认为一旦划分丝茧区域,茧价一涨,那么人们就到茧区售茧,而不愿在丝区育蚕。二是针对"原有茧行如划在丝区内者,应即迁入茧区营业"一条,认为只针对茧行,而没有说明在茧区的丝厂该如何搬迁的问题,以及额外的搬迁费用由谁承担。三是针对由省巡按使公署核定丝、茧价格的问题,认为茧丝每年有丰歉,洋商购买多少无定数,因此对出口茧价、厂丝茧价及土丝茧价难以统一。四是针对禁止丝商私自"收烘(茧)、贩运出口图利"的条款,指出丝商收茧缫丝是其分内之事,丝商们"直接收茧缫丝,尚不能获利,况且接收茧加以缫丝诸费,所得几何?"农商部原则上同意了江苏省的丝茧区域划分的办法,但要求江苏巡按使召集各县针对问题进行调查,完善办法。当局也认识到"以理论言,营业贵乎自然,不当以官厅权力为之束缚;以事实言,绸业既不能改用厂缫,若非丝茧分区,截留鲜茧,必致土缫日少,将使绸业无立足之地"。确实,市场自然有其规律,官方不应过多干预,但政府也难以违拗丝业、绸业商人们的请求。

二

茧行与丝行、绸缎业的矛盾固然是货源供给的问题,然而更多的还在于人们知识局限,不能接受厂丝(即用机器所缫丝)作为绸缎织品原料,且因厂丝出现造经"性质脆弱,不能适用"等毛病,致使绸缎商们依旧偏爱土法所缫之丝。吴县、吴江两县接到省巡按使转发农商部的意见后,立即召集两县的商会、省立第二工业专科学校校长刘勋麟等相关人士一起商讨修改办法。江苏省拟订的《划分丝茧区域办法十二条》脱胎于吴县县政府,代表苏州丝业公所和云锦公所的意见,也代表了南京、苏州两地商会及丝绸业的意愿,但并未获得农商部批准。矛盾的产生归根到底是利益不能平衡所致,而与丝业、绸缎业相较量的另一方江浙皖丝茧总公所,对划分丝茧区域的做法表示强烈的反对。

江浙皖丝茧总公所总理沈铺,协理黄晋绅,议董张守业、顾寿岳等九人联名上书江苏巡按使齐耀琳,认为世界各国在中国争权夺利,无非是推广其本土产品,而中国贫困之极,非但不向外推广土货,反而将已有出口规模与影响的丝茧划分区域,一味"循绸商之请,希图抑制茧商",这种做法于"法律、外交、商业、民情均多妨碍"。他们认为,近十年来,由于进口多于出口,现银流入海外,国力愈弱。政府于上年冬天派员南下考察,要求各地推广土货,进口求少,出口求多,"先塞漏卮,然后可定金银之本位,保持国货之畅通。国家免增债之虞,即商民无竭蹶之患"。江浙皖丝茧总公所以日本为例,认为日本大兴工厂,专事出口生意,老百姓生活俭朴,因此经济形势日益好转。而我国崇尚奢华,花缎每尺贵至洋银两元,照样趋之若鹜,以致绸商互相竞争。中国每年出口丝不到三万担,而国内需要十五万担以上,如此国内丝价贵于出口价。沈铺们指出如果政府纵容奢靡之风,那么集全国之丝也难以满足绸缎产业之需。他们从维护国家利益的高度出发,抨击绸缎是奢侈之品,并非生活必需品,可有可无,而"出口之丝,换回外国之金银,抵制进口之洋货。多一分国内之绸缎,少一分出口之厂丝,孰利孰害,尽人皆知"。经过调查,他们发现浙江省的宁绸、苏州的花缎,江宁、镇江的线绉,湖州、盛泽的花绉及近几年江浙一带新出产的纶华缎、线底缎、月华缎、锦上花之类的生产数量已超过之前数倍,故而驳斥绸缎商们说无立足之地是谎言。

江浙皖丝茧总公所先以出口丝茧挣外汇的角度反对划分丝茧区域,继以会影响国际交涉为由希望政府维持原状。自《马关条约》签订 30 多年以来,内地茧行与洋商交易颇多,往往由对方出资购置烘灶器具,焙干后运沪,生产厂丝。一旦划分丝茧区域,势必影响原有的平衡,打破原有的利益关系,包括与外商的合同等等。他们针对江苏省初定的《划分丝茧区域办法十二条》,从民情、外交、商情、法律四个方面提出反对理由。

1. 不合民情,有碍生计。按照《划分丝茧区域办法十二条》第五条规定:"原有茧行如划在丝区内者,应即迁入茧区营业",那么设为丝区乡镇所产的茧要运销到设为茧区的乡镇,如果不卖则要缫丝,而缫丝又妨碍农业。因此沈铺他们认为名为取缔茧行,实则强迫乡民少养蚕,"少养则抛弃天然地理之利益",减少人民生计利益,一旦执行丝茧区域划分，于民情极为不利。

2. 不合外交，易生纠葛。自从允许洋商进入内地经商后，茧行往往与洋商签订合同后才开设，买卖双方各贴佣金三分作为开办费用，由于鲜茧容易出蛹，其烘灶器具或由茧行主自备，或由买客置办，双方订立合同长则二十年，短则三五年。而今限制茧行或令丝区茧行外迁，都会造成华商毁约，导致外交纠葛。

3. 不合商情，无所适从。根据调查，无锡、溧阳、金坛、宜兴等地业丝者不知凡几。一旦划入茧区，令乡民改缫丝为售茧，这种做法不符合商情，也不利于商业的发展，更使蚕农们无所适从。

4. 不合法律，令人心寒。江浙僻远之地和安徽、江西等地气候适宜种桑养蚕，本拟推广，如果也像当前江浙那样取缔茧行，那么就无从改良蚕桑，令茧商们心寒，更有违法律上有关营业自由的精神。丝、茧业均为正当行业，应受国家同等之保护，政府不应有所偏颇。

江浙皖丝茧总公所最后表示："丝、茧商业实为开辟利源出口大宗，借以抵制洋货，目今设法推广尚恐不及，讵可稍事摧残？"同时他们考虑到绸缎商们担心茧行无限扩张影响其生产经营，表示已有之茧行难以迁往他处，未开设之茧行可以另外商议妥善之法。

三

从 1914 年至 1920 年，丝茧区域划分的争论始终没有停止。江浙皖丝茧总公所与丝业、缎业从各自的立场与利益陈述自己的诉求，而政府部门居于其间，一时难以决断，因而出现摇摆，时禁时弛。纱缎业杭禄记等对农商部提出的四个方面的意见也逐一反驳，认为近几年来由于洋货充斥，国货滞销，故而为保全土产、维持国货起见，理应限制茧行，否则丝、绸两业均遭绝灭之灾。中华国货维持会、江浙丝绸机织联合会、苏州与南京商会及丝业公所、云锦公所纷纷发表意见，从挽救国货的高度，继以因缺少土丝将引发产业工人罢工和社会治安为由，极力主张划分丝茧区域，限制茧行，推广丝区，保障绸缎行业的原料供应。

浙江省原来以五十里为限设一所茧行，由于江浙皖茧商们的反对，于 1915 年改为二十里设一茧行。到 1919 年，浙江省取消二十里限制的规定，全面开放茧行。1919 年 12 月 23 日，苏州云锦公所呈文给苏州商会，请求对方的支持，并告知商会业已联合浙江丝绸业代表，要求谒见浙江省省长，暂缓执行开放茧行的新方案，恢复五十里限制茧行的规定。同时鉴于当年丝茧区域划分五年期限即将到期，云锦公所要求将已划入茧区的无锡荡口、梅村，重新划归丝区，以备苏州绸缎商们半年的用丝之需。第二年 2 月，丝业代表邹宗淇等人又提出苏州境内六县定为"特别丝区"，改变东、西山丝茧各半的现状，让茧行全部迁出。

浙江方面的绍兴、吴兴、双林、南浔、硖石等地商会，旧杭、嘉、湖、绍等属丝绸机织各业均以"茧行吸收丝织原料过多，有碍各地丝绸营业与机户生计"为由，向浙江省、农商部提出意见。浙江省向各县及南京、苏州方面征求意见，绝大多数人要求继续维护原有的丝茧划分区域，保障江浙两省绸缎业的原料供给。江苏省的丝绸业建议将南京、镇江、苏州、常州四府定为完全丝区，辖区内的茧行全部迁到四府之外。这个想法并未得到江苏省政府的同意，当局只同意原定江宁等六县作为丝区酌量推广，限制各县茧行的设立，同时劝农增植桑树，提倡改良育蚕及缫丝方法，保证丝、茧两业的利益。江省财政厅厅长胡翔林、实业厅厅长张轶欧受命调查丝茧区域划分之争，他们以日本丝、茧两业同步发展为例，希望江苏省丝绸两业与茧业同步发展，酌量限制茧行扩张，并于省议会常会或临时会时公决。

参考资料

曹喜琛，叶万忠. 苏州丝绸档案资料汇编[M]. 南京：江苏古籍出版社，1995.

（作者：蓝无瑕　原载《档案与建设》2015 年第 11 期）

度量衡差异引发的浙丝"偷税案"

江浙两省素来唇齿相依,同为丝绸生产的大省,素来和睦共处,文化交流、经济往来十分密切。1916 年,江浙丝绸机织联合会成立,杭绸商人们在苏州建立钱江会馆,江苏包括苏州生产丝织品所用生丝也部分依赖浙江。清朝在江宁、苏州、杭州设立的三个织造府也显示了江浙两省的独特地位与三座城市的共性。然而宣统三年(1911),发生了浙江硖石生丝运到南京途中被苏州扣留的事件,此案惊动两江总督和江苏、浙江两省高官,历时三个月才作了断。

宣统三年五月二十一日,浙江硖石出产的 540 余包丝通过水路运到苏州,从船上卸下货物,运到火车站,准备通过火车转运到南京和镇江。这批货物由浙江方面出具了运丝护照,已通过层层关卡,从理论上讲属于"免检产品"。孰料这批浙丝在铁路稽查委员会复称时,出了"纰漏",竟多出 3800 斤,与护照上所写的 45174 斤相差甚远,显然有"偷税漏税"之嫌,苏州方面遂扣押了货物及运丝护照。这下可急坏了浙江与江苏两地的商人,南京的丝商们急忙拍电报给硖石丝业公所,请求他们出面协调。

时任硖石商务分会总理的是徐申如(1872—1944),为徐志摩之父,名光溥,谱名义斌,字申如,号曾荫,以字行,硖石人。他是清末民初实业家,先后任硖石商会总理、会长、主席近 20 年。曾兴办实业,热心地方公益事业,蜚声浙江。五月二十三日,徐申如接到丝业公所的求救报告后,立即致牒苏州商务总会,恳请他们向江苏巡抚、布政使等地方长官说明情况。在这封求助公函中,他们解释浙江丝业公所沿用十七两六钱公秤,即十七两六钱一斤,"所有绳索包皮,每丝一包,均扣六觔(斤),迄今垂数十年,风俗习惯,从无错误"。据说此法始于同治年间,乃左宗棠所定。第二天,硖石商务分会再次致函江苏巡抚、布政使衙门及苏州商务总会,陈述这些丝是江宁缎商耗资数十万赴硖石所购,"硖镇捐局早已逐包秤验,封贴印花",才发放运丝护照,因此并无"弊窦",更不会故意偷税漏税。江宁缎商们也向苏州商会表示"商等至浙买丝数十年,遵照浙江公秤十七两六钱,从无错误,此次忽被扣,资本数十万,阻隔中途,群情惶骇,恳请转禀藩司,速赐放行"。

当时江苏境内所用秤名叫司马秤,十六两八钱为一斤,两种不同的度量衡导致每斤相差八钱,总数差了近 4000 斤,苏州方面要丝商们补缴捐税。在商言商,苏州商务总会从维护商界利益的角度,与苏州布政使陆申甫、度支公所交涉,但陆申甫的答复令苏州商务总会十分尴尬。原来陆申甫特地向浙江布政使询问浙省的度量衡,对方电复:"丝捐秤库平十六两八钱为一觔,习惯十七两六钱",因此陆申甫认为苏、浙捐秤相同,硖石商人私下沿用旧例,"安能作准,历来经过各卡,往往因免验货物,并不覆秤,被其隐漏,不知凡几。今即查出,不得不将溢丝补捐加罚示惩。若再含糊验放,则苏丝官秤亦因高下,实于两省厘务有碍"。于公而言,苏州一直是纳税大户,官员们自然不会放过收税的机会。从这个案例中可以看出,浙商们没有遵守统一的度量衡而引出麻烦,毕竟按照旧例,商人们可以少交税,主客观上都有"避税"之嫌。苏州布政使并不给浙江布政使面子,以同样的理由回复,要求铁路厘局转告丝商,一旦缴清捐罚,即日放行。

由于这批丝是江宁缎商们采购,因此江宁商务总会于五月二十九日召开紧急会议,会上决定由江宁商务总会向苏州布政使沟通,由江宁劝业道请示江苏巡抚,同时照会苏州商务总会:"刻下缎业正值新陈不接之时,机匠停工日久,立盼新丝运到,始有工作。今忽无故被留,当此米珠薪桂,数十万工人,徒手坐食,岌岌可危。且资本数十万之巨,阴雨霉烂,大大堪虞。设有损失,谁能当此重咎。外关大局,内关商本,实属可虑。"江宁商务总会的这篇照会动之以情,晓之以理,并派出缎商张子林为代表到苏州谈判。浙江的徐申如也连连向杭州商务总会告急,声称:"现在宁工停半,硖市解散,商情惶急……速赐验收,以安商业。"杭州商务总会同样照会苏州商务总会,认为浙江的商人向以十七两六钱为单位运货到上海到苏州,之前从未罚捐,而现在运到南京就要受罚,是"政之不平甚矣"。

这边两地的商会及商人们心急如焚,而那边江苏巡抚程德全与陆申甫等官府中人都很固执,立场一致,全然不顾两江总督张人杰、浙江巡抚增韫的照呼,更不要说杭州、江宁、苏州商会的意见了,他们依然态度强硬,表示要坚决惩罚浙商的"偷税漏税"行为。无奈之下,江宁商务总会联合上海、杭州、苏州三地商会,联名向大清商部反映,毕竟拖延一天,缎商们就会损失,影响生产、延误工期、影响商家声誉等问题必然会出现。与此同时镇江商务分会也向苏州方面反映情况,说在这批被押浙丝中有 4 包是镇江丝绸行的,这也是镇江向硖石定的第一批货,而且还有第二批 29 包,他们进一步说明:"此项丝货专为摇经之用,车工、机工纷纷延盼。际此米珠薪桂,物力维艰,设不急放行,致生他变,则宁省之受亏固巨,即镇地之受累,抑亦无穷也。"

两地政界、商界多方周旋的结果是,陆申甫网开一面,同意"补捐免罚",大约 300 大洋。事情到此似乎结束了,但江宁商务总会认为,应派人先领回货物,再补捐税,且涉及这笔钱由谁负担。他们在给苏州商会的函中明确表示:"至应否补捐,俟

苏浙两省长官查明，此项丝秤究系误在何处？如与宁商无涉，自应免议；若误在宁商，则补捐之数即由敝会担其责任。"江宁方面派出缎业、丝业两业代表到苏州，准备领回被扣浙丝。苏州官方坚持先补捐再放货，权衡再三，江宁商务总会考虑到这些丝堆积车栈已近月，经逢雨季，极易发生霉变，且"领丝商人又一百数十人团聚在苏，若不委曲求全，必致酿成大事"，因此还是先补捐了断此事。(见图2-12)

图 2-12　江宁商务总会致苏州商务总会移文

确如商人们所担心的，领回的丝件中发现有"霉损之件"，缎商们继续上诉，意欲讨回公道。或许是信息的不对称，或许是不甘心补捐，七月五日，浙江布政使吴引孙再次致电陆申甫："浙丝捐秤以库平十七两六钱为一斤，系数十年来官厅认可之事，并非商人蒙蔽，贵省若遽捐罚，敝省实无以对商人。"考虑到与近邻浙江的关系，两江总督张人俊作为最高首长，不得不出面说情，认为江苏巡抚、布政使对厘卡官员的话不可全信，而且浙江官方也说明了丝商们出于习惯，因此致电程德全："将丝包另行验放。如有弊混确据，该商等自有身家，不患无从根究，雪翁以为如何？"话说到这个份上，江苏巡抚不得不放。

浙丝运宁被扣案因度量衡之不同，在商界、政局引起轩然大波，不仅引起江宁、杭州、苏州商务总会和硖石分会、丝业公所等商界组织的高度关注，更惊动到两江总督、江苏巡抚、浙江巡抚和两省布政使，但苏州方面的强硬态度也是出乎意外的。不管如何，仅凭浙江方面反馈的信息，官方已统一度量衡，只是商人们依旧沿用同治初年左宗棠定下的商秤，由此可以推断，商人们或许是习惯使然，或许是出于少缴捐税的目的。这个案件告诉人们，在面对新的变化之时一定要打破固有的习惯，只有遵守新规章才能避免不必要的矛盾，地方保护只能得逞一时，侥幸也属于偶然。

参考文献

曹喜琛，叶万忠. 苏州丝绸档案汇编[M]. 南京：江苏古籍出版社，1995.

(作者：蓝无瑕　原载《档案与建设》2015 年第 7 期)

日伪统治下苏州丝织工人的斗争

苏州市工商档案管理中心最新出版的《丝绸艺术赏析》(见图 2-13)一书中,收录了一幅珍贵的黑色真丝缎匹头料,头料上用多色人造丝织出了带有明显爱国情感的 "中华第一爱国织绸纯绒纱缎本厂"字样(见图 2-14)。厂家打出"第一爱国"这样带有强烈宣传作用的口号,无疑反映了当时丝绸人爱国爱丝绸的深厚情结。时值中国人民抗日战争暨世界反法西斯战争胜利 70 周年,这也不由使人产生联想:在那样一个时局动荡的年代,丝织业经营陷入困境,生活陷于绝境边缘的丝织工人又是如何在日伪政府统治下,同日军、资本家作斗争,为抗战的胜利付出自己那份微薄而艰辛的努力的?

图 2-13 《丝绸艺术赏析》

图 2-14 中华第一爱国
织绸纯绒纱缎本厂

罢工中的成长

    1937 年,日军发动"七七"事变,抗日战争全面爆发。1937 年 11 月,日军占领苏州,给这座静雅安谧的城市带来了巨大的灾难。日本实行"以华制华""以战养战"方针,在低价收购茧、丝运往日本后,又将成品返销中国。日伪统治下,物价飞涨、严重缺电,苏州织绸厂的维系日趋困难,资本家将损失转嫁到丝织工人身上,工人工资只降不增,且常常不能按时发放,导致丝织工人生活难以为继,劳资双方关系紧张,矛盾一触即发。

    当时有一家名为鸿华的绸厂,厂内工人工资一贯低于别厂,且到了发工资的时候资方总要借故拖延几天,每到淡季还会把卖不出去的被面等产品硬性折价给工人,使得工人每月到手工资大打折扣。在这样的情况下,鸿华厂工人代表顾福宝经常同资方说理谈判,为工人们争取利益。然而他这样的举动使资方心生不满,伺机报复。当时苏州日本宪兵队所属的"宪特工"特务组织负责人祝德昌知道了鸿华厂资方的打算,二者一拍即合,当即决定联手镇压工人运动。

    1941 年 8 月,祝德昌带人在鸿华厂车间逮捕了顾福宝。工人们听说顾福宝被捕,立即向资本家要求放人,同时工人代表联络各厂,呼吁全市丝织工人给予援助。各厂工人代表很快集合在一起,开会商量对策,最终决定从会议次日中午起举行全行业大罢工,2000 余名丝织工人都到皮市街鸿华厂示威。工人们临时推选汪荣生、戈寿福等 8 人为工人代表,和资方进行谈判。汪荣生出生于苏州唯亭一农户家中,靠在绸厂做工为生,抗战开始后曾参与、领导数次工人罢工斗争。在总结了多次工人运动的经验教训后,他逐渐明白,对于资本家勾结日伪军开除、逮捕工人代表这类事件,单单少数人反抗是没有用的,必须打破工人一盘散沙的现状,团结起来,有自己的组织才能赢得胜利,为工人争取权益。因此,在谈判中,他和其他几位工人代表提出了三项条件:立即释放鸿华厂工人代表顾福宝,按物价、米价上涨比例增加工资,由在业工人来改组"吴县丝织业产业工会"。

    工人全行业罢工的行为有力地震慑了鸿华厂的资方,尽管资方有日伪特务的支持与协助,但为形势所迫,最终只得无奈同意了这三条要求。此次罢工斗争取得了最终的胜利,日伪特务同资方相勾结企图压制工人的阴谋被粉碎,丝织业工人在罢工斗争中也越发团结。

    这一次的罢工斗争是丝织工人对资本家与日伪特务相勾结镇压工人运动的反抗,较之以往单纯为争取某项经济利益而进行的罢工更能使工人们团结起来。同时他们还争取到了在业工人参加工会的权利。在业工人的参与,给工会注入了新的战斗力,这为后来苏州丝织工人运动的继续发展奠定了组织基础,有着重要意义。

高压下的团结

1942 年 2 月 1 日,由在业工人代表推选,吴县丝织业产业工会正式成立,自此在沦陷区有了"合法"的工会组织。工会组成后,着手的第一件事就是研究探讨如何在物价不断上涨的情况下保障工人的基本收入。经萧家巷汪伪机关江苏省社会运动指导委员会调解,吴县丝织业产业工会与铁机丝织业同业公会签订了依中次米平均价计算工资的劳资协约,并在该协约基础上,签订了以米价涨落满十元增减生活补贴成数的协约,工人的生活水平因此得到了保证。

1942 年 4 月 19 日,吴县丝织业产业工会经会员代表大会决议,征收会员特别费每人国币 3 元,共筹得国币 5832 元,向纱缎庄业工会按价赎回了霞章公所,作为丝织业工会的固定会所。霞章公所建成于清宣统元年(1909),是丝织工人祭祀发明蚕丝的嫘祖和丝织工人聚会的地方。1939 年,因经费不继,被前经手人抵押给了纱缎业同业公会。霞章公所的赎回,得益于吴县丝织业产业工会全体会员力量的凝聚,也是丝织工人团结的证明。

1943 年,在日伪统治下,粮价飞涨又严重缺电,由于供电跟不上,因此许多工厂每天开工连 3 个小时都不到。工厂资方们又乘机抽调资金大做投机生意,使生产更加难以维系。丝织业产业工会向资方同业公会提出 20 条合理建议,以求改善工人待遇,却遭到了拒绝。为了在这样艰苦的环境下生存下去,数家绸厂的丝织工人进行了罢工斗争。

8 月中旬的一天,受到工厂资方重金贿赂的"清乡党务办事处民众运动委员会"负责人、汪伪汉奸史训迁召开了劳资协商调解会,汪荣生、陆根泉率领工人代表 30 余人参加,准备谈判。然而抱持诚意而来的众人万万没想到等待他们的居然是敌人的阴谋诡计。众人刚进会场,史训迁就以陆根泉煽动工人罢工、破坏社会秩序为名,将其押进了警卫室。汪荣生一看到此景,哪还有不明白的,当机立断表示:"我们都是工人代表,要关一起关",随后也跟着冲进警卫室。史训迁本想将二人分开以使谈判更加顺利,未曾想到会弄巧成拙,失了谈判主动权,只好将二人都放了出来。他恼羞成怒,各打了汪荣生和陆根泉一记耳光。汪荣生当即表示:"我们是丝织工人的代表,你打我们就是打了全体工人。"在这样谈无可谈的情况下,他带领其余工人退出了会场。

工人代表被关被打的消息传到各厂,丝织工人群情激愤,纷纷要求开展全苏州丝织工人总罢工。在产业工会的周密规划下,各厂工人纷纷响应,全城丝织工人一

并停工,引起了社会震动。同业公会资方代表眼看事情闹到无法收拾的地步,只能到丝织产业工会要求恢复协商,最终答应了产业工会提出的厂方增加生活补贴以及史训迁公开道歉的要求。这是日伪时期苏州丝织工人斗争取得的一次重大胜利。

当时在丝织业工会所办的丝织合作社工作的苏州中共地下党员沈默,于工会年报"编后感"中写道:"生活的高压,使我们只觉得沉重得透不过气来。但无情的岁月,在风雨动荡的时代里照样推动它的巨轮,似飞般地向前驰去……事实告诉我们,在这多难之秋,一个团体的存在,果然是必要,同时,尤须对会员加倍培植,以自己的信仰、爱戴,我们唯一的保障我们的工会,然后才谈得到其他的一切。"

绝食中的抗争

作为苏州"四大绸厂"之一,拥有悠久历史的百年老厂——苏州东吴丝织厂在那个特殊的时期也充斥着矛盾与斗争。1944年10月,苏州东吴丝织厂资方乘物价不稳大做投机买卖,对工厂的经营十分懈怠,更借口煤炭严重短缺、电力无法供应,要解雇18名工人,并且只允诺男工发解雇费一石八斗米,女工还要打对折,对工人代表的再三交涉均置之不理。解雇费对工人来说就是卖命钱,即便刨除其余花费,一个5口之家每月也需消耗大米一石二斗,一石八斗米只够他们维持一个多月。东吴厂资方这样的做法不仅损害了这18个工人的利益,也直接关系到全市丝织工人的命运,工人们意识到绝不能开此先例。但当时工厂早已停工,罢工已经不可能,大家就一致同意进行绝食斗争,迫使资方增加解雇费,不达目的誓不罢休。

其他绸厂的工人听到这个消息后,马上到各厂发动工人,派代表来慰问,支援他们的绝食斗争。产业工会召开了各厂工人代表会议,有的准备罢工,有的也进行绝食斗争,并决定发动全市丝织工人总罢工,来支援东吴厂工人的绝食斗争。

在持续了三天两夜的绝食斗争中,18人未有一人退缩、动摇,即便是伪省政府社会科的顾新石来劝说和威胁,他们也忍着饥饿,仍然坚持着,并且在斗争中越发团结。到后来,很多人已躺在地上无力讲话,都还在相互鼓励,与资方斗争的决心始终鼓舞着大家。

由于18个人的紧密团结以及全市丝织工人的鼎力支持,同业公会的资方们看到了工人们的决心,为使事态不致进一步闹大,一致建议东吴厂资方答应增加解雇费。工人们的努力终于迫使资方让步,在第二天付给挡车工每人三石米解雇费,帮机工打七五折,准备女工打对折。工人们又一次取得了胜利。

中国人民抗日战争是中国人民抵抗日本帝国主义侵略的正义战争,它使中华民族的觉醒和团结达到了前所未有的高度,它令人扼腕,也发人深思。抗日战争的胜利,成为中华民族走向振兴的重大转折点。苏州丝织工人在抗日战争的漫长岁月中,经受住了各种严峻的考验,表现出了坚韧顽强的革命精神,他们密切团结在一起,共同克服了种种困难,为争取我国民族独立和解放事业的胜利做出了一定的贡献。

在现今的和平年代,我们纪念抗日战争的胜利,不仅仅是为了铭记历史、缅怀昔日胜利的荣光,更是为了重述那份不堪回首的痛苦与悲伤,让活在当下的人们珍惜这来之不易的和平,唤起每一个善良的人对和平的向往与坚守,捍卫二战的胜利果实,将蒙受的苦难与屈辱化为走向未来的民族凝聚力和正能量,再度凝聚民心民意。如此,才算不辜负先辈们的付出与牺牲。

(作者:杨 榀 原载《档案与建设》2015 年第 12 期)

名震沪苏的丝绸界大佬娄凤韶

档案中的丝绸文化

436

提起苏州大名鼎鼎的振亚织物公司，就会联想到陆季皋，其实娄凤韶（见图2-15）（1982—1955，名敏镐，号凤韶，以号行）才是振亚织物公司的大股东。他与陆季皋是同门师兄弟，且以其丰富的资历、雄厚的财力促进振亚织物公司成为苏州数一数二的丝绸企业。祖籍绍兴的娄凤韶少年时代踏入苏州丝绸行业，青年时期到上海发展，合股创办振亚织物公司，独资开设同章绸缎庄、云林丝织公司，在沪苏丝绸界声名鹊起，其所产云林锦一度引领丝绸时尚。

图 2-15　民国初年的娄凤韶

打工仔想做大老板

1897 年，娄凤韶走进仰慕已久的苏州古城，他不是来游山玩水的，而是为了拜师学艺，寻找生路，以减轻贫寒之家的负担。纱缎业是苏州传统的支柱产业，当时李宏兴福禄纱缎庄是大庄号，娄凤韶准备拜庄主为师，却因其新丧，就转拜其子李伯英、李灿若为师。据其年谱所载，主要是跟李灿若学做生意。凑巧的是，娄家有个远房亲戚陶荣堂是李宏兴的高级职员，按辈分，娄凤韶要称其为表叔。

清末的丝绸产业基本上靠手工生产，一根根蚕丝变成美丽多彩的成品，工序繁多，分工细致，行业众多，从缫丝、制丝、拈丝、牵丝、染色，及至在手拉织机上织造成匹。纱缎庄俗称丝经账房，是"商业形式之生产组织者及批发销售者"，兼有工、商的双重身份，是丝绸之府苏州的重要经济命脉，娄凤韶或许是冲着这个朝阳产业而来的。

师傅带徒弟学习各个生产环节的事务，学得好坏与师傅有关，更与自身的努力有关，所谓"师傅领进门，修行在各人"。16岁的娄凤韶细心观察各个业务流程及其相互之间的关系，认真完成师傅交办的每件事情，获得师傅称赞的同时，也招来同伴略带醋意的话："此学徒是来学经理者。"娄凤韶其志也大，他确实梦想当经理做老板。他的老师李灿若是个喜欢享受生活的人，工作之外，"好宴游，辄夜深始归"。无论是寒冬还是酷暑，娄凤韶都为李灿若守门，在等待师傅夜归的更鼓声中练习书法、苦练珠算。他付出了比同伴更多的汗水，也取得了更大的收获。三年实习期满，他留在李宏兴工作，串家走户，向机工发放蚕丝原料，验收绸缎成品，日复一日，恪尽职守。娄凤韶的能力与人品深得李灿若的青睐。1904年，娄凤韶被派往上海李宏兴(以下称李宏兴申庄)，负责销售，担任总账。当时苏州有不少纱缎庄，但在上海开分店的不多，李宏兴申庄除了办理本庄业务外，还帮其他纱缎庄在沪拓展业务，这些依附于李宏兴申庄的纱缎庄，俗称附庄。娄凤韶忙着东家的业务，盈利甚巨。上海三年历练使娄凤韶的眼界越来越宽，他认为提高生产能力、扩大经营规模应该是李宏兴的选择，于是与陶荣堂、陆季皋联名向李灿若请命。但是李灿若无意于此，他更喜欢逍遥人生，对他们说："汝等有意，可以自去经营。"

1906年，娄凤韶、陶荣堂、陆季皋、谢云斋在苏州迎将桥创设华纶福纱缎庄，陆季皋任经理，娄凤韶负责销售。华纶福庄作为李宏兴申庄的附庄在上海拓展市场，大树底下好乘凉。四个人雄心勃勃，准备大干一番，那些丝绸行业的前辈们冷眼观察，认为年轻人有勇气做大事，但要成大事谈何容易。娄凤韶信心十足地对陆季皋说："三年轻视，三年重视，而后三年则后生可畏也。"

华纶福庄转身为振亚织物公司

1917年，娄凤韶加入丝绸行业已20年，合伙做老板也有10个年头，在艰苦的创业中感受了成功的喜悦，经历了商海的沉浮，当初的年轻人业已步入中年。这一年，他们决定增资改组，设立工厂，华纶福纱缎庄变身为振亚织物公司。从公司的名字上就可以看出娄凤韶、陆季皋等人的爱国情怀与宣传意识，振亚者即振兴东亚，容易引起人们的好感。娄凤韶出身贫寒，深感生活之难，由庄而厂，意味着扩大生产规模，招收更多的工人，实现他长期以来"自养以养多人"的想法。这种企业家的社会责任意识贯穿其一生,且影响了他的后人。

振亚织物公司虽然有个好名字,但能否在商海里占有一席之位,还得靠产品说话,因此他们立志改变传统的丝绸织品,进行技术革新及产品创新。振亚织物公司注册资本4万元,娄凤韶出资最多,达11000元。管理模式仍如从前,陆季皋任经理,娄凤韶在上海做销货主任。后者这个职务看上去只负责销售,实则其权力、责任与作用最大,凡是产品的种类、花色、图案等均由他说了算,公司所有的资金调动也由他负责,扮演着大当家的角色。而他的最佳拍档陆季皋则主持厂内事务,督造产品。1918年,振亚织物工厂出产的三闪文华缎、纯色文华缎、纯色中华缎、纯色月华缎、三闪文华纱"等类货色,均极美致,花样尤属翻新",引起实业界的关注。陆季皋于第二年获得农工部的表扬,得到了"改良货品均其精美"的颁奖词。这与其说是对陆季皋的表扬,不如说是对整个振亚织物公司及娄凤韶的肯定。振亚在敢于创新、敢于拼搏的娄凤韶和陆季皋手上成为在苏州、上海有影响力的丝绸厂家。当时丝绸的需求量仍然比较大,娄凤韶要求苏州振亚厂加开夜班增加产量,但股东们没有达成一致意见。

怀有抱负的娄凤韶不甘心失去大好商机,独资成立同章苏杭绸缎庄(以下简称"同章绸缎庄"),又以云林丝织公司牌号向苏杭绸厂定织绸匹,也代苏杭绸厂销售产品,收取一定的佣金,同时自行买卖绸货,获取利润。同章绸缎庄初创时与振亚织物公司一样附设于李宏兴申庄,按营业额承担相应费用,后另外置业,独立门户。当年在苏州做学徒时,娄凤韶就关注丝绸织物图案的基本要点与结构要素,弄清蚕丝变成织物的全过程;而李宏兴申庄的销售经历更使他明白产品花样花色的重要性,只有不断推陈出新才能在市场站稳脚跟。他专门成立凤韶织物图画馆(后名图画部,并入同章绸缎庄),专司设计,喜欢书画的娄凤韶参与其中,不时有神来之笔。图画部集中了同章绸缎庄顶尖级人才,为振亚织物公司牌号、云林丝织公司牌号设计产品,几乎每月每周都有新式花样发往各厂试验生产,并由娄凤韶亲自审定花色图样。

20世纪20年代,振亚织物公司引进机器生产,改进工艺,产品行销全国,可谓风生水起,俨然成为丝绸行业的老大。但娄凤韶清醒地意识到"我进八十里,人进百里",与欧美国家相比还存在不少问题,遂在《策进振亚公司商榷书》一文中提出了设备改造、人才储备、技术创新等问题,其视野与思路比一般实业家高出一筹。从李宏兴的伙计到合资的华纶福,再到独资的同章绸缎庄,娄凤韶追逐着丝绸王国的梦想。

"云林锦"风靡全国

1927 年是一个不寻常的年份,苏州发生了震惊中外的丝织工人大罢工,规模之大、持续之久前所未有。历史上苏州从事丝绸生产的机工经常发生罢工,老板们司空见惯,但这次的打击巨大,不少工厂因此关门,老板们逃到上海租界,而工人们谈判无门,工资无着,有的回到乡村,有的失业在家,劳资双方两败俱伤。振亚织物公司也元气大伤,幸而有驻扎上海的娄凤韶可以垫资输血,使其复元,成为苏州丝织行业中唯一复工生产的企业。

机遇与挑战共存,这次丝织行业的全面崩溃反而给娄凤韶带来无限商机。同章绸缎庄建立包机承揽制度,以"化整为零、集零为整、利益均沾"作为经营方针,强壮自身,赢得市场。同章绸缎庄继承传统纱缎庄的做法,即指定织物品种、规格花样,各承揽包机厂自备原料、进行生产,所产货物全部交给它经销。那些失业的机工们专门向它承揽织物,凭此贷款,所织产品均冠"云林丝织公司"牌号,同章绸缎庄控制的苏州手拉织机一度达到 600 多台。同章绸缎庄无意中成为这次罢工运动的最大赢家,"云林锦"风靡全国,娄凤韶一跃成为上海、苏州丝织业界的风云人物。

苏州三星绸厂是娄凤韶的老东家李宏兴纱缎庄改组成立的,因这次罢工风潮而解体,在此工作的娄凤韶的堂弟娄仲明、堂侄娄舒斋分得几台织机,失业在家。他们在娄凤韶的倡议下联合他人合资在苏州成立"组新织物社",取"人物星散,组织一新"之意,娄凤韶出资最多,成为大股东。对娄凤韶来讲,这个织物社由两个堂亲掌管,足以成为同章绸缎庄在苏州包机中的嫡系。对大多数小机户来讲,一无成本,二无销路,三无创新能力,同章绸缎庄的包机业务可说是挽救了他们,解除了资金与销路等后顾之忧,这种生产经营模式为丝织产业工人找到了一条生路,更为同章绸缎庄的壮大做出了贡献。

1931 年,年届 50 岁的娄凤韶在杨树浦临青路购地造厂,将苏州的组新织物社迁到上海,这是他送给自己的生日礼物。第二年,一幢两层楼钢筋水泥厂房拔地而起,"云林丝织公司"几个大字分外醒目(见图 2-16),组新织物社搬入生产,铺设新式电力织机 50 台及相应的设备设施,同章绸缎庄迎来了它的黄金时代。抗战全面爆发,组新织物社厂房被日军占领,陷于停工,但娄凤韶像一个老船厂一样,带领自己的队伍在乱世中艰难前行。他重新觅地造房,在长子娄尔品(见图 2-17)的协助下,在上海打浦桥建成云林丝织厂,云林丝织公司由商业而成为实体企业,又在湖州与人合资开办承昌绸厂(后独资)。

图 2-16 "云林"临青路石房正面

图2-17 长子娄尔品赴美前的全家福(后排左四为娄尔品,左五为娄凤韶)

1942 年的夏天,一群日本宪兵将娄凤韶抓去,指控他"资敌",严刑拷打,"面部青紫累累",关了一夜,家人拿钱消灾才获释。所谓"资敌",指同章绸缎庄年年为成都复兴成号采购棉布,莫须有的罪名更加深了娄凤韶对日军的痛恨。数天后,娄凤韶带着满脸的伤痕担任亲友的证婚人,他坦然说:"此则受敌人迫害所留之伤痕,非我不法行为致之。"面对外敌,娄凤韶铁骨铮铮,不愿附逆;面对自己的亲友、师傅、门生、伙计则充满了人情味,在他们困难之时伸出援手。

1949 年上海解放,娄凤韶欢欣鼓舞,对儿孙们说:"余毕生努力于事业,从未怠忽。今局面大变,然余将一如往日,尽此残生,力图企业之生存发展。"之后,同章、承昌及振亚等企业都实行公私合营。娄凤韶奋斗过、辉煌过,从无到有,从私到公,或许这是最好的归宿,或许这是宿命。

(本文图片由娄凤韶亲属提供)

(作者:沈慧瑛 原载《档案与建设》2015 年第 4 期)

苏州漳绒业的前尘往事

2014 年北京 APEC 会议上亚太国家女领导人、亚太国家领导人女配偶着装采用了苏州漳缎面料,引起漳州与苏州关于漳缎"籍贯"之争。以"漳"字命名的面料,自然与漳州有着密切的关系,就如当年在苏州从事生产经营的杭绸、湖绉与杭州、湖州的关系一样。但漳绒华丽转身为漳缎,虽有"漳"字标签,却与漳州关系不大,是漳绒在苏州的改良升级版,可以说是一种新型的丝织产品。漳缎不仅凝聚了苏州人的聪明才智,更代表了清代苏州丝绸生产的工艺水平。

一

据《中国纺织科学技术史资料汇编》记载:"漳缎是当时在福建漳州生产的漳绒和南京生产的云锦基础上,按漳绒的织造方法、云锦的花纹图案,创造出来的一种既是贡缎地子,又是云锦花纹,而将花纹织造成丝绒,成为缎地绒花一类独特风格的丝绒产品。"《辞海》对漳绒作了如下解释:"丝绒的一种,起源于漳州,故名。以染色桑蚕丝为原料,用起毛杆提花制成。表面大部分为绒经构成的毛绒,也有小部分为根据花纹要求露出的缎纹地组织。"在这个漳绒的条目中,进一步说明:"如果织物表面的大部分为缎纹组织,仅一小部分为绒经构成的绒面花纹,则称漳缎。"以上两书对漳缎的解释基本上一致,缎地绒花是其特征,表面看漳绒、漳缎的区别在于缎纹与绒面花纹面积的比例大小,实则还存在着织造技术的迥异,后者比前者更为复杂。苏州的漳绒原料采用蚕丝打捻成绒织造,绒毛细腻而不倒,所产漳缎质量较高,深得康熙皇帝的喜爱。万岁爷一喜欢,自然而然推动了苏州漳缎产业的快速发展。当时清代王室贵族、文武百官的外套及马褂都采用漳缎,苏州的漳绒业忙着接订单,迎来了漳缎的鼎盛时期,供不应求,苏州的经济也繁花似锦。光绪初年,苏州的漳绒业(见图 2-18)商家(本文借用档案资料里漳绒业的概念,泛指漳绒、漳缎业)在潘儒巷成立行业组织——绒机公所,后改名为锦章公所,民国初年在桐芳巷重建办公场所。

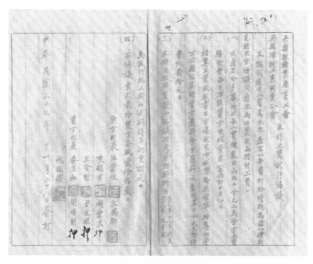

图 2-18　漳绒业相关档案

然而随着鸦片战争的爆发，英国的呢绒织物、法国的仿造机制丝绒和日本丝织品倾销中国，这些舶来品价廉物美，而此时国内蚕茧减产，蚕丝价格上涨，成本大幅度增加，苏州的漳缎商们遭到前所未有的压力。最大的打击还在后面，1911 年的朝代更迭，带来了服装"革命"，人们的衣着用料发生很大变化，原来供应皇室及大臣们的漳缎鲜有问津。失去这些固定的大客户，对漳缎商们来说是一场毁灭性的灾难，直接影响到他们的生存，对地方经济亦打击沉重。幸而西藏、内蒙古等边远地区还保留传统服饰，使苏州的漳缎消费仍有一席之地，但多数漳缎商开始生产全素漳缎，少数改织马鞍上的装饰品。到了抗日战争时期，漳缎生产商们彻底绝望，因为交通等问题无法将产品运往蒙、藏，漳缎几乎绝迹，改织漳绒的商家居多，而锦章公所也停止活动。

二

　　商人的行业组织主要起到制定行业规范、调解同业矛盾等作用，因此在锦章公所停止活动后，漳绒业中一些商家就加入纱缎业同业公会。

　　1943 年 5 月 26 日，吴县丝织厂同业公会召开第一次筹备会议，决定由电机业、针织业、纱缎业、丝线业、制绒业、合丝业联合成立同业公会，朱雅伯、陶叔南先后出任筹备会正、副主任。会上决定由陶叔南、陈锡沄等六人起草章程和业规。陈锡沄从事漳绒业，在葛百户巷与人合伙经营协丰牌号，资本总额有 5 万元，拥有制绒机 18 架、工人 5 人。这次会议讨论了入会会员分区登记等事宜，一致同意电机业、纱缎业、合丝业在云锦公所登记，针织业在察院场苏州袜厂登记，丝线业在宝林寺丝线业公会登记，而漳绒业则在桐芳巷锦章公所登记，陈锡沄负责漳绒业入会会员的审核工作。这次成立相近行业的公会组织自然得到江苏经济局的首肯，局长沈同专门下令，希望他们"克日开始筹备，并将办理情形随时报候察核为要"。

　　经过一个月的筹备，先后召开五次筹备会议，6 月 24 日吴县丝织厂业同业公会于中山堂举行成立大会，与会人员 304 人。会上通过了吴县丝织厂业同业公会章程、组织通则、办事细则，朱雅伯当选为理事长，陶叔南等六人为常务理事，陈锡沄当选为理事。新成立的丝织厂业同业公会根据行业特点不同，内设铁机组、纱缎组、绒机组、针织组、丝边组、经纬组、制线组七个组，绒机组代表了漳绒业，公会在祥符寺巷 85 号原云锦公所办公。

从当时的吴县丝织厂业同业会员申请登记表中可以获得这样的信息：1943 年 6 月，参加同业公会的有漳绒业 56 家，拥有制绒机 556 架、拉机 36 架，从事生产的工人 318 名，资本总额（国币）124.8 万元。其中：独立经营的有 21 家，合伙经营的有 35 家；拥有工人最多的有 20 人，最少的有 1 人，超过 10 人以上的有 8 家；拥有木质制绒机最多的有 26 架，最少的有 2 架；资金最多的达 8 万元，最少的为 5000 元，基本上都达到两三万元。在这些从业者中，实力最雄厚的是协成公记，拥有拉机 35 架、制绒机 25 架、工人 20 名。漳绒业同其他丝绸行业一样式微，这既有国门打开后西方织物产品的冲击，更有政局动荡、政权更迭带来的一系列影响。

三

抗战胜利后，政府要求各地各种团体进行整顿。吴县县长逯剑华于 1945 年 12 月下令苏州的各同业公会等组织重新整理，并确定陶叔南在内的五人作为吴县丝织厂业同业公会整理委员，另派黄启之为驻会指导员。经过一段时间的改组准备，1946 年 2 月 15 日，吴县丝织业同业公会宣告成立，开祥绸厂经理陆锡翔当选为理事长。原来加入吴县丝织厂业同业公会的丝边、丝线、漳绒等业都退出，前两者均单独成立公会。

1947 年 8 月，华叔和代表漳绒业以同业有 50 余家为由向吴县县政府申请："战前有公所，抗战后迄未成立公会，同人等为谋同业福利，并改良商品起见，拟组织漳绒业同业公会。"县政府收到呈文后，觉得很奇怪，同为丝织行业，漳绒业为何不加入丝织业同业公会？因此他们请吴县县商会派员调查，有无再成立公会的必要。吴县县商会派人到丝织业同业公会了解情况，对方十分大气地回复："漳绒同业，以经营方式与本会略有不同，故未加入本会。现在该业为谋同业福利，似有单独组织公会必要。"1947 年 10 月 18 日下午，漳绒工业同业公会召开成立大会，与会人员 77 人，华叔和当选为第一届理事长，办公地点即原来桐芳巷金家花园 7 号锦章公所。据1948 年 10 月 13 日的《吴县漳绒工业同业公会调查表》显示，吴县漳绒工业同业公会的会员达 162 家，第二届理事长为李南生。漳绒业脱离丝织业同业公会，单独成立公会，成立之后才发现日子并不好过。时值内战激烈，各行各业深受影响，漳绒业难以幸免。吴县漳绒工业同业公会按每户机数收取会费，即一机收取金圆券一元。

由于经营业务的时间性和不确定性，1948年上半年几乎全部停工，会费毫无保障，因此会务也陷于停顿状态。其行业劳资纠纷日益激烈，1948年10月20日，代表资方的漳绒工业同业公会和代表劳方的吴县丝织业产业工会就工资底薪、临时奖金进行谈判，一个月后双方又制定《工资试行协议》。(见图2-19、图2-20)

图2-19　漳绒工业同业公会与吴县丝织业产业公会临时协议奖励办法笔录(1)

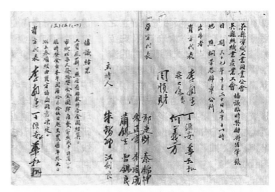

图2-20　漳绒工业同业公会与吴县丝织业产业公会临时协议奖励办法笔录(2)

1949年新中国成立之初，政府对各行业进行调查，从漳绒业的户数、资金、织机数、工人数、生产数、生产总值(除原料)、原料价值几个方面数据进行分析，比较1936年和1948年的差异，不难发现战争对漳绒业造成的危害。战前漳绒业已走下坡路，但是作为一个传统行业依然顽强地生存着。1936年拥有一般工商户120户，独立劳动的30户，到1948年分别为85户和65户；设备机台从700台下降为400台，实际使用从650台降为300台；一般工商户拥有工人数从710人下降到285人，独立劳动从30人增加为65人。这说明漳绒业从小规模生产逐渐向个体生产发展。这种生产方式的倒退，自然影响到产量，1936年的生产能力是21万码(相当于19.20万米)，实际生产18万码(16.46万米)，到1948年，生产能力13万码(11.89万米)，实际生产8万码(7.32万米)，实际生产数量已不到战前的一半。

四

1959年2月，为庆祝中华人民共和国成立十周年，国家决定在北京建造人民大会堂、全国农业展览馆、工人体育场、民族文化宫、民族饭店、北京火车站、中国历史博物馆、解放军历史博物馆、迎宾馆(钓鱼台国宾馆)、华侨大厦等十大建筑，以示新中国的成果。苏州新光漳绒厂接到了一个光荣的任务——织造漳缎。原来这些建筑室内的沙发、椅子装饰面料均采用漳缎，苏州的漳缎名闻天下，自然是其首选。特别是迎宾馆,所有的装修、装饰都体现了新生国家的体面,根据各个国家所喜爱的图案与色彩,中央派专人设计、指导。苏州新光漳绒厂如期完成任务,生产的漳缎也受到各国政要的赞扬,可以说为国家、为苏州赢得了荣誉。

当下,苏州的宋锦、漳缎再次引起世人的瞩目,这是苏州丝绸业的幸事,也预示着苏州丝绸产业即将迎来新生。

参考文献

[1] 曹喜琛,叶万忠. 苏州丝绸档案汇编[M]. 南京:江苏古籍出版社,1995.

[2] 陈晖. 苏州市志[M]. 南京:江苏人民出版社,1995.

(作者:沈慧瑛　原载《档案与建设》2015 年第 1 期)

"越绮吴绫最擅场,年年估船走重洋"

——吴江绫丝的历史考察

绫原为斜纹或斜纹变化组织做底的花素织物,始产于汉代以前,盛于唐、宋。其特征是织物表面具有斜线纹路,光滑柔软,质地轻薄,用于书画装裱,制作衬衫、睡衣等。绫类织物作为吴江地区最早有记载的丝绸产品,在历史上曾经一度辉煌。

一、吴绫的文化记录

绫最早出现在文学作品里,是白居易的《卖炭翁》:"半匹红绡一丈绫,系向牛头充炭直。"诗歌描写了一个烧木炭的老人谋生的困苦,通过卖炭翁的遭遇,深刻地揭露了"宫市"的腐败本质。唐代的商务交易中,绢帛等丝织品可以代货币使用。当时钱贵绢贱,半匹纱和一丈绫,与一车炭的价值相差很远。名为"宫市",实际是一种公开的掠夺。白居易对宫市十分了解,对人民又深切同情,所以才能写出这首感人至深的《卖炭翁》来。

自唐以后,历代关于丝绸的记载较多,其中关于绫的诗句也可以举出很多。唐白居易《杭州春望》:"红袖织绫夸柿蒂,青旗沽酒趁梨花。"明代柳如是《江城子·忆梦》:"梦中本是伤心路。芙蓉泪,樱桃语。满帘花片,都受人心误。遮莫今宵风雨话,要他来,来得么。 安排无限销魂事。砑红笺,青绫被。留他无计,去便随他去。算来还有许多时,人近也,愁回处。"清道光年间诗人史在柱《黄溪竹枝词》:"阿蛮小小已多姿,十岁能牵机上丝。漫揭轻裙上楼去,试看侬撷好花枝。郎起金梭妾起花,丝丝朵朵著人夸。无端北客嫌轻去,贱煞吴绫等苎麻。"清人唐佩金《新杭里》:"剩有新杭市,吴绫满夕阳。青红几儿女,消得好时光。"清人宋景和《新杭市》:"锦绫织就费千丝,花样新鲜是折枝。估客不辞千里远,新杭桥外卸帆迟。"清人沈云《盛湖竹枝词》两首:"吴绫自古凤称良,荡北浜南最擅场。云锦翻新名目夥,梯航运输达遐方。""舶来纱品赛罗绫,男妇风行价日增。争似阿侬机织好,香云衫子宝光腾。"近代文学家范烟桥《盛湖竹枝词》:"越绮吴绫最擅场,年年估船走重洋。香山卷倘鸡林购,纸贵何曾限洛阳。"

这些诗句所描述的情景都与吴江有关,可见当时,绫作为丝绸的代称,已经渗入吴江百姓的家居生活。

二、吴绫的发展历程

吴江有绫织物的记载，最早始于唐代。唐代，我国绫织物进入全盛时期，唐代的官员们都用绫作官服，因此绫成为地方进献朝廷的贡品。据明正德《姑苏志》卷十五"贡役"记载："绫，诸县皆有之，而吴江为盛，唐时充贡，谓之吴绫。《旧唐书》载天宝中吴郡贡方纹绫，大历六年禁织龙凤、麒麟、天马、辟邪等纹。其薄而鸾鹊纹者，充装饰书画之用。"而乾隆《震泽县志》卷四"物产"也有"吴绫见称往昔，在唐充贡。邑为郡属，故至有之，其名品不一，往往以其所产地为称"的记载。

宋代，吴江的绫丝织作继续在全国领先。特别是宋室南迁定都临安后，北方丝绸生产区域遭到严重破坏，全国丝绸中心移到江南。此时，吴江成为南宋帝都的后花园，绫丝作为贡品供皇室和达官贵人使用。元代时，吴江丝绸继续作为贡品，据乾隆《吴江县志》卷五"物产"载："丝在元初充贡。"至元年间，意大利旅行家马可·波罗在中国游历，曾经过吴江，他在游记中记载，吴江出产大量蚕丝，称这里生产的绸缎质量最好，并记述了将绸缎运至省中出卖的情况。

明代成化、弘治年间，盛泽及附近地区农村家庭织绸手工业形成，至嘉靖年间，盛泽丝绸集散中心初步形成。据乾隆《震泽县志》卷二十五"生业"记载："绫绸之业，宋元以前惟郡人（注：苏州城区人）为之，至明熙宣间，邑民始渐事机丝，犹往往郡人织挽。成弘以后，土人亦有精其业者，相沿成俗，于是盛泽、黄溪四五十里间，居民逐绫绸之利。有力者雇人织挽，贫者皆自织，而令其童稚挽花。女工不事纺绩，日夕治丝，故儿女自十岁以外，皆蚤暮拮据以糊其口。而丝之丰欠，绫绸价之低昂，即小民有岁无岁之分也。"清代乾隆年间，丝织作业"今邑中盛有之。土人用以织绫绸，俗称绸丝，又有同宫丝及二蚕丝，皆可为绫绸纬"。在当时，丝织更成为吴江的专属，在苏州境内只有吴江独擅胜场。这在乾隆《盛湖志》卷三"物产"中也所记载："吴绫，见称往昔，在唐充贡。今郡属惟吴江有之，邑西南境多业此。"

清末民初，绫成为盛泽地区手工织造业的大宗品种。民国二年（1913），在盛泽南郊重建的登云桥的桥联上曾刻有"遥听两岸绫梭弥思物力"之句。民国初，据《江苏省实业视察报告》记载，盛泽地区"以丝织为业者，殆不下万户，男女工作人数，殆在五万以上，所织之绸，如绫、罗、绉、纱、纺等类岁可出数十万匹"。

在20世纪40年代以后，由于用途的限制和需求的减少，绫类产量已趋缩减。苏花绫在1963年以后停产，1962年8月8日《新华日报》报道的苏花绫应该是吴江最后一个提花绫类品种，用20/22及30/35厂丝电机织成，幅宽72厘米，用于裱画。报道称它"具有软、薄、平整、光滑的特点"。1963年以后仅产素绫织物——真丝斜纹绸及真丝绫，20世纪60年代成为桑蚕丝产品中的大类。1988年吴江盛泽丝绸炼染厂的水榭牌15685炼白真丝绫被评为苏州市优质产品。1990年，吴江新联丝织厂、吴江丝绸印花厂生产的剑杆真丝绫获得江苏省优质产品称号。1991年，吴江新联丝织厂、吴江丝绸印花厂的水榭牌115/113.5炼白真丝绫被评为纺织工业部优质奖。这是笔者能够查到的吴绫最后的获奖记载。

三、吴绫的品种

绸原为平纹或平纹作地组织提花织成。清以来，绸与绫已混为一谈。如道光《黄溪志》卷一"土产"称："绫绸所织不一种，或花或素，或长或短，或重或轻，各有定式，而价之低昂随之。其擅名如西机、真西、徐绫、惠绫、四串之类，经纬必皆精选，故厚而且重。若南浜、荡北、长绢、秋罗、脚踏小花等稍轻。"光绪《盛湖志》卷三"物产"亦称："绸，即绫也。花之重者，曰庄院、线绫，次曰西机、脚踏，素之重者曰串绸、惠绫，次曰荡北、扁织，今则花纹叠翻新样。"

关于织绫的原料丝，在乾隆《震泽县志》卷四"物产"中有记载："丝，邑中盛有，西南境所缫丝光白而细，可为纱缎。经俗名经丝，其东境所缫丝稍粗，多以织绫细，俗称细丝。又有同宫丝、二蚕丝，皆可为细绫纬。"道光《震泽镇志》卷二"物产"也有所记载："丝，有头蚕、二蚕，较他处色更光白。其细者，多为缎经，经以二丝纺为一，谓之经丝。粗者，曰肥丝，织绸绫用之。"

表1　民国七年(1918)盛泽绸类简明表①

类　别	品　质	幅　广	匹　长
会　绫	素地生织练染踹光	一尺二五	一丈六尺
字　绫	素地生织练染踹光	一尺二五	二丈九尺
屏　绫	素地生织练染踹光	一尺六寸	三丈二尺
云　绫	花地生织练染踹光	一尺二五	一丈五尺
庄　绫	花地生织练染踹光	一尺三五	五　丈
线　绫	花地生织练染踹光	一尺三五	三丈八尺、四丈九尺

表2　民国十三年(1924)盛泽绸绫品种表②

名　目	幅　度	备　注
市　绫	阔一尺一寸，长二丈六尺或三丈二尺	重六两至十两，花素均有
会　绫	阔一尺一寸，长一丈六尺或三丈二尺	重六两至十两，花素均有

表3　1936年《曾经盛行之盛绸一览表》③

类　别	品　质	阔　度	匹　长	备　注
庄　绫	品质花地生织炼染踹光	1尺3寸5	3丈8尺、4丈9尺	
线　绫	花地生织炼染轴	1尺3寸5	1丈5尺	
提　绫		1尺2寸	4丈	

① 据《吴江丝绸志》，江苏古籍出版社1992年，第237页。资料来源：沈云《盛湖杂录》，第23页，民国七年。原表共收录55种，其中绫类6种。

② 据《吴江丝绸志》，江苏古籍出版社1992年，第240页。资料来源：李静纯《盛泽绸绫产销及名目一览》，《新盛泽周年纪念册》，1924年。原表共收录绫、濮、罗、元、界、纱、纺、布等8类58个品种。

③ 据吴江区档案馆档案，案卷号8.1.1668。原表共有绫、纱、纺、罗、绢、濮、界、院等大类，绫类产品主要有3种。

表4　　清光绪六年(1880)盛泽地区产品一览表①

品　名	匹长(厘米)	重量(克)	价格(海关两)
杏黄板绫	1120	234	3.40
色板绫	1120	195	2.50
大红板绫	1120	253	3.50
杏黄西绫	1120	214	3.00
湖色西绫	1120	214	3.00
元色牡丹线绫	1610	585	5.20
三蓝球碟线绫	1610	585	5.20

表5　　1935年6月《近年来盛行之盛绸一览表》②

名称	长度	阔度	重量	原料	价格	质地	用途	行政区域	备注
会绫	一丈八	一尺二	2两6	天然丝	一元至四元	素	寿衣	各省	
市绫	二丈七	一尺二	5两8	天然丝	二元至五元	素	绣花	各省	
兴绫	一丈五	一尺二	3两	天然丝	二元	花	裱书画	各省	
屏绫	三尺二	一尺六	6两	天然丝	二元五	素	裱书画	各省	
云绫	一丈五	一尺二五	3两	天然丝	一元五	花	裱书画	各省	

149

　　关于绫的品种,各地也有不同。在乾隆《震泽县志》卷四"物产"记载:"品名不一,往往以其所产地为称,如溪绫、荡北之类。其纹之擅名于古,而至今相沿者,方纹、龙凤纹,至所称天马、辟邪之纹,今未之见。"据道光《震泽镇志》卷二"物产"记载:"西绫。出黄庄者,名黄绫,质厚而文。后,有庄绫、徐绫,并以姓著。"清同治年间盛泽产杏黄板绫等素织物5种,元色牡丹线绫等花样织物2种,民国年间又新增市绫、会绫、屏绫及一中素绫等素织物,庄绫、线绫、云绫、兴绫等花型织物。(见表1、表2、表3)

　　关于绫类织物的用途,因为绫须经踹轴始可上市,多用于寿衣、刺绣面料及裱制书画账本。同治《苏州府志》对吴江所产之绫有如下描述:"脂发光润,故俗称油缎子,吴绫为裳,暗室中力持曳,以手摩之,良久火星直出。"

　　民国前期,盛泽绫类织物还曾经获得奖项。在历届国内外博览会或展览会上,得奖项目多是盛泽纺类的。民国十八年(1929)在杭州举行的西湖博览会上,盛泽勤丰送展的市绫获得特等奖,盛泽成泰源送展的素市绫获优等奖。

四、吴绫的价格和外销

　　盛泽丝绸外销的记载最早见于顺治《盛湖志》卷下"风俗"记载:"绫罗纱绢,不一其名,京省外国,悉来市易。"近年来,在盛泽老庄面所在的旧宅基内出土日本、朝

---

① 据《吴江丝绸志》,江苏古籍出版社1992年,第234页。资料来源:周德华译《19世纪80年代江南丝绸品种》,《丝绸史研究》1990年第2期。海关两为晚清时期海关用于计价、征税及统计之专用币值单位,相当于常规银两之1.114倍。
② 据吴江区档案馆档案,案卷号5,《吴江县政》第三卷第三期。原共收录47种,其中绫5种。

鲜、安南(越南)等国的钱币。据考其铸造年代相当于我国明中期至清初,可与《盛湖志》印证。清中叶,黄溪产绸以流向北方为主。道光《黄溪志》云:"花样轻重必合北客意,否则上庄辄退。"史在柱《黄溪竹枝词》中也有"无端北客嫌轻去,贱煞吴绫等苎麻"之句可作为印证。从顺治年间开始,金陵(今南京)、山东兖州府济宁州、山西、安徽徽州宁国、山东济南府等地商人在盛泽从事贸易,将绫绸销往北方。他们还在盛泽建立了会馆。

关于绫的价格,随着历代经济发展情况的变化,也时有起落。据乾隆《吴江县志》卷三十八"生业"引述《黄溪志》:"明嘉靖中,绫绸价每两银八九分,丝每两二分。康熙中,绫绸价每两一钱,丝价尚止三四分。"至乾隆年间,"今绸价视康熙间增三分之一,而丝价乃倍之"。据道光《黄溪志》"风俗"卷记载,道光年间"绸绫价,每两值银八九分,丝每两值银二三分"。从中可以看出,以每两绫绸计,嘉靖中为八九分,康熙中为一钱,乾隆中增加 1/3 达到一钱三四分,道光年间又降为八九分,这当然与当时社会财力和民众的消费水平有关。

清末民国时期的绫类织物的品种和价格在档案中也可以看到相关记载。(见表4、表5)

五、绫绸专业市镇的兴起

明清时期,绫绸织作的兴起和绸市贸易的兴盛带动了市镇的崛起,绫绸文化也深入社会各阶层。

黄溪市,自唐至宋称合路村,明以前都以村名,居民仅数百家。自明中期发展,至清康熙中已达 2000 余家,货物贸易颇盛,遂称为市,民国以后改为乡。道光《黄溪志》"凡例"中记载有黄溪市人以织绫绸丝线为生的资料:"绫绸丝线,邑中所产亦不少,而黄溪人家务此者什有八九,志之以重生业。"

明成化年间,盛泽"居民附集,商贾渐通"。至嘉靖时,"居民百家,以锦绫为市"(嘉靖《吴江县志》卷一"疆域")。明末诗人周灿形容其时的盛泽是"水乡成一市,罗绮走中原"。冯梦龙在《醒世恒言》中描绘天启年间的盛泽为:"市上两岸绸丝牙行,约千百家,远近村坊织成绸匹,俱到此上市。四方商贾来收买的蜂攒蚁集,挨挤不开,路途无伫足之隙,乃出产锦绣之乡,积聚绫罗之地。""入清,丝绸之利日扩,南北商贾咸萃焉,遂成巨镇。"(同治《盛湖志》)至乾隆年间,"绫绸之聚亦且十倍,四方大贾辇金至者无虚日,每日中为市,舟楫塞港,街道肩摩"(乾隆《吴江县志》)。其时,"区区之一镇,入市交易,日逾万金"(乾隆《盛湖志》仲周需序)。"凡邑中所产者,皆聚于盛泽镇,天下衣被多赖之。富商大贾数千里辇万金来买者,摩肩连袂,如一都会焉。"(乾隆《盛湖志》卷三"物产")

特别是清朝嘉庆道光后,浙江濮院"绸市渐移于盛泽,而濮市乃稍稍衰息"(光绪《桐乡县志》)。濮绸经盛泽转销各处,已见于乾隆十八年(1753)褚凤翔所作的《禾事杂吟》:"濮绸新样似西绫,染作宫衫见未曾。一夜北镳来盛泽,机中富贵价频增。"咸丰年间,因受战争影响,王江泾、湖州、双林、嘉兴等地绸商迁至盛泽者为数甚众,使苏浙商贾云集于盛泽。其时,英国退役海军军官吟唎途经盛泽,在其所撰的《太平天国亲历记》中说道:"盛泽是一个巨大的商务中心……居房达五千户以上,商店鳞次栉比。"《盛川稗乘》记载太平军在盛泽设局抽厘,两年零一月获银数十万,足见当时绸市之盛。

(作者:王来刚　原载《档案与建设》2015 年第 11 期)

清末民初中国丝绸在美国市场的表现

中国丝绸名闻天下,使国人引以为傲,然而到了近代,机器生产的介入与生产工艺的改进,拉开了东西方丝绸质量的差距。清宣统二年(1910),美国商团来华考察(见图 2-21),双方接触后希望召开中美商业联合研究会。美国方面提出成立中美商品陈列所(一设在纽约,一设在上海),成立中美合资银行,合资开设轮船公司及互派员进行商务调查。从苏州市档案馆馆藏档案中发现,中国商人立即行动,上海商会牵头着手筹建中美合资银行、轮船公司等事宜,起草了相关章程,可惜没有结果。而有关调查美方市场及参加丝绸博览

图 2-21 欢迎美国旧金山亚东游历商团摄影

会的档案资料倒是十分丰富,让我们可以了解 20 世纪初中国丝绸在在美国市场的表现。

宣统年间,驻美领事馆商务委员赵宋坛专门调查中国货物在美国市场的销路,发现美国女性特别喜欢中国丝绣衣服。赵宋坛在宣统二年(1910)八月二十日的报告中说:每当华盛顿春冬两季国会开会时,女士们以中国服饰为时髦,喜欢穿"中国命妇蟒袍、霞帔,并寻常绣花衣服,宽袖短襟类"。其实,这些衣服都是中国十多年前的款式,而今已不流行了,美国的美眉们并不知情,仍以此为时尚。茶会、舞会或看戏等场合,也是女士们大秀服饰的机会,来自中国的丝绣衣服成为主流。因此,中国商人们热衷于贩卖旧衣服到美国,改头换面大获利,纽约、旧金山的女士们流行一种手袋,就是利用官员用过的旧裙子改造而成的。赵宋坛经过调查后,发现丝绣之

类的服饰比较受欢迎,认为应该组织中国商人来美国"考察西衣形式,而以绸缎、绢帛、绫罗仿制之,益以五彩绒线之刺绣,其获利正未可量"。这里所说的五彩绒线刺绣在美国十分流行,美国人在家中作各种杂剧,喜欢"用五彩绒线刺绣翎毛、花卉与五色小绒线打小圈粒砌成者",这种东西价格出奇的贵,即使是旧的也可以卖到三四十美元。苏州是刺绣之乡,清农工商部将赵宋坛的调查报告转给苏州商会,期望苏州刺绣业能在美国市场争一席之地。(见图 2-22)

图 2-22　农工商部为赵宗坛调查美国销场情形札

从 1910 年到 1920 年的十年间,中国发生了极大的变化,中华民国替代了大清王朝。中西方的丝绸产品质量与地位也发生了变化,以产丝、产绸著称的古老国度居然要美国来指导,着实令国人汗颜。1920 年 3 月 20 日,民国政府农商部致电苏州商会,告知美国丝业总会组织丝业考察团乘坐中国邮船"南京"号来华,共 8 人,此行目的是"协助我国丝业采用新法,改良丝茧,增加产额,以应各厂原料品之取求"。第二年 2 月 7 日至 12 日,美国举行国际丝绸博览会。中国驻纽约领事兼国际博览会赴赛委员史悠明向政府报告博览会组织架构、会场布置及陈列的丝绸、生产设备工艺等情形(见图 2-23)。国际丝绸博览会设立组织部、执行部、教育品陈列部、宣告

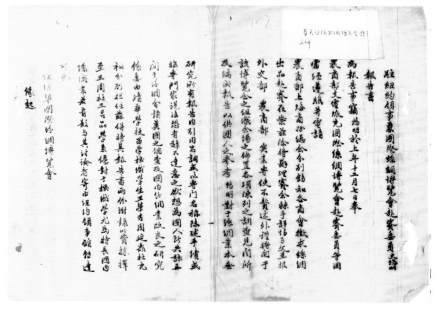

图 2-23　驻美国纽约领事史悠明关于丝绸博览会的报告

部、服装描摹部、历史部、外宾招待部等 9 个部门。其中绸缎陈列所分 45 所，会场设在"纽约东城来登新街 Lexrgton Avenue 及第四十六、七大街"大中宫内第一、第二层。第一层是绸缎陈列所，共设 45 个展厅，中国租用的展厅面积达 1568 方尺 (1 方尺为 0.09 平方米)。按当时美方的收费标准，每方尺 2 元 5 角，中国当付 3992 元。史悠明再三交涉，讨价还价，最后以 2000 元成交。第二层是生丝暨缫染纺织等机器陈列所，中国租用了 200 方尺，主要展示江浙皖丝茧公所提供的厂丝及缫丝法工艺。除此之外，浙江、安东分别租用 100 方尺展出七里丝和灰经丝，广东方面也租用场地展出厂丝。金陵大学、岭南学校蚕商科合租展厅。为了加强同行间的交流，规定每天的 10 时到下午 2 时为丝绸同行参观及买卖，下午 2 时到晚上 11 时对公众开放游览，但须凭票参观，每张票为 7 角 5 分。

此次博览会旨在推广丝织品的销路，史悠明希望中国抓住这次机会展示古老东方的丝绸产品，扭转美方眼中只有"日绸"的观念。他曾电请农商部、上海商会，组织国内的绸缎商们参加博览会，但是国内响应者寥寥，除少数厂家托人捎带绸缎样本外，没有人将展品寄到美国。无奈之下，史悠明向在美国生活工作的中外朋友商借，"藉以顾全国体，推广我国丝织品之销路"，并请美国陈列专家布置，使中国展馆符合美国人的要求。从国内带出参展的，有以丁汝霖私人名义带来的上海物华厂花素仿绸 10 种，杭州伟林、纬成两厂的纱缎样本 38 种，虽然都是上乘之品，却因"零星短截，未能获陈列之利益"。史悠明从纽约朋友处征集到了一些丝织品与绣品，有广信昌出产的新旧顾绣、湖绉十色，南通公司的新式顾绣、床毡、枕套、椅披、画屏、织金绣花绸，来运、通运两公司提供的前代锦绣数十种，山东府绸 25 匹。除此之外，前任美国驻华公使夫人慷慨助展 50 余种丝绸，美教习福师德提供皇宫丝织地毯一张、朝廷命妇衣服数十件。旧金山是华人聚集区，也提供了花素文明绉、中美绅商衣片等物品。当那些来参观的美国朋友看到中国的丝绸物品时，纷纷提起上海老介福的产品。位于十里洋场的老介福成立于 1860 年，专门经营各种中国丝绸织物，到过上海的老外们经常光顾这里，所以当他们发现老介福没来参赛时表示遗憾，并对中国产品是非卖品也感到遗憾。中国留美男女学生负责接待宾客，发放宣传材料，并向参观者介绍中国丝织品之优美。中国方面印制了两万份耕织图册页及说明书，没多久就一抢而光，遗憾的是由于经费问题，没有加印。

美国作为东道主，抓住机会向世界推出绸缎、细纱及丝巾、丝袜、手套、丝带、缎带之类，而以绸缎为主要展品。由于美国的产品都由机器生产，"其体质细薄、颜色鲜明、长足下悬，颇形悦目，并惹游客注意"。当时美国有家叫 Cheney Brothers 的工厂，生产的品种花色较其他厂丰富，达 200 余种。其中他们的仿古产品令中国人惊异，所产的花卉人物山水摹本、库金 (也叫库锦，清织造府生产供皇家用)、漳绒、漳

缎 4 种产品主要供富裕之家作椅面及褂件之用,年销售额达四五十万美元。

美国丝绸博览会之所以设立有关生丝暨缫、染、纺织机器之陈列,主要为了吸引本国民众的眼球。美国对蚕商方面向来不研究,所用生丝皆赖进口,故对栽桑、育蚕、缫丝等很陌生而好奇。这方面陈列主要有蚕桑部、缫丝部、络丝部、验丝部、卷丝部、纺丝部、机织部、印染部,其中机织部名目繁多。中国送出了蚕子、蚕茧、蚕蛾、蚕柘叶、厂丝、七里丝、灰经丝。日本方面除展出天然生丝外,还有人造丝。中国和意大利的女工在缫丝部表演缫丝,中国女工表演缫白丝,意大利女工则表演缫黄丝,两国女性缫出的丝"均相若"。络丝部则由日本女工表演络丝,主要是清除缫丝所含之余胶。美国的科学管理理念从验丝部的设立就可以看出。这次参赛的生丝必须先送到美国生丝检验公司,那里有各种检验设备与仪器,确定生丝重量、性质。

史悠明感叹美国人注重陈列布置的投资,这是我国商界远远不如的。从中美丝织品参展情况、布展手段及其产品展示,看出中方丝绸商缺少向外展示自我、推销产品的意识,只有极少数人参展,而美方不惜工本布置环境,强调形式与内容的有机结合,通过展览这种形式扩大产品的宣传;美方充分利用织机生产,提高产量与质量,而中国依赖传统的丝织工艺,由此中国丝织行业经受冲击也是必然的。

当时清华大学留美学生王荣吉、周延鼎、杜充祖受政府委托,调查丝绸在美国销售情况及国内丝绸之改良。他们留学美国专门学习机织,且有很深的研究。王荣吉通过对美国市场的调查,深感中国在生丝、绸品方面与美方需求的差距,撰写了《关于国内丝绸业改良之研究报告》。在这份报告中,他首先提出了丝业改良的问题,认为中国的生丝要在海外占领市场,一要了解外国丝织厂、针织厂对生丝的要求。丝绞大小长短须按美国的尺度,一般为 56 吋,进一步说明最好用细软的色彩鲜明的不掉色的棉线絷丝,且在棉线上做好标识,生丝粗细、色彩要匀,生丝质量的好坏直接影响到织品的质量。二要在上海、广东成立生丝检查所,检查生丝的重量与质量,使买卖无欺,并在美国成立售丝所。三要中国丝商界每年派出代表到世界各用丝国游历,既可联系与用丝厂家的感情,扩大销路,也可了解自己出产生丝的缺点,以便改进工艺。当时中国丝绸业与茧行的矛盾日益尖锐,官方一会儿禁止茧行,一会儿开放茧行,一直没有找到根本的解决之法。如果开放茧行,会造成中国生丝大量出口;如果限止茧行,国内生产受影响,外国人可以进口日丝,其丝织品同样会销往中国。因此王荣吉提出只有提高生丝产量,才能使生丝自用足,出口也会增加。中国素称产丝大国,然而出丝地区仅限在沿海地区,沿海地区也有很多荒地可用,因此王荣吉主张推广蚕桑种植区。同时政府要引导蚕农检查蚕子的质量,不合格的蚕子非但吐丝不多,而且不到吐丝阶段就死了。蚕的食物是桑叶,中国的湖桑是最好的,出叶多而且占地少,不像野桑占地多而叶少,因此王荣吉建议政府鼓励农民统一改种湖桑。中国蚕民为了贪图小利，经常将蚕早"下山"一日，因为早"下山"一日的蚕分量重，对蚕农来讲可以多卖钱，但吐出的丝却是少了。

除了生丝改良外，王荣吉就中国绸业需要改良之处提出建议，主要涉及用丝、机织、染色、整理、营业等五个方面。在美国穿绸的多为女子，而美国女性喜欢薄绸，但华绸太厚，因此到美国销售的华绸要用厂丝或最均净的土丝织成，"愈薄愈好"。由于华绸多用土法织成，门幅太狭，与美国流行的 36、40 及 50 吋三种门幅不相符合。而这样宽的门幅，显然不是手织所能达到的。王荣吉建议中国的丝绸厂家推广力织机，放宽织品的门幅，以符合美国顾客的需求，即使国内所需的纺绸、素缎、素罗等素绸亦应用力织机织，降低成本与售价，否则难以与日货抗衡。王荣吉认为如花绸可以用手工织机，一则用力织机所省有限，二则手工所织之花样较为优美。除了门幅尺寸大小之外，丝绸产品的色彩也非常重要，中国商人要及时了解市场，掌握信息，如 1921 年夏天美国流行浅蓝色。由于美国人喜欢色彩鲜艳的绸货，而中国传统的丝绸整理方法远不如新法加工出的产品那样光彩夺目，如果华绸想在美国打开销路，那么必须提高整理工艺。当时上海有一家绸缎整理厂，"专营此事"。

王荣吉根据美国的商业经营模式，对华绸如何在美国销售提出看法。他认为必须在美国纽约与旧金山各设华绸批发处，华绸统一用易记的英文名字。鉴于当时日绸在美国占有一定市场，已有一定影响力，中国丝绸除了要刊登广告宣传外，还要每季度送丝绸样本到各绸缎庄。当时在纽约的一位府绸经销商曾对王荣吉说起，从山东进口的府绸有粉粒，而从日本进口的则无此弊，因此美国人喜欢购买日本府绸。王荣吉在报告中认为中国政府理应禁止绸商作弊，严把质量检查关，不合格者不得出口。清宣统年间，赵宋坛经过调查反馈信息，说美国人喜欢中国丝绣衣服。过了十年，美国人依旧热衷于中国绣品，然购买绸缎主要用于褂件、墙壁装饰品、门窗帘、褥面、领带等，刺绣与绸缎产品作为既有联系又不同的两种产品，完全可以在美国占领市场。

从 1921 年史悠明和王荣吉的两份报告中可以看出，中国丝绸存在一些缺陷，而日绸在美国颇有影响力。1922 年 4 月，美国驻华商会鲁维斯致函苏州总商会："来春二月，美国将有全球丝绸博览会开会，想苏省亦产丝之都，锦缎绣服久已驰名中外，况明清皇族衣服都由苏省制造，是特专函奉请加入，以襄盛举。并请搜集各种花缎丝绸以及各种文武官员古装等品，运往陈列，藉增历史上之纪念。"这次苏州丝绸界在云锦公所的组织下，共征集振亚丝织厂的三闪文华缎、双闪中华纱、三闪文华绢，苏经厂的雪白蝉衣绸、绣罗缎，陆万昌的万莲天云锦等绫罗绸缎共 40 件。苏州的丝行、省立第二农校(设在苏州)也向博览会提供生丝、蚕种、丝茧等物。这次博览会，苏州丝绸总算没有缺位。

1923 年美国丝会会长到中国、日本考察生丝情况,他在演讲时不客气地指出:"中国所出七里丝质地远胜于别国,然因中国畜蚕及缫丝各法不改良,不能应付美国绸机之用。"当年美国收购外国生丝达美金 4 亿元,其中 80% 来自日本,中国只占有 6%。美国钦乃兄弟公司专门对中国七里丝进行试验,优点是光彩好、洁净、色素优纯,缺点是丝缫成之后带有坚硬的胶、丝条不匀、性质过刚,缺少伸张力。美方提出改良蚕种和缫法的建议,然而中国丝业界似乎没有作为。1928 年 10 月 5 日,中国驻纽约总领事馆向政府报送的月报中说,"美国丝商以近年来丝业日见发达,在纽约组织生丝交易所,近日成立,定于九月一日开幕。惟将来交易以日本丝为限,我国丝及意大利丝均不得入"。中国一向为产丝大国,然终因生丝不符合美国绸厂的标准,且价格高,没有销路,失去了进军美国市场的大好商机。

从这些零星的档案资料中,发现中国丝绸在美国市场的表现差强人意,从蚕农到商界人士缺少改良创新的意识与行为,缺少科学生产和管理的技术与思想,参与赛会的热情不高,缺少自我宣传的意识,因此古老丝绸大国未能在世界商战中打败日本,更没能在美国市场取得好成绩。

参考文献

[1] 曹喜琛,叶万忠. 苏州丝绸档案汇编. 南京:江苏古籍出版社,1995.

[2] 沈慧瑛. 苏丝参加 1923 年美国丝绸博览会资料选[J]. 民国档案,1992(2):29-34,13.

(作者:蓝无瑕　原载《档案与建设》2015 年第 8 期)

丝绸出口的那些事儿

　　"上有天堂,下有苏杭",一提起苏州大家都会想到这句话,作为举世闻名的"丝绸之府",苏州这座城市,可以说是靠丝绸发展起来的。苏州丝绸业的历史源远流长,可上溯到公元前4000多年的新石器时代。丝绸业首开了苏州贸易的先河,三国时期,通过海上丝绸之路,苏州丝绸远销日本、罗马;郑和下西洋从浏家港出发,随带了大宗的丝绸产品。多少年来,苏州的丝绸出口一直占据全国重要出口创汇支柱产业的地位。20世纪90年代,苏州的丝绸出口量更是占到全国的三分之一和世界消费量的六分之一,成为我国丝绸出口的重要基地。

一、与美国的丝绸贸易

　　美国立国后,1784年美国第一艘商船"中国皇后"号带着棉花、西洋参等出口产品访问广州,将丝绸、茶叶、瓷器等中国特产运回了美国,从而开始了中美之间的直接丝绸贸易。

　　据记载,20世纪初美国的丝织技术由于劳动力少、工价高等因素而更多地使用机器来替代人工。所以对于当时的美国而言,需要进口更多的质量上等的生丝来配合生产需要。当时的晚清政府就革新丝绸工艺、推广栽桑新技术、放养山蚕、改良丝业等方面连续颁文,希望中国的传统丝绸行业能适应美国等各地的进口需求。除政府极力推动各项改革之外,苏州的一些纱缎大佬响应政府号召,带头研发丝织新品,改良各货。官商都明白一个道理:商战失败,也即国势衰退。苏州的商人们对此有着清醒的认识,而在大洋彼岸的中国驻美公使夏偕复也清醒地认识到中国改良丝织业的重要性,将美国丝业会所写《关于改良生丝节略》寄回国内,要求农商部与各丝商接洽,着手改良生丝。在这篇节略中,详细讲述了美国丝织生产情形、中国生丝的缺点及如何改良才能符合美国需求。美国传来的改良中国生丝的声音,给丝织大国的商人们当头一棒,改良生丝及丝织品成为中国工商界的重要任务。

　　从20世纪开始,世界生丝的主要消费市场已从西欧转向美国,我国对美国的丝绸出口额也剧增。

二、与日本的丝绸贸易

日本对中国的丝绸始终是抱有敬意的,几个世纪以来,中国丝绸的灿烂文化传播四海,全世界都曾为这种"世界上最好的衣服"而疯狂。中国、日本在世界丝绸行业发展中起着重要作用,都先后是世界上最主要的蚕丝和丝绸生产国。

明代后期的中日贸易,基本上是商品与银、铜的单向流动。中国向日本输出的商品以生丝、丝绸和药材为主,而从日本输回银、铜等。在 16 世纪后期,日本的丝织业已经有了较大的发展,缎绢有花素之分,但其养蚕业与丝织业是脱节的,原料生产远远不能满足需要。市场上的供不应求,不但导致生丝价格上涨,而且绸缎价格也极为昂贵,比中国市场上的同类货贵了好几倍,一般的日本人根本无力购买,所以除生丝之外,价廉物美的中国丝织品也是日本的抢手货。

日本自江户时代中期起丝织生产获得了迅速发展。中国向日本输出的商品由 16 世纪末以前以绸缎为主转向 17 世纪初以生丝为主,这在一定程度上反映出日本丝织生产的发展。当时幕府限制丝绸的进口而输入生丝,形成以"异国之蚕"织"本朝之机"的格局,更为突出的是,原来跟不上丝织业的蚕丝业也迅速起步。发达的丝织生产奠定在坚实的生丝基础之上,这就必然减少了中国丝及丝织品的输入。输日生丝的迅速持续减少,正是当时中日丝绸生产大势发生变化的直接反映。

日本丝织行业的巨大发展致使中国在丝绸业的行业领袖地位曾在 19 世纪末被日本超越。这个产业在日本迅速崛起,从传统手工业转向近代化,日本丝绸行业在国际市场上崭露头角。丝绸业给日本带来了巨大的利润,为日本近代化的发展奠定了物质基础,因此,丝绸产业在日本又被称为"功勋产业"。

但在 20 世纪 80 年代,日本蚕丝产量从两万吨直降到一千吨。事实上,从二战开始,由于日本国内的资本主义经济和外贸结构的变化,日本的生丝业已逐渐失去发展的动力。因此,在 20 世纪末,从出口增长来看,中国丝绸又一个外贸黄金的时代到来了。日本放弃了产丝行业,使得我国的丝绸出口额迅速增加,又一次成为世界上最大的丝绸出口国。当时,国际上的丝绸销量并未有很大的波动,甚至包括日本在内,他们虽然不生产丝绸,但是对丝绸的消费仍未减少,这导致我国丝绸出口量大增。

三、与印度的丝绸贸易

印度是世界产丝国中唯一的四种主要蚕丝——桑蚕丝、柞丝、热带和温带两种蓖麻丝及蒙加丝都能生产的国家。印度蚕丝的产量仅次于中国,是世界第二大蚕丝生产国家,也是最大的丝绸进口国家。

1947 年印度独立后,为发展民族工业,增加外汇收入,对蚕丝业进行重点发展。从 1951 年开始，印度政府还编制蚕丝业发展规划，并逐年增加对蚕丝业的财政支持。20 世纪 70 年代世界丝绸消费的增加，日本蚕丝业发展的停滞和中国丝绸出口受冷战及"文化大革命"的影响，为印度蚕丝业快速发展提供了良好的国际环境，其蚕茧产量、生丝产量超过日本位居世界第二位。

印度自 20 世纪 80 年代以来一直是中国蚕丝最大的出口市场。印度为弥补国内的生丝缺口，不得不从我国大量进口生丝，我国成为印度最主要的进口依赖对象。近几年来，印度国内织绸业发展较快，绸缎生产和对外出口逐步增加，对蚕丝需求越来越多。由于印度桑蚕丝受气候和地理因素影响，品质和规模都不能与我国桑蚕丝相比，印度自己生产的桑蚕丝大多用于手工织机及机械织机上的纬丝，每年需从中国进口白厂丝作为机械织机上的经丝使用。此外，印度还从我国进口坯绸来生产国内的大量丝绸产品。

中国自 2001 年加入 WTO 后，对印度蚕丝、坯绸出口数量激增，但是价格一路走低，且远远低于对世界出口的平均单价，尤其是坯绸出口价格差距更大，连续三年呈现了丝绸出口"贫困化增长"的倾向。自 2004 年后，出口价格开始提高，这种现象才有所遏制。但自 2001 年至今，低于全球平均出口单价的现象没有改变。

进入 21 世纪，中国出口到印度的生丝、坯绸既有成本优势，又有质量优势，且两国对外出口的丝绸市场又有重合，印度认为中国丝绸已对本国丝绸业的发展构成了威胁。另外，中国生丝、坯绸出口市场较单一，产业集中度低，近年来外贸出口企业激增，国内企业在对印度贸易的产品价格战中陷入了"囚徒困境"的博弈局面。

作为丝绸的故乡，中国在很早以前就开启了丝绸出口之路，伴着清脆的驼铃声、浑厚的波涛声，经由陆上丝绸之路和海上丝绸之路，古老国度里美丽的丝绸散播到世界各地。如今，"一带一路"载着国人的梦想踏上了崭新的征程，中国的丝绸出口必将谱写的辉煌！

参考文献

[1] 曹喜琛，叶万忠. 苏州丝绸档案汇编[M]. 南京：江苏古籍出版社，1995.
[2] 袁宣萍. 东方贸易与中国外销丝绸[J]. 丝绸，2002(6)：43—45.

（作者：吴莺云　许　瑶）

多姿多彩的苏州丝绸旅游节

"草长莺飞二月天,拂堤杨柳醉春烟",经过一个冬天的蓄积,万物都伸展开了,草儿绿了,花儿红了,莺歌燕舞,杨柳依依,一切是那么美妙,这是一个旅游踏青的好季节。2015年4月,享有"人间天堂"美誉的苏州迎来了第18届"东方水城"中国苏州国际丝绸旅游节,这是一件令苏州人高兴和骄傲的事情。

在苏州市工商档案管理中心的库房里,存放着一枚丝绸旅游节纪念徽章。这枚徽章由原上海市丝绸公司经理陆锦昌先生捐赠,圆形的徽章整体呈古铜色,正反两面刻有文字、图案。徽章正面(见图2-24)外圈刻着中英文对照的"中国苏州国际丝绸旅游节"字样,内圈以地球经纬线为背景,正中一座古城门,一根绸带状图案从城门穿过,字母"C""F"分列古城门两边。背面(见图2-25)则以虎丘塔、凉亭、树木等极具苏州地方特色的景致,描绘出美丽的苏州风光。据陆锦昌介绍,这枚徽章是1997年丝绸旅游节的纪念章。与这枚精致的徽章一同追忆着丝绸旅游节过往的,还有苏州市档案馆存放的一批关于丝绸旅游节的纸质档案,通过这些厚重的纸质档案,我们可以探寻丝绸旅游节不寻常的足迹。

图2-24 丝绸旅游节徽章正面

图2-25 丝绸旅游节徽章背面

丝绸旅游节情系苏州

苏州丝绸旅游节全称是"中国苏州国际丝绸旅游节",始于1990年。为何国际性的丝绸旅游节会选在苏州举行呢?

笔者认为丝绸旅游节并不是"丝绸的旅游节",而是并列的"丝绸节""旅游节"。众所周知,苏州是丝绸的故乡,拥有悠久的栽桑养蚕历史,明清时期出现了"东北半城,万户机声"的盛况,并逐渐享有"日出万绸,衣被天下"的美誉。20世纪90年代初,全世界90%的真丝绸来源于中国,而苏州丝绸产量又占全国总量的1/3。苏州丝绸以其繁多的种类、绚丽的色彩、优良的质地、高雅的格调蜚声中外,深受海内外人士的喜爱。因此,将国际性的丝绸节选在苏州举行是没有人有异议的。

同时,苏州是有着2500多年辉煌历史的文明古城,素以山水秀丽、园林典雅闻名天下,有"江南园林甲天下,苏州园林甲江南"的盛誉。苏州的小桥流水充满水乡特色,因此又有"东方威尼斯""东方水城"之称。苏州的旅游业因而很发达。

中国的很多城市都有自己极具特色的旅游景点,不少地区也拥有自己的旅游节,然而旅游业和丝绸业一并享有盛名的城市却屈指可数。丝绸业和旅游业为苏州的经济和文化发展作出了巨大贡献,美丽迷人的苏州成为中国国际丝绸旅游节的举办城市是幸运的,也是在情理之中的。

首届苏州丝绸旅游节的时间是1990年9月25日至29日,为期5天,主题是"中国(苏州)丝绸旅游节暨经济贸易洽谈会"(见图2-26)。这是一场规模盛大的节日活动,苏州市政府高度重视,常务副市长冯大江主持开幕式,市长章新胜致开幕词,全国人大常委会副委员长费孝通、江苏省省长陈焕友、苏州市委书记王敏生为开幕式剪彩。来自20多个国家和地区的客商以及国内一些省市的领导和宾客参加了这一隆重、热烈的盛会。期间,推出以苏州丝绸为主题的新颖旅游项目,举办经贸洽谈会,取得显著成效。这次丝绸旅游节取得了圆满成功,充分展示了苏州丝绸业与旅游业的雄厚实力和发展水平,向人们展示了苏州的魅力。

第一届苏州丝绸旅游节的胜利举行,增强了苏州人的信心和勇气。此后至1997年的8

图 2-26 1990 年丝绸旅游节宣传册

年间,丝绸旅游节大多在 9 月 20 日至 25 日期间举行,成为苏州固定的节庆活动。不过,丝绸旅游节似乎并非年年举行。笔者多方查找,未曾看到有关 1994 年和 1996 年丝绸旅游节的丝毫信息,很大可能是这两年并未举行。稳妥一点讲,1990 年至 1997 年期间,苏州至少举行了 6 届丝绸旅游节。

丝绸和旅游 18 年后重牵手

1998 年,苏州丝绸旅游节的丝绸与旅游"分道扬镳"。举办过多届的"中国苏州国际丝绸旅游节"不见了,取而代之的是在每年的 4 月至 5 月举办的"中国苏州国际旅游节",从 1998 年到 2014 年连续举办了 17 届。那丝绸节呢?1999 年,中国苏州国际丝绸节伴随着"对外经济贸易洽谈会""中国苏州科技成果交易会"一同举办。之后的 2003 年和 2004 年,又分别以"中国苏州国际丝绸节暨黄金旅游月"和"中国苏州国际丝绸节暨金秋旅游月"的形式出现。2001 年和 2002 年也举办过丝绸节,但相关的宣传报道很少,丝绸节的名称、主题也无从寻起,可见这一时期的丝绸节已不再是公众关注的焦点。2004 年之后,丝绸节就在苏州彻底销声匿迹了。至 2014 年,中国苏州国际丝绸节停办了整整 10 年, 这 10 年也差不多是苏州丝绸产业陷入低谷的 10 年。21 世纪初,外资大规模进入苏州,改变了苏州的产业格局,新兴的 IT 等产业占比急剧增大,纺织业被认为是夕阳产业,而被划归为纺织业的丝绸产业也因技术落后、恶性竞争等原因面临着全行业亏损。

可是丝绸岂能和中国、和苏州断了联系?丝绸是古代中国先于四大发明的对人类文明的伟大贡献。薄若蝉翼、柔如春水的丝绸有着其他面料无可比拟的优点,对人体还有保健作用,被誉为"纤维皇后"。丝绸不应该也不可能被遗忘。它是苏州的金字招牌,失去丝绸的苏州,变得不那么完美。苏州丝绸又是一个幸运儿,2012 年,苏州市委、市政府作出"传承发展苏州丝绸产业,提高苏州丝绸品牌和形象,重振苏州丝绸文化的影响力"的战略部署,并出台了《苏州市丝绸产业振兴发展规划》,从政府层面支持丝绸产业。2014 年 APEC 会议上令人印象深刻的"新中装"采用了宋锦面料,苏州丝绸企业有幸承担了面料的生产工作,古老的苏州丝绸焕发出新的生机。如今,国家提出"一带一路"战略构想,有利于促进丝绸之路沿线各国的经济繁荣与区域经济合作,加强不同文明间的交流互鉴,促进世界和平与发展,是一项造福世界各国人民的伟大事业。2015 年,苏州迎来了第 18 届中国苏州国际丝绸旅游节,"第 18 届"是从旅游节的角度来说的,从丝绸旅游节的角度来看应该是第 7 届。我们大可不必纠结是多少届,重要的是苏州丝绸和旅游相隔 18 年后终于重新牵手了,苏州丝绸乘着"一带一路"的东风再次扬帆远航。(见图 2-27)

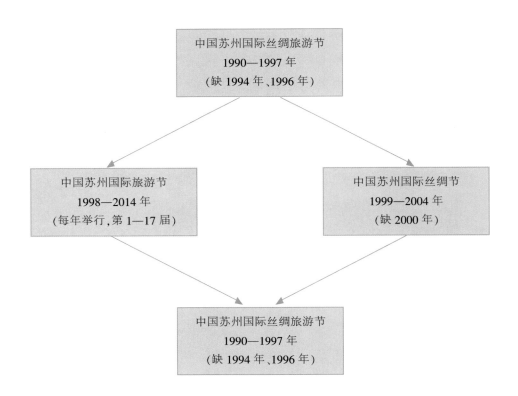

图 2-27　中国苏州国际丝绸旅游节的发展演变

多彩的活动,喜人的成果

　　中国苏州国际丝绸旅游节以丝绸、旅游搭台,经贸、商业唱戏,历届节日都举办了多姿多彩的活动,不仅宣传了苏州对外开放的形象,而且加强了苏州与海内外的联系。通过特色活动,宣传苏州,广交朋友,吸引外资,发展贸易,促进旅游,成果喜人。

　　丝绸旅游节凭借苏州丝绸和旅游的独特优势,弘扬了苏州灿烂的吴地文化,同时有力促进了经济的发展。对外经济贸易洽谈会和国内贸易活动是每届丝绸旅游节的必备项目,年年和丝绸旅游节并肩作战,且均取得了不菲的成绩。每届丝绸旅游节期间,来苏参加经贸洽谈会的海外客商和嘉宾平均都在千人以上,许多重要的外资项目都是通过丝绸旅游节达成意向,并签订协议的。这些经贸活动,对促进苏州外向型经济发展、加快苏州经济国际化都起到了重要作用。(见表 6)

表 6　丝绸旅游节暨经贸洽谈会参加客商人数及内外贸易成交额一览

年　份	1990 年	1991 年	1992 年	1993 年	1995 年	1997 年
参加国家和地区数量(个)	20	23	35	39	20	49
参加客商人数(人)	300 (境外)	700	1480 (境外)	1557 (境外)	4100 (境外 900、 国内 3200)	1200
外贸成交额(亿美元)	0.6	0.82	1.84	2.11	2.2	1.35
内贸成交额(亿元)	12 (苏州市区)	14	13.44	15.76	13.4	4.6

　　经贸洽谈会给苏州带来了可观的经济收益,除了洽谈会以外,还有很多形式多样的活动让人大饱眼福。为了传承悠久的丝绸文化,围绕丝绸的活动必不可少。丝绸时装、服饰表演,苏州丝绸博物馆开馆典礼,苏州丝绸博物馆和丝绸工业巡礼展,参观苏州丝绸发展历史和养蚕、缫丝、织绸全过程的"丝绸生产一条龙",吴文化与苏绣表演,中国国际丝绸会议……这些活动向人们展示了丝绸的神奇和美丽,增强了丝绸在人们心目中的地位,人们被迷人的丝绸深深折服。

　　当然,丝绸旅游节上也少不了特色旅游项目。古典园林游、江南水乡游、观鱼采珠游、古典夜园游等极富苏州特色的活动,每届丝绸旅游节都会亮相。除此之外,每届丝绸旅游节还有新颖突出的新项目奉献给观众,如灯展夜市、石湖"吴越春秋主题游乐园"、桥岛风光游、丝绸文化游、苏州乐园桂花节、光福窑上村农家乐系列游、上方山索道游等活动带给人们全新的感受,使人们沉浸在欢乐的节日氛围中。

　　2015 年的苏州丝绸旅游节是苏州丝绸和旅游分手 18 年后的首次相聚,活动内容自然丰富精彩。此次丝绸旅游节围绕"游东方水城,品苏式生活"的旅游品牌,以中国大运河成功申遗和 2015"丝绸之路旅游年"为契机,充分挖掘苏州作为蚕桑丝绸发源地之一的历史文化渊源以及宋锦、苏绣等"非遗"技艺,将丝绸文化、运河文化与苏州旅游紧密融合,结合在苏举办的第 53 届世乒赛,推出了一系列创新的活动。开幕式上的荧光夜跑活动可谓一大亮点,3000 名参与者身着荧光夜跑专用 T 恤或携带自备的荧光道具沿南门路指定线路(吴门桥—觅渡桥,总长约 3 千米)进行奔跑,塑造阳光、健康、活力的城市者形象。

　　节日期间,还举行了 2015 苏州国际旅游交易博览会、"美丽中国、最美苏式生活"春季旅游系列采风行动、第二届"风尚苏州"微电影大赛、城市微旅行等富有新时代特征的活动。伴随互联网的飞速发展,节日期间还举行了"看精彩世乒,品苏式生活"、舌尖上的苏州——全民美食大搜索等网络宣传活动。另外,还有第八届全民欢乐大比拼、第六届环金鸡湖半程马拉松赛等"活力苏州"系列活动为节日增光添彩。

丰富多彩的活动点亮了苏州丝绸旅游节,使世界各地的朋友认识了苏州,了解了苏州。丝绸和旅游,犹如鸟之双翼,赋予苏州这只巨鸟腾飞的力量。

中国苏州国际丝绸旅游节有着辉煌的昨天,今天它又以光鲜亮丽的崭新姿态出现在人们面前,相信它的明天一定更美好!

参考文献

[1] 张晓莲.中国丝绸文化的大检阅——90'中国(苏州)丝绸旅游节纪盛[J].今日中国(中文版),1991(1):58–59.

[2] 龚霞娟.90'中国(苏州)丝绸旅游节观感[J].丝绸,1990(12):62–63.

[3] 沈源荣.姑苏通五洲　丝绸联情谊[J].江苏丝绸,1990(5):1.

[4] 郭巍.苏州国际旅游节城市旅游效应研究与思考[J].资源开发与市场,2012(10):949–951.

[5] 张远.城市节庆旅游效应研究——以苏州国际旅游节为例[J].绿色科技,2011(8):235–237.

(作者:栾清照　原载《档案与建设》2015年第6期)

雷人又迷人的太监弄

在苏州最繁华的观前街南边,有一条 200 多米长的巷子。与人们印象中烟雨江南清静幽长的小巷不同,这条巷子可是闻名中外的美食一条街,是吃货们的聚集地,而且它还有个颇为任性的名字——太监弄(见图 2-28)。作为国内唯一一条以"太监"命名的街巷,太监弄一度还在网上引发了热议。初闻这巷名,相信许多人和我一样会感到疑惑。这以美食著称的街道怎么会有这么雷人的名字? 它与太监又究竟有什么关系呢?

图 2-28 "太监弄"路牌

一

太监弄位于宫巷北端西侧,东起宫巷,西越北局至邵磨针巷,所以最早名为"宫巷南西巷"。但是后来又更名为"金玉如意弄"。"金玉""如意"就是两个太监的姓名。《吴门表隐》云:"按二监(即金玉、如意),赐明太保俞大悦侍从,筑室以住,即今太监弄。""太监弄"之名,在民国二十三年(1934)编纂的《吴县志》上开始著录,这是依据当地的史实而命名的。

要说太监应在皇宫内待着,可金玉、如意这两位太监怎么会出现在江南水乡苏州呢? 这就不得不提及苏州的丝织业了。众所周知,苏州素有"丝绸之府"的美称,蚕桑业和丝织技术非常发达,出产的丝织品久负盛名。据史料记载,从宋朝开始,全国的经济重心由北方往南方迁移,北方精湛的丝织工艺也随之被带往南方,这使得苏州的丝织业得到发展和繁荣。元朝,为了满足宫廷对丝绸的需要,在苏州设立了织造局,专门为皇宫采办丝织品。由此开始,历朝都设立了管理织造的官府。明代,朝廷在苏州设立的织造局就位于与太监弄衔接最紧密的北局,其遗址便是如今苏州最繁华的人民商场所在地。

苏州织造局建立后,承担着大量的差派任务。比如,明天顺四年(1460),苏、松、杭、嘉、湖五府,就在常额外增造彩缎7000匹;弘治十六年(1503),苏、杭两局曾增织上贡锦绮24000匹。如此重大而辉煌的临时任务,常常会比额定的数量高出几十倍。而负责管理苏州织造事务的人,正是皇帝特派的亲信太监,他们还带了若干中小太监作助手,就在北局附近驻营。据《苏州织造局志》载,明朝的历代皇帝,均派内官、内使、太监来苏州监管织造局,少则一二人,多则十来人。如成化年间(1465—1487)派太监罗政、陆英、麦秀来苏州监管;正德年间(1506—1521)派太监龚洪、杨轼、芮景贤、晁进、孙锐、张玉、浦智、廖宣、梁玉、李彬等来苏州监管。这让当时姑苏城内没亲眼见过太监的老百姓们很是好奇,把他们当作茶余饭后闲聊的话题,并以此戏称其所在地为"太监弄"。时过境迁,原来巷子的名称逐渐被人们所遗忘,"太监弄"这个称谓也由此流传下来了。

谈及太监,大多数人的第一反应就是被阉割之人。实际上,在太监弄里居住的太监并非为阉人。据史料记载,我国自唐代开始就设有太监这个官职。"太"即"大"也,古人常将"太"字写作"大"字,"大监"也可写作"太监"。各种官府的主管都称为"太监",其下有少监、监丞。在元代之前,"太监"一词与宦官毫无关系。到了明代,二十四衙门及其他机构的主管均称为"太监",这才开始与上层宦官有所联系。宦官是皇宫内看门之人,为了防止淫乱后宫的妃子及宫女,所以必须阉割。到了清代,太监与宦官才成为同义语。所以,明、清两代的太监,并非都是阉人,朝廷派来苏州监管织造事务的"太监",也只是一种官名而已。

二

辛亥革命前后,随着北局废址的开发,太监弄逐渐繁荣起来。早先太监弄有东西段之说,东段是太监弄,西段原称"青年路",因清宣统三年(1911)基督教设"青年会"而得名,到1982年才统称"太监弄"。青年会的设立,使得娱乐场所和各大菜馆纷纷在此开设起来。民国元年(1912),太监弄中吴苑深处茶馆开业,各种小吃茶点摊汇聚茶馆内外。民国十八年(1929)新苏旅社建成后,由此向南的苏州电影院、大光明电影院、东吴乾坤大剧场(后称开明大戏院)相继兴起。民国二十三年(1934)国货商场(今人民商场)落成开业,一时北局成为老百姓们休闲娱乐的好去处。北局中央有块空地,在此栽花种树,放置板凳,由此,北局也成了人们口中常念叨的"小公园"。可以说老苏州人无人不知北局,无人没到过北局。

那作为明、清时期太监们工作的场所为何唤为"北局"呢?是否还有"南局"之说?清朝沿袭了明代"江南三织造"的旧体制,在城南带城桥下塘设立苏州织造总局,称"南局"(今天苏州第十中学所在的位置)。老百姓为了方便区分这两家相同性质的官府,于是就称原来的织造局为"北织造局",简称"北局",巷名即以"北局"名之。同一时期,苏州竟然拥有两处皇家的织造局,足以证明苏州的丝绸生产在全国占有多么重要的地位。

康熙十三年(1674),织造局改为织造衙门,又称织造府或织造署。除在北京设立织染局外,全国只在苏州、杭州、南京三处设织造府,其中苏州织造府规模最大,形制也最为宏伟,已远远超过了普通官府的地位。这一时期,可以说苏州的织造完全可以代表国家的水平。苏州织造署还倍受清朝皇帝的恩宠,康熙二十三年(1684),朝廷斥巨资于府中西花园建造行宫。康熙、乾隆两位皇帝南巡时曾多次驻跸行宫内,织造署也因此被披上了一层神秘的面纱。后来,在曹雪芹的旷世巨作《红楼梦》中,我们稍许了解到了其中的人文风物。曹雪芹的祖父曹寅、舅祖李煦曾先后担任苏州织造一职。曹雪芹的曾祖母曾经是康熙皇帝的乳母,祖父曹寅曾是康熙的侍读,也是康熙孩提时代的玩伴。曹雪芹青少年时期,曾在织造府的"荇溪别墅"中住过较长时间,因此对此地留下了深刻的印象,使得苏州织造署与《红楼梦》有了深深的关联。

三

"天堂是苏州,吃煞太监弄",如今的太监弄就如这一姑苏名谚所说的那样,成了闻名中外的美食一条街,各种菜馆鳞次栉比,有乾隆时期创始的松鹤楼,被搬上银幕的得月楼,大名鼎鼎的王四酒家……尝完苏帮菜,还有最具苏州特色的苏式馄饨、小笼包、酱汁肉、各式糕点等着你品尝。看着眼前琳琅满目的小吃,身处巷中的你,定会流连忘返。(见图2-29)然而苏州人似乎从没想过要去美化它的名字,这正体现了苏州人尊重历史文化的态度。

图 2-29　如今的太监弄已成为中华餐饮名街

丝绸产业自古以来就是苏州一张亮丽的城市名片，为了传承和保护丝绸文化，苏州也一直在努力。2012 年初《苏州市丝绸产业振兴发展规划》出台，对传承发展苏州丝绸产业、提高苏州丝绸品牌和形象、重振苏州丝绸文化的影响力有着重要意义，传统丝绸产业也迎来了新的发展机遇。目前，苏州市工商档案管理中心也正在筹建中国丝绸档案馆，这个国内首家在地级市落户的"中"字头的国家级档案馆，也将为苏州丝绸历史文化的传承与发展翻开新的篇章。

再次徜徉在太监弄里，眼前灯火辉煌、车水马龙，令人不禁联想起它 200 多年前的样子：热闹的北局，繁盛的苏州丝织业，当然还有来来往往、手握一方大权的太监们。现实是历史的延续，当你读懂太监弄后，你会发现喜欢它不仅仅是因为美食，还有它本身承载着的苏州历史，以及与苏州丝绸相连的这种深切情缘。

参考文献

[1] 宋执群. 锦上姑苏[M]. 苏州:苏州大学出版社，2014.

[2] 潘君明. 苏州街巷文化[M]. 苏州: 古吴轩出版社，2007.

[3] 李奕仁. 神州丝路行:中国蚕桑丝绸历史文化研究札记[M]. 上海: 上海科学技术出版社，2013.

[4] 孙珮.苏州织造局志[M]. 南京:江苏人民出版社，1959.

[5] 曹雪芹. 红楼梦[M]. 北京: 人民文学出版社，2000.

[6] 李平生. 丝绸文化[M]. 济南: 山东大学出版社，2012.

（作者：谢素婷　原载《档案与建设》2015 年第 9 期）

苏南蚕桑民俗初步研究

苏南养蚕植桑起于何时,史无可考,从考古发掘材料看,吴越先民从新石器时代开始就饲养家蚕了,在吴兴钱山漾遗址、河姆渡遗址、苏州唯亭草鞋山遗址等地发现了家蚕丝织物和纺织工具,充分说明苏南养蚕历史的悠久。魏晋南北朝时期,江南的丝绸生产得到了长足的发展,固守江东的孙权曾专门颁布"禁止蚕织时以役事扰民"的诏令。隋唐时代,江南丝绸业发展更快,据《吴郡志》载唐之土贡,考之《唐书》所贡,有丝、葛、丝绵、八蚕丝、绯、绫布。明清苏州丝绸生产不断向周围农村地区扩散,促进了江南市镇的兴起。据清《吴江县志》《震泽县志》记载:"绫绸之业,宋元以前惟郡人为之,至明熙宣间邑民始渐事机丝,犹往往雇郡人织挽,成弘而后,土人亦有精其业者,相沿成俗。"

从古至今,江南一带惯养两蚕,即春蚕、秋蚕,尤其是春蚕,在农民的经济生活中占据重要地位,有"春蚕半年粮"之说。蚕桑民俗丰富而多样,兹简述如下,以求教于大方。

一、祭蚕神与祛蚕祟

蚕神(见图 2-30),考之中国史籍,名称甚多,有西陵氏(嫘祖)、马头圣母、寓氏公主、天驷星君、菀窳夫人、蚕花娘娘……在江南民间流传祭祀最广的还是嫘祖和马头娘娘,乡民称为"蚕王菩萨""蚕花娘娘",镇上有蚕王庙专门供奉。据当地老人回忆,震泽蚕王殿中为五花蚕神,相传她三眼六臂,一只竖眼位于额中央,盘腿而坐,手捧蚕花。震泽蚕农每当蚕事之前,皆备香烛前往蚕王殿祭蚕神,祈求丰收。不仅如此,蚕农还要到镇上南货店买"神马",也称"马张"——是一张印在红纸上的木刻蚕神像,请回家贴在蚕室里,在孵蚁、蚕眠、出火、上山时都要备供品供奉。可惜震泽蚕王殿已不存。

图 2-30　王祯《农书》中的蚕神

盛泽镇至今还完整保留有先蚕祠,位于盛泽老街。来到先蚕祠前,首先映入眼帘的是一座高大而精致的砖雕门楼,正门上方挂着"先蚕祠"竖匾。大门两侧各有一个辅门,门头有分别刻着"织雪""绣锦"字样的描金方匾。先蚕祠俗称蚕王殿,也是当地的丝业公所,清道光二十年(1840)当地蚕农为祭奠蚕花娘娘而建,是苏南乃至全国丝业公所规模最大的建筑,曾因一年一度的"小满戏"而名噪江南。

蚕农除祭蚕神外,还有到杭州烧香祈蚕桑丰收的习俗,流传至今不衰。而且往往是苏锡常的蚕农到杭州烧香,而浙江桐乡、湖州等地蚕农却到苏州来烧香。她们结伙成队,坐香船赴杭,自备糕粽为食,喜欢购买泥猫,称之为"蚕猫",或在腊月购买苏州桃花坞木刻年画之蚕猫图,放在蚕房中辟邪驱鼠,并购买竹篮、饭篮作采桑、送饭之用。如今,除了年纪大的妇女到杭州烧香外,大多年纪轻的妇女、姑娘只想趁初春春蚕前的空闲到西湖游玩一番而已。

二、照田蚕、念蚕经

新中国成立前每年岁末,蚕乡有照田蚕习俗,"田间缚藁条于长竿擎而燃之以祈丝谷"。立春迎春牛,"民间争取春牛土置床下,云宜田蚕"。在震泽农村,每逢清明节,有民间艺人用稻草扎一马形,身披胄甲,骑在马上,敲打木鱼、小锣,来到蚕农家门前,说唱吉利话,祝蚕茧丰收。这种说唱形式当地称为"念佛句",念完后蚕农给米一升左右或现金若干。这种说唱形式可能是受佛教出家人化缘习俗的影响,故而当地蚕农称之为"念佛句"。当地民间艺人预祝丰收的吉利话十分符合蚕农祈望蚕茧丰收、发财富裕的心理,所以在当地很受欢迎,今已少见。笔者曾和其他采编人员在震泽的徐家村采录了一篇完整的《马明皇菩萨念蚕经》,经文从蚕的孵出到上山结茧,发财致富,描绘了蚕成长的全过程。全文如下:

> 马明皇菩萨到门来,身骑白马上高山,
> 上海城里出东门,勿是今年出来明年出,
> 宋朝手里到如分,马明皇菩萨勿吃荤来勿吃素,
> 只吃点金针、木耳、素团笋。
> 蚕室今年西南方,曾出东南对龙蚕,
> 清明过去谷雨到,谷雨两边堆宝宝,
> 头眠眠来齐落落,二眠眠来崭崭齐,
> 九日三眠蚕出火,楝树花开促大眠,
> 促好大眠开叶船,来顺风,去顺风,
> 一吹吹到河桥洞,毛竹扁担二头尖,
> 啷啷挑到蚕房边,喂蚕好比龙凤起,
> 吃叶好比阵头雨。

大眠回叶三昼时,小脚通跑去上山,

东山木头西山竹,满山茧子白满满,

廿四部丝车二面排,当中出条送茶汤,

东面传来莺哥叫,西面传来凤凰声,

红袱包,绿袱包,一包包了十七、廿八包。

东家老太要想阅,西家老太要想放,

亦勿阅来亦勿放,上海城里开爿大钱庄,

收着蚕花买田地,高田买到寒山脚,

低田买到太湖边。(注:阅,吴语,"藏"的意思)

在苏南一带,民间信仰的神灵大多称"菩萨"或"老爷",马明皇菩萨又称"马明王""马明菩萨",即蚕王马头娘。据《山海经》所载,马头娘是据树吐丝之女子。荀子《蚕赋》称蚕为其身柔婉而马首。民间流传最广的神话当是该神为民间女子,为马皮裹身,悬于大树间,遂化为蚕,说明古人认为蚕与马有相似之处,蚕头似马头,因而称之为"马头娘"。民间受佛家影响又称之为"马明皇菩萨"。蚕与女子关系密切,如袁珂先生所言:"吾国蚕丝发明甚早,妇女又专其职任,宜在人群想象中,以蚕之性态与养蚕妇女之形象相结合。"故称蚕神为"蚕娘娘""马头娘娘"。

在节日饮食上,震泽、盛泽的蚕农有清明日吃螺蛳的习俗,但这天吃螺蛳不能用嘴吸出而用针挑吃,称"挑青"。相传蚕宝宝有病称"青娘",吃空的螺壳要向屋顶上抛,要使"青娘"无处藏身无法作祟,因而起到压邪作用。同时还要在蚕室门前地上用石灰画弓和箭的形状,谓可驱蚕祟,求得蚕宝宝顺利成长。此外,家家蚕室门上要贴红纸条,挂桃叶、楝树叶驱鬼,求得蚕宝宝无病无灾,然后家家闭户,不相往来,专心育蚕,直到蚕宝宝"上山"结茧。如清顾禄《清嘉录》卷四所云:"环太湖诸山,乡人比户蚕桑为务。三四月为蚕月,红纸黏门,不相往来,多所禁忌。治其事者,自陌上桑柔,提笼采叶,至村中茧煮,分箔缫丝,历一月,而后弛诸禁。俗目育蚕者曰'蚕党'。或有畏护种出火辛苦,往往于立夏后,买现成三眠蚕于湖以南之诸乡村。谚云:'立夏三朝开蚕党。'开买蚕船也。"以此说明明清以来蚕习俗成,相沿至今。

三、育蚕习俗

育蚕前须先打扫蚕室,洗涤晾晒蚕具,给蚕宝宝创造一个清洁的环境。蚕妇无论老少皆头戴红彩纸折成的花朵,称为"戴蚕花",以祈蚕茧丰收。

育蚕先要孵蚁蚕,蚕娘穿棉袄,将蚕种焐在胸口,靠体温孵蚕,称为"暖种",蚕娘在养蚕期间须独宿。当蚕蚁孵出后,蚕室内须置火盆,保持温暖,但又不能太热,太热则伤蚕,当地有"春蚕宜火,秋蚕宜风"之谚。桑叶揉碎喂食,当蚕蚁开始吃叶后,用鹅毛拂蚁蚕,大约是为蚁蚕打扫卫生。然后昼夜须谨慎小心,室温的冷热,蚕宝宝的饥暖，全由蚕娘细心感受与照顾。叶不能喂得太快，亦不能太慢，太饱太饥皆于蚕不利。蚕一生要蜕四次皮，才变成老蚕，每蜕一次皮叫一眠。三眠后，天气转暖，蚕也渐渐长大，火盆撤出蚕室，称"出火"。蚕皆过秤以便结茧时计利。这时家家做茧圆，茧圆用糯米粉捏成，长圆形，中间略凹，实心，蒸而食之，象征蚕茧丰收。

又过五六天蚕眠，称"大眠"，这时须不断供应新鲜桑叶，不能使蚕宝宝饿肚子，因为这时是蚕丝质量好坏的关键，谚语有"蚕老到熟，叶要吃足"。如当年天气晴好，则本地桑叶不够，蚕农常从桑叶行里购买来自洞庭东山和乌镇的桑叶，在外来桑叶进蚕室前，蚕农先用桃枝在桑叶上拍打几下以驱邪祟。

六七日后，蚕的身体变得透明且不吃桑叶，则把早已准备好的稻草编的蚕簇（也有用竹制的花簇）一排排架好，蚕要上簇了，蚕农称"上山"。但此时仍须薄铺桑叶，恐期间尚有未熟之蚕。邻里亲戚间开始恢复串门，评看结茧情况，并互相馈赠，称为"望山头"。赠物多为鲞鱼及方形米粉糕，中央置糖或肉馅，称之为"水糕"。"鲞"意为"想"，期望蚕茧丰收；"水糕"吴音与"丝高"同音，即生丝高产。如这时天气寒冷，则要在山棚下生火盆，叫"灸山"。七天后蚕结茧完毕，开始采蚕工作，称"落山"。然后把采下的茧子称一称，将"出火"时所称蚕的分量与茧子的分量比较，计得利失利。按清《震泽县志》："以每出火蚕一斤收蚕十斤为十分，过则得利不及则失利。"我们常听蚕农说蚕花廿四分，只是一种好的口彩而已。

自此养蚕全过程结束，蚕家大门打开，称为"蚕开门"，蚕月大忙暂告一段落，接下来是煮茧，分箔缫丝，"……不中织染，亦另缫丝为丝缚，惟细长而莹白者，留种茧外，仍以缫细丝"。清时进士钱仪吉的乡风诗，其中有专咏"蚕开门"风俗的，其诗曰："二月扫蚕蚁，三月伺蚕眠。四月蚕上箔，五月蚕开门。落山土地初献祠，邻曲女儿从笑嬉。今年去年叶贵贱，上浜下浜眠早迟。桑影初稀榆影繁，蛹香塞屋旋缫盆。新丝长落知何价，城中人来索蚕罢。"其诗虽咏嘉兴风俗，相邻震泽亦如此。

四、养蚕的禁忌

因为蚕很娇贵，而蚕民全年的日用开支多赖养蚕卖丝所得，所以称蚕为"蚕宝宝"。吴语地区有生男称宝宝的风俗，蚕农视蚕为自己的儿子，可见其呵护之亲。古人为了专心致志地养好蚕，在养蚕时节是不许人来客往的，各家各户都紧闭大户，谢绝亲朋，怕外人会带进什么不吉利或不干净的东西，影响了蚕的生长，这就形成了蚕乡许多独特的禁忌。"三吴蚕月，风景殊佳，红贴粘门，家多禁忌。闺中少妇，治其事者，自陌上桑柔，提笼采叶，村中茧煮，分箔缫丝。一月单栖，终宵独守。每岁皆然，相沿成俗。"

蚕月里禁忌颇多：忌油烟熏；蚕妇忌吃辛辣食物；忌饲雾气天摘的桑叶；忌丧服产妇入蚕室；忌生人闯入；忌在蚕室周围动土锄草；忌拍打蚕箔，防止财气拍光；如

有死蚕，只能悄悄拣出，不能言语，更不能说"死"字。在言语上的禁忌就更多了，在平时的生活中，忌说"僵(姜)""亮"，因为僵蚕、亮蚕、酱色蚕皆是蚕病，说"姜"叫"辣烘"，避"酱油"说"颜色"；因豆腐谐音"头腐"而忌说，雅称"白玉"；甚至忌"伸""笋""爬""扒"字，因扒蚕即倒掉死蚕，又称倒蚕；忌用破损的蚕匾，"坍匾"就是倒蚕。

这些禁忌有许多是蚕农在实际养蚕过程中的经验教训总结，如忌生人闯入，忌在蚕室周围动土锄草，忌吃辛辣食物等。大部分语言上的禁忌则反映了蚕农寄希望又恐惧的心理，其中有一定的科学成分。这些禁忌是为了蚕有一个良好的成长环境，以减少疾病的发生。随着时代的发展，这些语言禁忌已逐渐失去了其原始的意义，人们相沿成习，成了一种语言习惯，或者说是"俗语"化了，已成了当地民间语言的一部分。

五、妇女与蚕丝

人类创造蚕神，不管蚕花娘娘、马头娘娘，还是先蚕圣母西陵氏嫘祖、寓氏公主……都是女性，这足可以说明蚕与女性密不可分的关系，以及传统小农经济社会"男耕女织"的生产方式在民间信仰习俗上的反映。

在苏南地区，蚕家女儿自幼跟母亲养蚕缫丝，"女未及笄，即习育蚕"，十几岁时已经是个熟练的养蚕能手了。在震泽、盛泽地区，有女儿的蚕家，娘家在女儿出嫁时必打制新丝车为陪嫁，新妇到婆家第一年蚕月须独自养蚕、缫丝，让村里人评看养蚕与缫丝的技艺。养蚕缫丝业中，妇女是主要劳动力，独当一面。从养蚕到缫丝耗费的体力固然比耕作渔猎劳动轻，但更需要细致与坚韧的忍耐力，所以当地称养蚕妇女为"蚕娘"。且蚕茧的收入在家庭收入中占重要比例，"春茧半年粮""蚕好半年宽"，所以蚕桑地区的妇女家庭地位相对江南其他纯稻作生产地区为高。栽桑、养蚕的能手，缫丝技术精湛的妇女，尤其受婆家的喜欢和村邻的称赞，而且还是当地姑娘、媳妇养蚕缫丝的好老师，在当地的社会地位亦比较高。

参考文献

[1] 清《震泽县志》卷二。

[2] 清乾隆《吴江县志》卷三十九。

[3] 清《震泽县志》卷二十五。

[4] 清·郭麐：《樗园清夏录》卷下。

[5] 清·顾禄：《清嘉录》卷四。

(作者：沈建东　原载《档案与建设》2015 年第 10 期)

苏州丝绸之乡的传统习俗文化

　　"君到姑苏见，人家尽枕河。古宫闲地少，水港小桥多。"古典园林、小桥流水是苏州给人最初的印象。这座2500多年的历史名城孕育了独具特色的吴文化，有传承至今的昆曲、评弹、苏绣这类艺术瑰宝。苏州亦被称为"丝绸之府"，明清时期就有"东北半城，万户机声"的繁荣景象。

　　丝绸离不开蚕桑，苏州地理位置优越，适合种桑饲蚕。当时苏州一带的农村养成了种桑养蚕的习俗，至今还保留或风行着一些与丝绸密切相关的民间习俗。例如，蚕乡的妇女上至老妪、下及孩童都会用各色彩纸折成花朵插在发髻或辫梢上，或是买些绢花来作发饰，称为"戴蚕花"。此习俗相袭至今，后又将这种蚕花作为吉祥物用于婚嫁迎亲等场合。

　　农历大年初一有"焐蚕花"的习俗。习惯早起的蚕娘们要在这一天故意睡得迟一些起床，多在床上焐一会，以寄托对蚕事兴旺的美好心愿。这个习俗来源于旧时生产中的"暖种"。旧时养蚕，为了催发蚕种孵化，蚕娘们要连续多日把蚕种纸焐在胸前，靠体温来促使蚕种孵化。

　　农历大年初二有"接蚕花"的仪式，也是蚕乡"接灶"的日子，家家户户预先用红、黄、绿三色的彩纸做成许多小花，粘成一个花丛，中间再粘上一只纸元宝，称之为"蚕花"。届时，将"蚕花"和灶神像一起接进家中，供在灶头上的神龛之中。直到腊月二十三"送灶"的日子，再将"蚕花"和灶神像一并送出家门焚烧，这时"蚕花"就成了正儿八经的蚕神了。

　　"三旬蚕忌闭门中，邻曲都无步往踪。犹是晓晴风露下，采桑时节暂相逢。"农历的三、四月份，农村开始忙于养蚕，视为蚕月。古时由于农村缺乏养蚕知识，在养蚕季节有诸多禁忌。比如，在养蚕期间往往不允许生人冲撞蚕室，以免蚕宝宝受惊害病。为此，采用了关门的方法，连左右亲邻都暂停走动。家家户户都大门紧闭，日常生活起居均改从边门进出，此风俗称为"关蚕门"。蚕农会在蚕室的大门上贴有"育蚕""蚕月知礼"等字的红纸，规定不能随意出入蚕室，不能在蚕室周围割草，豆腐只能称其为"白玉"，不能说出"姜"字(病僵蚕的谐音)，视为"蚕禁"。乾隆《震泽县志》

中也有记载,"禁喧阗,忌亲朋来往"。倘若还是有人不小心闯入了蚕室,将被视作不祥之兆。待生人走后,主人会备酒菜及一小捆稻草卷,到生人回去的三岔路口祀拜,以示送走了由生人不小心带进来的鬼祟。

到了蚕宝宝三眠以后,蚕茧丰收在望之时,就要"谢蚕花"。每户人家都要做上一碗"茧圆"来祭供蚕花娘娘,祈求蚕神庇佑蚕事一切顺利。蚕农喜将蚕神称为"蚕花娘娘"。传说蚕花娘娘在世时最爱吃小汤圆,又叫"蚕圆"。诗有云:"蚕种须教觅四眠,买桑须买树头鲜。蚕眠条老红闺精,灯火三更作茧圆。"现在蚕圆并不仅仅在蚕花娘娘生日才做,已逐渐演变成了一种应时的点心,用于馈赠亲朋好友。如今,盛泽仍保留着这种"蚕祭"风俗。在当地修有先蚕祠,供奉着嫘祖(蚕花娘娘),在每月的初一、十五老百姓会来此烧香祭拜(见图 2-31)。

图 2-31　祭拜蚕神娘娘

除了上述各种禁忌、习俗外,当然也有盛大的民俗活动。如"双杨会",是江南丝绸之乡每十年一次的特色盛会,始于清中叶,源于震泽镇东五里的双杨大庙。"双杨会"实则是在水上赛舟,显示江南水乡特色的一种迎神赛会。赛前,农历正月二十城隍开印日开始发帖邀请。双杨乡每个圩出一只会船,沿吴江县南部,经震泽、梅堰、平望,直至终点盛泽,历时半月。会船所经之地,都是蚕桑之乡。会船装饰各有千秋,灯彩用色彩艳丽的真丝绫扎球挂彩,船上有楼台戏阁,演出各种形式的节目,如举行水上敬神表演,新颖奇特,引人入胜。有的会船上还会展示各种"辑里丝"和"盛绸",犹如流动展览会,吸引来自四方的观会者。可惜由于种种原因,1934 年后,"双杨会"再无举行。

还有沿袭至今的小满习俗。据悉到了二十四节气的小满,蚕神祠庙皆开锣演戏,为蚕神生日庆贺。据地方志记载,小满当日各地蚕神祠庙皆演小满戏,连演三天,按惯例第一天为昆剧,第二(正日)、第三天为京剧,皆延请名班名角登台,所演戏目由丝业公所精心挑选、点定,皆是祥瑞之戏,盛况空前。在沈云所作《盛湖竹枝

词》中有这样的描述："先蚕庙里剧登场,男释耕耘女罢桑。只为今朝逢小满,万人空巷斗新妆。"盛泽先蚕祠于清道光二十年(1840)建成后,每届小满节酬神演戏成为定例,持续近百年。1937 盛泽镇沦陷后,先蚕祠内一度驻扎日军,日渐破败。1947年,勉强演过一次。新中国建立后,先蚕祠被征用为粮库,1976 年戏台又被拆除。小满戏停演半个多世纪后,1999 年盛泽镇政府投资 500 多万元对先蚕祠进行了全面修复,于当年 11 月 6 日,先蚕祠恢复原貌,翌年各项祭拜活动得以恢复。自此"小满戏"成为盛泽的一项传统节目。

农历七月十五的中元节,是俗称的"鬼节",这一天,江南蚕乡又迎来一大盛事——中元节赛会。自明崇祯年间起,盛泽就有中元赛会。赛会从农历七月十三开始至十六日结束,由绸行、领投、染练坊等行业出资赞助。请出东西两庙的观音、韦驮神像,组成仪仗队、民乐队、荡湖船、灯船、采莲船、龙船、荡秋千、掮阁、抬阁等游行。所谓的掮阁、抬阁,由木板扎成。掮阁是由一名壮汉肩负,中间坐一个男孩,装扮成剧中人物,或是几个掮客组成一出戏。抬阁则是由四个人共抬,阁中有两个或三个女孩,分别扮演一出戏的不同角色。赛会规定所需的孩童均为十岁以下,故又名"童子会"。童子们身着各式绸缎服装,手戴手镯、戒指等。各式彩船、掮阁皆用各种彩绸装饰,并缀满白兰花,香气袭人,可见其排场的盛大。《盛湖竹枝词》中有云:"观音赛会肇天崇,总角彩衣萃百童。罗绮金珠争斗富,后人踵事失遗风。"白天的余兴一直延续至午夜,晚上四乡的年轻机户织工还会聚集在镇上竞唱山歌。乾隆《盛湖志》中记载:"中元夜四乡佣织多人及俗称拽花者(旧式花楼机上提花的少年)约数千计汇聚东庙并昇明桥,赌唱山歌,编成新调,喧阗达旦。"

可见,在历史长河中,苏州作为蚕桑丝绸之乡传承着独具特色的民俗文化。人们在赞赏丝绸珍品的同时渴望了解其文化的发展史。可以说,苏州的丝绸,承载着苏州悠久的历史。丝绸作为一张城市烫金名片,成为苏州吴文化的重要组成部分,与吴文化相得益彰。

(作者:史唯君)

苏州丝绸的文化风情

苏州应该是一座绝无仅有的城市。她没有上海的繁华,也没有皇城根下北京的霸气,有的是小桥流水、古典园林、吴侬评弹和柔滑丝绸的那种属于苏州的精致婉约味道。来到苏城,华丽富贵的丝绸的确是苏州的一道人文景观,假如苏州是一本书,那么苏州丝绸就好比是引子。飘逸在苏城每一条巷陌、每一节橱窗里的一绫姣绡,都有着历史沉淀的香味。

太湖流域自然条件优越,植根太湖资源,苏州丝绸得天独厚。早期的史料记载以及经考古发掘得到的古绢残片、丝绳等,均能证实苏州历来就是我国蚕桑丝绸的重要基地。到了明清时期,"日出万绸,衣被天下","苏纱""苏缎"闻名于世,苏州成为名副其实的"丝绸之府",同时也带动了其他吴门技艺的发达、繁荣,为苏州的刺绣、戏衣、服装、制扇提供了优质的原料。《红楼梦》中有"苏州最是红尘中一、二等富贵风流之地"一说,官贾富商集聚的苏州,成就了苏州丝绸的悠久璀璨。1981 年 7 月英国皇储查尔斯结婚,就选用了苏州东吴丝织厂生产的高级丝绸衣料"塔夫绸"作为结婚礼服的面料。

苏州丝绸里收藏着几多风情往事,历史在苏州的绫罗绸缎里娓娓道来。

史料记载,为满足宫廷对丝绸的需求,自元代起,朝廷就在苏州设立织造局,专门为皇宫采办丝绸。明代由太监兼理织造,顺治年间建织造局,又名"总织局",康熙年间改为织造衙门,亦称"织造府"或"织造署",在江南设置了三处,苏州、南京、杭州各一处。苏州织造署与江宁、杭州织造署并称"江南三织造"。1684 年(康熙二十三年),在织造署西侧建行宫,作为皇帝"南巡休憩之所"。原织造署规模宏敞,占地甚广。可惜1860 年(咸丰十年)全部毁于兵火,1871 年(同治十年)重建,但未能恢复旧貌。

清朝苏州织造署,坐落在带城桥下塘,现在是苏州第十中学校园。苏州织造署衙门,如今也是苏州十中的校门(见图 2-32)。织造署的旧衙门还完整地保留着,是全国重点文物保护单位。根据康熙、乾隆的原始起居档案记载,康熙皇帝六次下江南到苏州,六次都住在苏州织造署;乾隆皇帝六次下江南到苏州,五次住在苏州织造署。节假日,静静的园子,没有喧嚷,没有不息的人影。这里曾是苏州织造署的西花园,为皇帝行宫后花园。坐蹲在衙门口的两只清朝的青石狮子,虽有些残缺破损,

图 2-32 苏州织造署大门旧址

还是能给人一些当年显贵、荣耀的遐想的。秋风过处，斑驳的树叶飘落在它们身上、脚下，若是再飘洒一场秋雨，那种落寞的气息，更会让人思古怀旧、欲语还休了。

清代的织造署，是一个特殊的官衙，是皇宫的外派机构，专门负责为皇室采办丝绸等生活用品。苏州织造署第一任织造是曹寅，他就是《红楼梦》作者曹雪芹的祖父。《红楼梦》是中国文学史上的一部旷世巨作，是中华民族的经典文化。《红楼梦》中有不少地方提及苏州的人文风物，有红学专家认为，《红楼梦》中叙述描写的宁国府，就有苏州织造署内西花园的影子。

《红楼梦》所描写的众多人物关系，也均出自"江南三织造"：作者曹雪芹的祖父曹寅和舅祖李煦，曾先后担任苏州织造之职。曹寅的母亲孙氏，来自于杭州织造孙文成的孙家，曹寅的妻子李氏来自于苏州织造李煦的李家。织造使曹寅之母曾为康熙帝之乳母，曹寅幼年也曾入宫陪康熙读书。康熙当了皇帝，就派了一个肥差给曹寅，让他到织造署当织造。曹寅在苏州只待了一年，过后就被转派到了南京。接替曹寅的是曹寅妻子的哥哥李煦，李煦在苏州任职长达 29 年。杭州的织造姓孙，也是曹寅的亲戚。古代官场的这种联姻关系，不禁让人想起《红楼梦》里的一句话："一荣俱荣，一损俱损。"今天我们见到的织造署旧址，是乾隆时候的格局。1780 年，乾隆 70 岁，第五次下江南。为了乾隆的这次南巡，苏州修整了织造署，在正寝宫前，从留园移来了太湖石瑞云峰。今天，瑞云峰还矗立在十中西花园，为江苏省重点保护文物。瑞云峰为我国著名的江南园林三大名石之一，是北宋末年"花石纲"遗物，产自太湖西山岛上的谢姑山，有"妍巧甲于江南"之美誉。

南京与杭州的织造署早已荡然无存了，苏州织造署因为当年王谢长达在此办学而得以保存。在这里，昔日为取悦皇上的丝竹琴音，今日已化为琅琅的书声了。

故事很长纸太短，苏州丝绸与文学巨著《红楼梦》的相关对接到这里就画上句号了。可是苏州丝绸又翻开了新的篇章，2013 年 5 月，中国丝绸品种传承与保护基地正式落户苏州市工商档案管理中心，这标志着国内首家丝绸品种基地在苏州诞生；同年 7 月，经国家档案局批复同意，中国丝绸档案馆落户苏州。丝绸是瑰宝，她不仅是苏州的，也是中国的，苏州丝绸历经沧海岁月积淀，定然宛如苏城"茉莉"，活色生香。

（作者：陈燕萍）

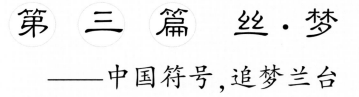

第 三 篇　丝·梦

——中国符号,追梦兰台

华夏文明有着五千年的悠久历史，勤劳聪慧的中华儿女在历史的长河中创造了一个个奇迹。丝绸，可以说是这些奇迹中最绚烂的一个，也是最美丽的发明，堪称中国符号！

高贵典雅、轻薄柔软、精致细腻……丝绸带给人们太多美好的感受，作为丝绸的故乡，丝绸是国人的骄傲，承载了国人的无数梦想。古丝绸之路的驼铃声似乎仍在耳旁悠扬地回荡，今天的"一带一路"载着绮丽的中国梦再次踏上新征程！本篇汇集了新闻媒体等宣传报道丝绸档案的文章 20 篇，展示了这些档案从偏居一隅到惊艳世界的行走足迹。

有梦想的日子是充实的，面对馆藏数万卷珍贵的丝绸档案，苏州市档案局和苏州市工商档案管理中心的工作人员怀揣满满的梦想，希望用档案人的热情和努力使丝绸文化得以传承和发展，让兰台梦和丝绸梦比翼双飞！

从偏居一隅到惊艳世界

2014 年 11 月 10 日第 22 次 APEC 大会晚宴，亚太国家领导人穿着苏州宋锦制成的"新中装"向世界亮相，宋锦得到了它诞生一千年来最大的荣耀。而此前，它因工艺繁复而少有人知，偏居一隅。《人民日报》2014 年 11 月 15 日作了《华贵宋锦出深闺》的大幅报道。

宋锦，始于宋代，因主要产地在苏州，又称"苏州宋锦"，与南京云锦、四川蜀锦并称"中国三大名锦"。

在 APEC 舞台惊艳世界之后，宋锦的不俗身世、从档案样本和小众产品向"中国符号"的传奇转化才被人追捧。这次转化正是由档案部门、科研机构和丝绸企业三方合力缔造，宋锦因此突破传统工艺产量稀缺的束缚，得以在现代化机器上批量生产。这样的转化正在继续。

图 3-1　肖芃（右）向合作丝绸企业授牌

在 2012 年底与钱小萍古丝绸复制研究所、"新中装"宋锦面料提供方吴江鼎盛丝绸公司签署协议，合作开发丝绸档案的基础上，档案部门持续与企业、高校开展合作（见图 3-1），2014 年选定 4 家企业，档企合作恢复宋锦、纱罗、漳缎等传统丝绸珍品的工艺。

中国丝绸档案馆 2013 年获国家档案局批准落户，已明确选址和 1000 万元专项经费，机构编制请示经省长李学勇签署并呈国务院，筹建人员奔走于全国征集档案，积极开展丝绸跨界科研、产业开发和文化发掘。目前中国丝绸档案馆已于互联网产生超过 12 万条的搜索结果，成为苏州丝绸产业振兴大局的焦点工作，也必将在习近平主席提出的"丝绸之路经济带"宏图中发挥独特作用。

丝绸,因其运输之需而繁衍了一条沟通东西方文明的"丝绸之路"。在 APEC 舞台的惊艳登场再次证明:丝绸之美,仍可征服世界。

苏州是"丝绸之府",苏州市档案馆馆藏的"苏州商会档案(晚清部分)"列入首批《中国档案文献遗产名录》,其中不乏丝绸的身影;"近现代苏州丝绸样本档案"也于 2014 年 11 月通过《中国档案文献遗产名录》初审。我们乐享地利之便,也深感传承、弘扬的责任,借助于宋锦的"新中装"效应,开设了苏州丝绸档案专栏。

苏州市档案馆中的丝绸踪迹,市工商档案管理中心 30 多万件丝绸样本档案的百年身世,中国丝绸档案馆和丝绸产地、丝绸人的结缘……这个专栏要讲述的故事有很多,它们是传承丝绸文化和档案文化的薪火。

当前,"一带一路"是中国的发展新战略,即建设"丝绸之路经济带"和"21 世纪海上丝绸之路"。此时追本溯源,发掘以苏州为中心的丝绸档案的文化内涵,是很有意义的。

(作者:肖　芃　原载《档案与建设》2015 年第 1 期)

苏州推进"丝绸档案+"档案资源开发利用新模式

"十二五"期间，基于国家重视丝绸工作的历史机遇和苏州丝绸档案的非凡价值，苏州主动融入中心，持续以"丝绸档案+"为驱动，发掘档案价值，支持丝绸产业创新，促进跨界融合，利用档案开发的丝绸新品多次被 APEC 会议、世乒赛、9·3 阅兵等重要活动选用，"近现代苏州丝绸样本档案"更是成功入选《世界记忆亚太地区名录》，苏州市委书记周乃翔批示说"成功入选对于保护、传承、弘扬、创新苏州丝绸品牌意义重大"。宝贵的档案资源走出深闺、焕发生机，为经济社会发展做出了新的贡献。主要做法如下：

一、摸清家底，认清价值

2012 年苏州市政府出台丝绸产业振兴规划，积极推进本地传统丝绸产业的新兴发展。2013 年习近平主席在出访期间，提出共建"一带一路"的倡议，此后"一带一路"上升为国家战略。基于这样的背景，苏州市档案部门从馆藏近 200 万卷苏州民族工商业档案中，认真整理出 29592 卷（其中样本 302841 件）近现代苏州丝绸样本档案，这批档案是 19 世纪末到 20 世纪末，苏州众多丝绸企业、单位在技术研发、生产管理、营销贸易、对外交流过程中直接形成的、由纸质文图和丝绸样本实物组成的、具有保存价值的原始记录。大量的设计意匠图、生产工艺单、产品订购单及各个历史时期对外贸易的出口产品样本等，均得到了系统保存。

在入选《世界记忆亚太地区名录》之后，国家档案局局长李明华称，"近现代苏州丝绸样本档案"成功通过评审很有意义，这是近年中国参加《世界记忆亚太地区名录》评审工作的重要成果。当前中国在倡导"一带一路"建设，这组档案反映了丝绸之路文明的重要方面，把它展示出来，对档案系统助推"一带一路"建设具有重大作用。世界记忆亚太地区名录分委会主席儒扎亚在入选理由中称：从档案中提供的样本和工艺技术文献，可以非常全面地了解中国、苏州的丝绸生产和发展历史。

二、借力借势，跨界创新

1. 丝绸档案+"一带一路"战略

通过辛勤整理和系统性的价值发掘，近现代苏州丝绸样本档案从散存到整合，从默默无闻到入选世界记忆，立足档案角度讲好"中国故事"，进而让档案承接丝绸之路文明，通过历史记忆增进中国与"一带一路"各国的感情。

2. 丝绸档案+本地丝绸产业振兴规划

由于在规划出台前夕及早介入，成功争取到将丝绸档案的保护和开发列入整体规划之中，为了给这批丝绸档案找一个更加专业、更具影响的保存和开发平台，在人大代表建议和市政府同意之后，马不停蹄奔赴国家及省档案部门、商务部、丝绸和档案行业协会以及国内"中"字头博物馆等，学习创建经验，争取各方支持，最终"苏州中国丝绸档案馆"牌子获国家档案局、国务院办公厅批复同意，这是苏州"大档案"格局和档案开发工作有里程碑意义的成果，对丝绸档案的专业保护和开发有深远利好。

3. 丝绸档案+现代丝绸产业发展

与中国匠人习惯口耳相传以至于技艺变形、人逝技绝不同的是，这些宝贵的、第一手的技术记录如同精细的菜谱，极具可传承性，它们既是一代又一代丝绸从业者承前启后、精益求精的工匠精神的证明，更为今天的工艺传承、跨界创新提供了充沛灵感，具有极大的参考价值和经济应用价值。档案馆与本地丝绸企业共建了14家"苏州传统丝绸样本档案传承与恢复基地"，提供档案中的丝织品样本和技术资料，逐步恢复、创新濒危的传统丝绸工艺，使档案走上产业化开发新路，实现了向创新力和生产力的转化。江苏省档案局主要领导称赞苏州"档企合作"开发方式为档案界提供了新鲜经验，打破了传统档案利用的框框和方式，把档案资源的开发利用同地方社会发展、经济建设、城市文化和百姓美好生活相结合，具有推广价值。

4. 丝绸档案+档案科技研究

鉴于丝绸档案的特殊性，已开展2个国家级项目、4个省级项目和13个市级项目，在专业期刊发表丝绸档案研究文章30多篇。与苏州大学合作的"丝绸样本档案纳米技术保护研究及应用"项目，研制采用纳米无机材料制成的保护剂，对真丝样本予以有效保护，该项目申报了4项国家专利，分别荣获国家、省档案优秀科技成果三等奖、一等奖。"苏州丝绸百年纹样档案公共数据平台"项目获国家茧丝绸发展专项资金资助，拟建立一个开放的丝绸纹样档案公共数据平台，供丝绸企业社会公众共享。此外，经中国丝绸协会同意，建立了全国唯一的"中国丝绸品种传承与保护基地"，经中国档案学会和江苏省丝绸协会同意，建立了2家丝绸档案文化研究中心。

5. 丝绸档案+档案文化传播

这批档案跨越的正是中国皇权社会结束、现代社会兴起,国家从积贫积弱到走向富强的特殊历史时期,在留存技艺之余,也凝聚了洋务运动以来民族工业家们实业兴邦的报国情怀,是民族精神,也是复兴梦想。产生这批档案的绝大多数企业,已在 21 世纪初的国企改制中消亡,更添一番沧海桑田的意味。极具张力的历史背景、丰富的人文内涵等,使得近现代苏州丝绸样本档案被媒体青睐有加,在百度对"中国丝绸档案馆"进行双引号精确搜索,得到的结果超过64000 个。档案馆还编辑出版了《丝绸艺术赏析》,与核心期刊《档案与建设》在 2015 年合作开辟了"档案中的丝绸文化"的年度专栏,2016 年又开设"苏州丝绸样本档案"的全年期刊封底图片专栏。丝绸档案正在获得越来越多的关注。

6. 丝绸档案+行业展会

这也是借力的一个重要手段。近两年,先后参加第四、第五届苏州创博会和 2015 广东 21 世纪海上丝绸之路国际博览会、在浙江湖州召开的 2015 中国丝绸大会等,相继推出《中国丝绸档案馆征集成果展》《库藏丝绸实物史料陈列展》等,珍惜一切机会,展出丝绸样本档案,宣传中国丝绸档案馆建设情况。4 月 22 日第五届苏州创博会"都市丝绸国际论坛"上,苏州市档案局局长肖芃作为 6 位邀请嘉宾之一作了主题演讲,这是苏州档案人首登丝绸国际论坛。同台演讲的还有泰国农业部研究员楚姆雅努特·科莫王、法国第一视觉面料博览会副主席波塞利、天猫商城丝绸板块总监何婷等。这也从侧面反映出苏州丝绸样本档案工作影响日增。

三、追求长效,再创经验

为了让"丝绸档案+"模式长效运行,以苏州中国丝绸档案馆为平台,在人才和制度两方面做出了积极探索。

1. 组建专家智库

聘任全国茧丝绸行业终身成就奖获得者钱小萍女士、中国文物学会纺织文物专业委员会王亚蓉会长、故宫博物院范洪琪研究员等 25 位国内丝绸专家,组建专家库,为丝绸样本档案的专业性保护、开发出谋划策。同时非常重视自有人才的培养,通过档案科研、撰写论文、编书、办展等锻炼专业人才,目前专职人员中已有副高以上职称 3 人。

2. 健全管理制度

在获得市政府划拨的档案征集专项经费之后,立即制定实施了《丝绸档案征集专项经费使用方案》和《征集档案价值评估标准》,对珍稀档案进行专业的价值评估。工作人员奔赴全国重点丝绸产地,追寻丝绸行业前辈的足迹,按制度征集、征购、获赠档案 2 万多件,不断延伸馆藏触角、填补馆藏空白,多位丝绸行业国家级、省级文化遗产传承人的档案入藏。

3. 再创苏州经验

约 10 年前苏州启动的改制企业档案管理工作被誉为"苏州模式",曾在中俄企业档案工作会议上作经验推广。2015 年,苏州承担的国家档案局科技项目子课题——"改制企业档案资源归属与流向及改制企业档案价值鉴定与处置办法或操作细则"通过验收,为国标起草提供直接经验。目前苏州中国丝绸档案馆实体建馆工作已选定馆址,获市政府投资 1.5 亿元,有望在 2016 年内开工,丝绸档案保护与开发前景光明。我们将努力使苏州以"丝绸档案+"驱动的、以跨界创新和融合发展为特色的档案开发工作,再次为中国档案行业发展提供新的经验。

(作者:周 济 谢 静 卜鉴民)

柔软的力量

——苏州市工商档案管理中心抢救与保护丝绸档案纪实

丝绸是人类的瑰宝,被人们赞誉为"纤维皇后"。提到丝绸,"柔软"定是必不可少的。中国丝绸正是凭借着这种"柔软"之力,走出了一条世界闻名的"丝绸之路"。

守护中国丝绸之根

丝绸档案,就是在丝绸产品的设计、试样、生产、管理及交流等相关实践活动中所形成的清晰的、确定的、完整的、特定的有形物品。作为丝绸文化的载体,它们记录了人们在传承和弘扬丝绸文化道路上的奋斗足迹,反映了不同时代、不同阶层人们的审美风尚及衣冠礼制,既是民族文化的象征,也是社会认同感和归属感的基础,有着不可忽视的社会影响力。

丝绸今天的发展和明天的辉煌,离不开对丝绸昨天的记录。然而在历史发展的进程中,不少优秀的传统丝绸品种已经逐渐消失,如生于秦汉、盛于唐宋的"链式罗"就早已失传。再近一点,中国三大名锦之一的宋锦,随着 1998 年苏州宋锦织造厂的倒闭,工艺技术逐渐失传,一些熟悉宋锦生产的老艺人多已亡故,在世的也均已年过古稀,宋锦已濒临人亡技绝之境。对丝绸档案的收集、整理和保护,已刻不容缓。

苏州市工商档案管理中心自成立以来,一直致力于丝绸档案的抢救和保护。2012 年至今,中心根据苏州市委、市政府提出的"传承发展苏州丝绸产业,提高苏州丝绸品牌和形象,重振苏州丝绸文化的影响力"的战略部署,历时多年,整合了以苏州东吴丝织厂、光明丝织厂、丝绸印花厂、绸缎炼染厂等为代表的 41 家原市区丝绸企事业单位的 50 余万卷文书、科技、会计类档案和丝绸样本档案,万余件(册)与丝绸有关的史料、书籍档案,以及数千卷丝绸商会档案,并于 2013 年底摸清了家底,使馆藏丝绸样本档案数量由原来估算的 8 万余件刷新至 28172 卷,共计 30 余万件。

丝绸样本档案是馆藏丝绸档案中最为夺目的一部分,号称中心的"镇馆之宝"。

它形成于 19 世纪末到 20 世纪末之间，见证了晚清、民国、新中国成立、"文化大革命"、改革开放等近现代中国最重要的几个历史阶段，涵盖了绫、罗、绸、缎、绉、纺、绢等 14 大类织花和印花样本（见图 3-2），全面真实地记录了 100 多年来丝绸花色品种的演变与发展，从一个侧面折射出近现代中国各阶段的丝绸文化与社会政治

桑丝绉	横 罗	天香绢
织锦缎	装饰锦	色织锦绸
	迎光绡	绨
花广绫	华达呢	锦醋立绒
腊羽纱	明华葛	彩条纺

图 3-2 丝绸十四大类

经济、人民生活之间的密切关系以及审美观、价值观对丝绸的影响,所包含的历史、人文、经济价值等难以估量。

丝绸样本档案的主要载体是丝织品,丝织品本质上是一种动物蛋白纤维,这就决定了它寿命的短暂性,极易因受到污染而损坏,因此很难长久地保存下来。而国内不同历史时期、不同产地以及不同企业生产的丝绸产品又往往由不同部门管理,想要全部收集汇总难度非常大。因此,像中心保管着的数量如此之大、内容之全、质量之高的丝绸样本档案实为国内乃至世界罕见。鉴于特有的系统性、完整性、稀有性,以及在历史、文化、艺术等方面表现出的价值和特色,丝绸样本档案目前已被列入《江苏省珍贵档案文献名录》,并由多名丝绸界、档案界专家学者联名推荐申请列入《中国档案文献遗产名录》。

那么,如何最大限度地延长丝绸样本档案寿命,就成为摆在中心面前的一大难题。丝绸质地敏感,对保存的环境要求极为苛刻,现有的传统防护手段很难满足完好保存大量珍贵样本的要求。为此,中心设立了丝绸样本档案特藏室,专门用于存放丝绸样本档案,并尝试利用新的技术,保持存放空间的恒温恒湿。然而,由于国内外对丝绸产品保护没有统一的标准与手段,丝绸样本档案即便在恒温恒湿环境下,也难免会随着时间的推移产生褪色、发黄、脆裂、老化等迹象。

2013 年 9 月,中心联合苏州大学启动了省级科技项目"丝绸样本档案纳米技术保护研究及应用",着力研制可普遍应用于丝绸制品的新型纳米无机抗菌保护剂,解决丝绸样本档案的防微生物腐蚀和抗光氧化等问题。将纳米技术应用于丝绸档案保护,是中心在科研领域的又一大创新,它突破了传统保护手段的局限,开辟了档案保护技术的新途径。2013 年,该项目顺利通过江苏省档案局专家鉴定组的终审验收,保护剂陆续在中心、苏州市档案馆、苏州丝绸博物馆以及苏州丝绸行业协会等单位先行试用,取得了令人满意的效果。

复活中国丝绸之魂

2014 年 4 月 18 日,第三届中国·苏州文化创意设计产业交易博览会拉开帷幕,吴江鼎盛丝绸公司将古老的宋锦艺术与现代需求相融合生产的宋锦拉杆箱、宋锦提包等系列产品(见图 3-3)大放异彩,给人留下了深刻印象。据悉,该公司研发的一款复原传统纹饰图案的宋锦披肩已被选为国礼。这批宋锦系列产品的样本图案,正是源自苏州市工商档案管理中心的丝绸档案。

2012 年,中心与吴江鼎盛丝绸公司合作,以宋锦样本为蓝本,通过对机器设备的改装,复制出菱角小龙、环球龙纹等图案,再变换新颜色,设计出了新的花型。除

图 3-3　宋锦系列产品

了用宋锦制作名画卷轴外,还将其面料经纳米处理,利用图案特征,贴皮制作成各种皮具。这家以生产面料为主的纺织企业,也由此迈进了终端零售消费品领域,并在文化领域寻找到了自己的立足点。2013年底,国内首个以宋锦为主题,集科普教育、创意产业、生态休闲、旅游购物于一体的丝绸文化产业园——中国宋锦丝绸文化产业园,在苏州启动建设。激起这千层巨浪的,正是数十万卷丝绸档案中的几件宋锦样本,这也是中心馆藏丝绸档案中最早被"复活"的一批档案。在中心保管的丝绸档案里,像这样具有极高价值、等待着"复活"的档案还有很多。

丝绸凭借其精美的花色、复杂的工艺,在充分展现丝绸美学价值的同时,也向世人传递着中国丝绸丰富的文化内涵和厚重的历史底蕴。部分档案所附的产品工艺单,更是从技术层面清晰地展示了中国传统丝绸产品的工艺特征、结构技巧、产品规格、纹样色彩等,这些宝贵的、不可再生的技术资料,对今后复制或开发生产同类产品具有极大的参考和应用价值,并能为新产品的开发提供创意。

为了使更多的丝绸档案从库房中"走"出来,中心付出了很多努力。除了前文提到的中国宋锦丝绸文化产业园,还有正在筹划的坐落于苏州著名的历史文化街区平江路的钱小萍宋艺坊。钱小萍,国家级丝绸专家,也是宋锦技艺唯一的国家级传承人,在国内外均有很高的影响力和知名度。以钱小萍名字命名的宋艺坊,将以原生态的苏州民居为主体格调,向社会公众形象地展示苏州宋锦的传统生产方式——"东北半城,万户机声"的家庭小作坊,呈现给公众更加真实和厚重的宋锦历史文化。此外,中心还积极与高校、科研院所、企业合作,围绕丝绸档案的开发利用开展科研创新,先后申报了"苏州丝绸样本档案的抢救性保护与开发""丝绸样本档案之'宋锦织造技艺创新研发'""苏州丝绸样本档案的重生"等近十个项目,其中多个项目荣获了省、市级荣誉。

编织中国丝绸之梦

在过去的一年里,苏州市工商档案管理中心先后收获了两块以"中"字打头的牌子,分别是"中国丝绸品种传承与保护基地"和"中国丝绸档案馆"。2013 年 4 月,经中国丝绸协会批准,中国丝绸品种传承与保护基地落户苏州,成为国内首家也是目前唯一一家丝绸品种的保护基地。2013 年 7 月,经国家档案局批复同意,中国丝绸档案馆落户苏州,成为全国地市级城市唯一一家"中"字头档案馆和国内第二家"中"字头专业档案馆,同时也是国内首家和唯一一家专业的丝绸档案馆。

目前,中国丝绸档案馆的筹建工作正在紧锣密鼓地进行中,定位、功能、职责等也有了细致规划,筹建中国丝绸档案馆还作为重点工作列入了 2014 年苏州市政府工作报告。中国丝绸档案馆的建立,将有效吸纳国内外更多的丝绸档案和丝绸文化资源,进而形成丝绸档案的征集、保管、展示、教育、应用、推广、研究与交流基地。随着中国丝绸档案馆的筹建,目前已经启动了立足华东、面向全国的丝绸档案征集行动,并召开了京沪丝绸专家档案征集工作会议,短短半年里已征集到实物样本、文书、照片等丝绸相关档案资料近 500 件,钱小萍、范存良等一大批国内知名丝绸专家的个人档案也已入藏中心。

经过一年多的努力,中心与国家商务部茧丝绸协调办公室、中国丝绸协会和江苏省丝绸协会建立了紧密联系,与国家档案局、江苏省档案局在发掘丝绸档案方面达成了共识,与地方丝绸行业协会和丝绸企业的合作得到了拓展,并通过老企业家沙龙活动把散落在民间的众多老丝绸人凝聚在一起,形成了一张氛围融洽的丝绸人脉网。30 余万件丝绸档案,为我国丝绸产业的发展和历史文化的传承提供源源不断的养分。已经建立的中国丝绸品种传承与保护基地和正在筹建的中国丝绸档案馆,为丝绸企业技术的进步、丝绸文化的增强和国家软实力的提升搭建了一个潜力无限的平台。

丝绸档案作为丝绸文化的基础,承载着数千年的丝绸历史,它本身就是一份活的文化遗产,既给我们提供了强大的基础支撑作用,又提供了未来发展的动力,对丝绸产业技术发展有着不可替代的作用。借助丝绸档案以及其特有文化的软实力,由档案人编织的中国丝绸之梦已初具雏形,这个梦不仅是丝绸人的梦想,也是档案人的梦想,更是全体中国人的梦想!梦想已经起步,未来,我们能走得更远!

(作者:陈 鑫 卜鉴民 方玉群 原载《中国档案》2014 年第 7 期)

苏州丝绸样本档案的重生

档案中的丝绸文化

一、苏州丝绸样本档案的前世今生

苏州丝绸和苏州刺绣一直被并称为烫金的"苏州名片",但在苏州刺绣仍在绣娘们手中飞针走线的今天,苏州丝绸却逐渐被边缘化,日渐衰弱。

1. 曾经辉煌

作为苏州最古老最传统的产业,丝绸与苏州相生相伴,血脉相连,数千年来经久不衰。明清时期,苏州"东北半城,万户机声",从事民间丝绸织造及流通者超过 10 万人,丝绸产业领先全国。到民国,苏州丝绸产业链完整,制作精良,质量上乘,花色品种繁多, 是当时中国出口的主要工业产品, 也是享誉世界的中国代表性工业产品。新中国成立后,经过公私合营,苏州市区百余家厂整合为振亚、东吴、光明、新苏四家丝织厂和新光漳绒厂及两个漳绒合作社,同时建立了苏州丝绸研究所、丝绸工学院等科研教育单位,逐渐形成了一个较为完整的丝绸工业体系。

2. 日渐衰落

20 世纪 90 年代,苏州丝绸留下了一段悲壮的历史。城区经济"退二进三"的发展浪潮,使苏州丝绸产业元气大伤,大批丝绸企业破产关闭,工人解散,机器变卖……丝绸产业从苏州支柱产业迅速沦为边缘工业,产地也仅余吴江一隅。随后的十年,是苏州丝绸阵痛的十年,苏州市丝绸局、工艺局等行业主管部门先后被撤除,丝绸产业日趋边缘化。

3. 破茧重生

丝绸产业的没落,让众多丝绸人痛心疾首。在这沉默的十年间,苏州市工商档案管理中心积极行动,系统地抢救整合了原市区丝绸系统企事业单位的各类档案,总数达 177568 卷,涉及文书、科技、会计、产品实物等多种类型。而最引人瞩目的,则是一批总数达 8 万余件的苏州丝绸样本档案。这批丝绸样本档案涵盖了绫、罗、绸、缎、绉、纺、绢、葛、纱、绡、绒、锦、呢、绨等 14 大类织花和印花绸缎,较为完整地反映了近百年间苏州市区及国内重点丝绸产地绸缎产品演变的概貌, 呈现出数量庞大、类别齐全、地域性强、时间跨度长、开发利用和历史研究价值高、文化底蕴浓厚、潜在商机巨大等特点,成为苏州市工商档案管理中心当之无愧的"镇馆之宝"。最重要的是,它为日后苏州丝绸的复兴留下了珍贵的"火种"。(见图3-4)

2012年,《苏州市丝绸产业振兴发展规划》的出台,拉开了苏州丝绸产业复兴的大幕。规划指出,要"传承发展苏州丝绸产业,提高苏州丝绸品牌和形象,重振苏州丝绸文化的影响力……实现我市丝绸产业在市场经济条件下的有效振兴"。值此契机,苏州市工商档案管理中心充

图3-4 中心馆藏丝绸样本档案

分挖掘自身优势,不断探索新思路、新方法,在丝绸样本这一特定档案的管理、保护、展示和开发上力求创新,并取得了不菲的成绩。

二、推动苏州丝绸样本档案重生的创新之路

中心馆藏的丝绸样本档案绝大部分来自苏州本市丝织、印染织和丝绸科研等企事业单位,是由在绸缎设计、试样、生产及交流过程中积累的绸缎样本、制作工艺和产品实物等组成的珍贵史料,既有稀有的用于制作英国查尔斯王子和戴安娜王妃订婚礼服的真丝塔夫绸,以及用于制作英国伊丽莎白女王服装的真丝印花层云缎,又有民国时期的风景古香缎和漳缎祖本、新中国成立初期的绸缎样本、"文革"时期出口的绸缎样本、历届广交会参展的绸缎样本,还有近四次党代会专用红绸绸缎样本,而且完整包含了国内外重点丝绸产地绸缎样本、苏州地产绸缎样本和苏州产仿真丝绸样本等。如何将这些丝绸样本档案妥善保管并善加利用,是摆在中心面前的重大课题。中心开拓思路,积极探索新的管理方法、保护措施、展示途径和开发手段,为推动苏州丝绸样本档案的破茧重生走出了一条创新之路。

1. 引入科学标准,创新管理方法

作为集中管理全市国有(集体)改制企事业单位档案资料的单位,中心积极引入ISO 9001质量管理体系,于2010年正式启动贯标认证工作并顺利通过审核,获

得中国质量认证中心颁发的质量管理体系认证证书，随后坚持不断解决体系运行中发现的问题，确保了质量管理体系的有效运行。2012年9月，中心又成功创建了国家二级综合档案馆，成为国内首家通过此体系测评的集中管理改制企业档案的档案馆。至此，中心实现了对包括丝绸样本档案在内的馆藏档案的科学管理，开创了体系互补、管理规范的新局面。

2. 寻求技术支持，创新保护措施

由于丝绸质地敏感，对环境要求极为苛刻，中心专门辟出库房用于单独存放苏州丝绸样本档案，并按企业、品种等分门别类地予以保存。在此基础上，中心积极创新保护措施，寻求高科技手段和专业技术支持，力求更好地保护这批珍贵档案。

图3-5 《丝绸样本档案纳米技术保护研究及应用》开题会

一是积极寻求高校、科研院所的专家给予技术支持。2012年，中心与苏州大学功能纳米与软物质研究院、苏州市中景信息技术有限公司合作启动了"丝绸样本档案纳米技术保护研究及应用"项目，积极探索纳米技术在丝绸样本档案保护领域的作用。目前该项目已列入江苏省档案局科技项目。(见图3-5)

二是广泛寻求专家学者的帮助。丝绸具有特殊性，要想将其妥善保护，必须要有专业人士的指导。因此，中心积极寻找民间的专家、大师来出谋划策，一方面专门邀请了著名丝绸大师钱小萍女士作为中心的特聘顾问，为中心丝绸样本档案的保护与开发提供专业指导；另一方面成立了"苏州市民族工业老企业家沙龙"，成员包括苏州市原工业企业的老厂长、老书记等领导和高级技术人员，深入挖掘老企业家作为"民族工商业活化石"的价值，共同为丝绸样本档案的保护与开发出谋划策。

三是积极申报珍贵档案保护名录。中心在2012年启动了苏州丝绸绸缎样本档案申报珍贵档案保护名录过程，目前已顺利列入江苏省第四批珍贵档案保护名录。中心将继续开展国家级珍贵档案保护名录的申报工作。

3. 共建陈列展示馆，创新展示途径

为了使这批珍贵的档案养在深闺也能有人识，中心在如何向世人更好地展示

苏州丝绸样本档案方面颇费心思，一方面充分利用现有的两间实物库房和一间民族工业史料展厅，将丝绸样本档案在显要位置予以展示；另一方面与苏州著名历史文化街区——平江路历史街区合作，在平江路单独设立展览馆，为展示苏州悠久的丝绸文化和丰富的丝绸资源提供了一个更为宽广的平台。

4. 多方合作共赢，创新开发手段

为了充分实现丝绸样本档案的价值，中心积极与多家单位展开合作，合作对象既有专业技术型的单位，如苏州大学、苏州丝绸博物馆、钱小萍古丝绸复制研究所等，也有合作开发型的企业，如吴江鼎盛丝绸有限公司等。它们或向中心提供技术性支持，或合作进行丝绸文化的展示，或利用丝绸样本的档案进行产品开发，力求多方面挖掘丝绸档案资源，充分展示丝绸样本档案的珍贵价值和重要意义。

三、破茧重生的苏州丝绸样本档案

经过近一年的努力，保护与开发苏州丝绸样本档案工作已初见成效，取得了一系列阶段性成果。

1. "丝绸样本档案纳米技术保护研究及应用"项目取得进展

该项目由中心与苏州大学功能纳米与软物质研究院、苏州市中景信息技术有限公司合作，运用纳米技术研制丝绸保护剂，并结合现有各种丝绸保护手段，使丝绸样本档案获得更全面、更长久的保护。该项目被列入江苏省档案局科技项目，目前开发已取得一定进展，经实验获得了比较理想的材料，相信很快就可以将其应用到丝绸样本档案的保护中去。

2. 组建了苏州市民族工业老企业家沙龙

苏州市民族工业老企业家沙龙的成立，相当于为丝绸样本档案组建了一个专家智囊团，大大增强了中心的技术力量，为更好地保护和传承苏州民族工业发展史、发扬光大苏州民族工业历史文化提供了便利条件。

3. 申报中国丝绸品种保护与传承基地

中心通过与中国丝绸协会、苏州市丝绸行业协会等的交流和沟通，申报成立中国丝绸品种保护与传承基地。基地的设立，将使全国各地分散保存的丝绸样本档案汇聚于苏州，从而有利于对中国丝绸品种进行保护和系统性研究，更好更快地促进中国丝绸事业的发展。

4. 建成苏州民族工商业史料陈列展示馆

该项目由中心与苏州著名历史文化街区——平江路历史街区联合开发，展示馆设在平江路，用来向广大游客展示苏州悠久的丝绸文化和丰富的丝绸资源。该项目将苏州档案文化与历史文化相融合，让苏州丝绸样本档案不仅走近业界同行，也

走进平民百姓的视线之中,既为平江路文化旅游带来了新的亮点,也为弘扬苏州传统民族工商业历史提供了更加广阔的平台,这也是苏州市档案系统为服务和繁荣苏州的旅游经济、将档案文化与旅游文化有机结合而进行的新的尝试和创新。目前,该项目已经得到苏州市文广新局批准,并获得了40万元的资金扶持。

5. 开发宋锦系列产品

中心与吴江鼎盛丝绸有限公司合作,根据中心提供的宋锦样本图案设计出十余种宋锦新花型和新图案,突破了原有宋锦的外观风格,应用宋锦的织物结构进行纹样再设计,既融入了传统宋锦的图案元素,又强调了苏州的文化特色和城市味道。由这种新型的宋锦面料制成的箱包、领带、服饰、家纺等终端产品,兼具历史价值、文化价值、科技价值、艺术价值和应用价值,真正做到了传统艺术和现代技术的结合、科研化和市场化的结合、文化产业和制造产业的结合,不仅传承了苏州丝绸博大精深的文化,而且有了创新和发展。

苏州丝绸样本档案对于苏州这座历史名城的丝绸产业发展和丝绸文化传承有着非常重要的、不可替代的作用。苏州丝绸样本档案的重生之路刚刚起步,中心的探索工作也才刚刚开始,目前所做的工作仅为苏州丝绸样本档案的重生奠定了基础,今后的路还很长,我们将带着对档案工作和丝绸文化的热爱,继续前行。

(作者:甘 戈 吴 芳 卜鉴民 原载《中国档案》2013 年第 7 期)

经济新常态下丝绸转型与升级

——以苏州丝绸为例(上)

　　该文根据 2015 年 5 月 31 日在吴江高级人才太湖培训中心，由江苏省人力资源和社会保障厅举办的全国丝绸产业链高新技术发展高级研修班上的讲课稿整理而成。(见图 3-6)其中部分数据来自苏州丝绸行业协会。

图 3-6　李世超在讲课

　　2014 年 5 月习近平主席在考察河南的行程中说:"中国发展仍处于重要战略机遇期,我们要增强信心,从当前中国经济发展的阶段性特征出发,适应新常态,保持战略上的平常心态。"这是中国经济第一次提出"新常态"的概念,也是中国经济未来几年转型升级、持续发展的主要趋向。

　　所谓新常态，是指一个国家在经历了经济调整之后所出现的一个过渡阶段的经济运行态势。人类社会总是在常态到非常态再到新常态的否定之否定中不断发展的,这一规律贯穿在整个社会发展的全过程中,是事物发展的根本规律。过去一阶段,可以说我们追求的仅仅是一个经济的"量",那么新常态下我们就应当更加注重提升经济的"质"。所以经济新常态是一个稳增长、调结构、促升级的经济形态,是要从过去的粗放型、数量型的扩张状态转变到今后的集约型、质量型的经济升级状态上来。

　　那么,在新的经济形势下,对于丝绸来说如何适应这种经济的新常态,如何从过去经济的"量"转变到今后经济的"质",也就是说如何来进行丝绸自身的转型升级,以及进一步振兴和发展丝绸,提升丝绸整体经济运行能力,已经是摆在丝绸产业、丝绸人面前的一项十分重要和紧迫的任务。对此,本文以苏州丝绸为例,对经济新常态下的丝绸转型与升级进行研讨。

一、苏州丝绸的现状

(一) 苏州丝绸的两次调整

要了解苏州丝绸目前的状况，首先要了解苏州丝绸自新中国成立以来所发生的变化，因为新中国成立以来的这六十年是苏州丝绸历史上变化最大的六十年。在这六十年中，苏州丝绸进行了两次较大规模的产业调整。

第一次调整发生在新中国成立初期，主要就是丝绸企业的公私合营运动。第二次调整发生在改革开放以后，主要是企业的改制以及"国退民进"。六十年来苏州丝绸的两次调整，使苏州的丝绸发生了极大的变化，特别是整个产业的工业化水平得到了大幅度的提升。

新中国成立后特别是 1956 年在完成对农业、手工业以及资产阶级工商业的社会主义改造后，苏州的丝绸业逐步从原有大量的私营工厂、工场和作坊等生产形式公私合营成具有一定规模的国营或集体所有制的丝绸生产企业。这一转变加速了苏州丝绸产业向现代工业的方向发展，如当时苏州市区近 300 家的私营中小丝织厂和作坊，通过公私合营改组，被全部集结成 7 家大中型的丝绸工厂。其中，由 38 个生产单位组成了振亚丝织厂(见图 3-7、图 3-8)，由 59 个生产单位组成了东吴丝织厂，由 29 个生产单位组成了光明丝织厂，由 49 个生产单位组成了新苏丝织厂，成为苏州丝绸行业极其有名的"四大绸厂"。

图 3-7　振亚织物公司(振亚丝织厂前身)　　　图 3-8　振亚织物公司生产车间

这一时期正逢国家第一个五年计划,在国家"发展生产,保障供给"以及"大力支持和发展茧丝绸生产"等一系列政策和措施的扶持下,丝绸企业全面实行了政府领导和计划管理,扩大了生产的规模,提高了生产的效率,从而使丝绸生产得到了较大的发展。到1957年,全市丝织品的生产量已经恢复和超过了抗日战争前1936年的规模和水平,这是苏州丝绸在新中国成立后第一次较大规模的产业调整。

苏州丝绸第二次较大规模的产业调整发生在20世纪90年代的中后期。随着改革开放的深入以及从计划经济到市场经济的转型,经历了三四十年计划经济模式的苏州丝绸企业失去了原有的"保护伞",直接面对市场特别是复杂多变的国外市场,丝绸企业普遍感到无所适从。再加上原材料和劳动力成本上升以及技术快速发展等多方面因素的制约,这些丝绸企业丧失了传统特色优势和自我改造能力,长期生产初级产品、以量取胜的丝绸加工业已难以维持原有的生产。丝绸企业纷纷压缩产能,最终甚至导致部分企业直接从市场中退出。特别是到20世纪90年代末和新世纪以后,现代城市的功能发生了转变,服务业快速兴起与发展,又进一步加速了丝绸等加工业不断地从中心城区退出。在新一轮的工业结构调整中,苏州原有的国有和集体丝绸企业纷纷改制,其中部分企业直接进行了关闭。

整个过程从1998年到2004年持续了整整7年。具体来说,这7年间,苏州的国有丝绸企业先后分四批实施了政策性的破产,涉及的企业共计有11家。其中丝绸织造工厂6家,分别为新苏丝织厂(见图3-9)、振亚丝织厂(见图3-10)、光明丝织厂、锦绣丝织厂、东风丝织厂、新风丝织厂;丝绸炼染印花工厂4家,分别为绸缎炼染一厂(见图3-11)、绸缎炼染二厂、丝绸印花厂、丽华印染厂;缫丝工厂1家,为江南丝厂。通过破产清算,共核销国家银行和资产经营公司呆坏账11.04亿元。苏州国有丝绸业的4000余台丝绸织机、1.5亿米的印染装备能力,全部变卖转移给江浙一

图3-9 第一个实施破产重组的
原苏州新苏丝织厂生产大楼

图 3-10　20世纪80年代
初的振亚丝织厂

图 3-11　20世纪80年代
的绸缎炼染一厂

带的乡镇民营丝绸企业。

　　苏州国有丝绸业存留的部分,又实施了以民营为主的改制。它们采用了各自不同的方式:第一丝厂采用的是"退二进三";江枫丝绸有限公司、第二纺织机械厂、华思丝绸印染有限公司采用的是搬迁改造;新光丝织厂、东吴丝织厂、第三纺织机械厂在搬迁改造运作一段时间后再次选择了关闭。除了城区的企业外,县区的丝绸企业,如吴县丝织一厂、吴县丝织二厂,以及吴江盛泽的新生丝织厂、新民丝织厂、新联丝织厂、新华丝织厂等企业也先后进行了改制和整体出售。这些企业过去都曾经是江苏丝绸出口的主要生产基地和江苏著名的传统丝绸老字号企业,此时或面临消亡或不再重现原有的产业及规模(见图 3-12)。

　　第二次产业调整对于苏州丝绸来说是一个痛苦的历程,因为它使计划经济年代曾经是苏州地方经济支柱产业而辉煌一时的苏州丝绸,最终走到了"政府管理退出,国有外贸萎缩,企业体制转变,工厂关门走人"的地步。一个个原来都是"大块头"的丝绸大企业,一下子在苏州变得无影无踪,"丝绸企业林立,机杼声声相闻"的景象不再。所以,之后的十多年间,苏州丝绸的业内业外形成了一种共同的声音,就

图 3-12　原有的产业和规模

是苏州丝绸没有了。特别是近二十多年来,苏州的外向型经济快速发展,再加上现代城市功能的转变、服务业的兴起,传统产业特别是丝绸业在人们的心目中似乎已成了历史。

在国有企业退出市场的同时,各种私营的、个体的以及各种混合经济成分的丝绸经济实体却在苏州城市周边一些新兴的小城镇大量涌现,有的甚至还达到了一定的产业规模。另外,以丝绸最终产品和以丝绸商贸为主的成百上千家民营丝绸生产与经销企业,则完全通过市场的配置,以巨大的市场需求为基础,以传承千百年的"苏州丝绸"为招牌,纷纷崛起,催生了苏州城区初步形成的丝绸都市的雏形。

总结第二次苏州丝绸的调整，可以概括为一个转移和四个转变。一个转移就是：三十多年来由计划经济逐步做大的苏州丝绸初级加工产能(缫丝、普通织物织造及部分炼印染)进行了区域性的转移。四个转变则是：企业的所有制结构从纯国有转变成了以民营经济为主；生产产业链结构从半成品生产转变成了以最终产品的深度加工和服务为主；丝绸产品结构从丝线面料等初级产品转变成了以服装、服饰和家纺等最终产品为主；行业的结构由原来以生产为主、产销分割转变成了以多层面的丝绸商贸格局为主。

（二）调整后苏州丝绸的状况

经过第二次产业调整，苏州丝绸目前大致的状况是：

1. 丝绸商贸唱起苏州丝绸的主角

这一块内容可以分成四种类型：

（1）主要经营丝绸类产品出口的专业公司，如苏州丝绸进出口有限公司、苏州正雄企业发展有限公司以及苏州德利轻纺有限公司等。2013年这三家公司丝绸类产品的出口额就已达到了14亿多元。因此，目前苏州以制成品为主的各类丝绸产品的年出口金额已大大超过了当初国有丝绸业年出口金额的水平。

图3-13 苏州市第一丝厂有限公司

（2）主要接待内外宾旅游的具有一定规模的丝绸专卖店或定点商场。其中以"全国工业旅游示范点"苏州第一丝厂有限责任公司(见图3-13)为代表，其数量有10多家。苏州第一丝厂从缫丝业转为丝绸旅游业并发展成为苏州最大的工业旅游定点单位和主要对外展示窗口之一，近几年每年接待境外游客及重要外宾40多万人次，各类丝绸产品的年销售额达1亿多元。另外，华佳丝博园、鼎盛宋锦文化园等丝绸旅游购物点目前也正在形成之中。(见图3-14)

（3）主要以自身知名品牌为特色的一批丝绸品牌店或丝绸商号，几乎分布在苏州城区所有的主干道，特别是观前街、十全街、人民路等闹市区，如乾泰祥、吴绫、绣娘、太湖雪、山水、慈云、上久楷、皇后绸都等。其中不少丝绸品牌店都有一定

图 3-14　丝绸商贸与旅游的结合

的自我生产加工能力，有的还同时开展了电视、互联网等在线销售。另外，在镇湖，丝绸绣品一条街也已形成规模，并形成"镇湖刺绣"的品牌特色。（见图3-15）

（4）以"苏州丝绸"为旗号，遍布于苏州城镇各处的各种丝绸制成品的专业商

鼎盛丝绸
宋锦重回巅峰时刻

华佳集团
用科技抽丝剥茧的魂力

苏州鸿成
真丝面料的幕后英雄

会然国际
从幕后走到台前

图 3-15　丝绸品牌企业的崛起

家,数目不下千家,可谓星罗棋布。其中占着很大比例的是苏州各旅游景点外的各种丝绸专业店铺,它们规模虽然不大,但数量众多。另外,还有近几年来以丝绸文创产品为特色的各种丝绸艺术品店,以及以丝绸定制为主要业务的各种丝绸制成品店。苏州丝绸与苏州旅游紧密相伴,为国内一大特色,这种相伴使苏州的丝绸销售经久不衰。

还有,一些具有一定规模的丝绸面料与服饰生产厂家,每年也都推出各种新面料、新款式、新产品,以及召开各种订货会、供货会。目前苏州丝绸的商贸气氛十分活跃,可以说苏州仍然是目前国内丝绸产品贸易的主要集散城市,对国内真丝类产品尤其是最终产品的发展起着无可替代的引领作用。

2. 新的丝绸产业链以最终产品加工为主

苏州丝绸制造业在缫丝、低附加值的织造等产能退出的同时,形成了以丝绸最终产品深度加工为主体的新的丝绸产业链。这个新形成的丝绸产业链,不仅支撑了目前苏州庞大丝绸交易平台的生产,还接受来自外省市的丝绸业务加工。

(1)在苏州古城区周边,规模不大但从事专业精品真丝绸织造与印染的企业仍有 20 多家。如苏州来利福印染有限公司专做真丝绸染色,具有 400 万米丝绸染色生产的能力;天利丝绸印染公司主要生产有品位、有档次的丝绒印花和烂花等产品。

(2)以生产丝绸服装、服饰以及家纺等最终产品为主的民营工厂也成片涌现。大的规模达销售金额几个亿,如正雄企业发展有限公司等,小的则只有几台、几十台缝纫机,这些企业以服装、服饰加工为主,数量难以统计。特别是丝绸丝巾的生产加工已形成了一定量的规模。蚕丝被在吴江震泽也已形成了特色。

(3)以丝绸服饰的装饰,如机绣、结须、拷边、钉珠、钉片等织绣一体化产品加工为主要业务的企业,主要分布于黄埭、蒋墩、渭塘、通安、唯亭、北桥等一带,目前形成了较有苏州特色的丝绸加工产业链,并承接着国内各地的加工业务。

(4)从事特种丝绸织造生产的企业,如生产丝绸文化遗产宋锦、缂丝、苏绣、吴罗和一些传统丝织品的企业,在吴中区、高新区、工业园区、吴江区等地有着几十家。特别是苏绣,镇湖地区已形成了 8000 绣娘的专业生产能力,这在目前的国内可以说是独一无二的,具有苏州丝绸的独特优势。

(5)还有就是原国有丝绸业产能中目前留下的部分,在改制之后,与市场结合得更加紧密,产品全面提档升级。如新苏丝织厂破产后重组的江枫丝绸有限公司入迁吴中区后合资组建了印染公司,成为苏州丝绸业历史上第一家织造与印染一体化的工厂;新星丝织厂引进北京中海恒实业发展有限公司进行投资控股,被总后勤部军需装备研究所确定为"军港呢专利技术定点生产厂"等。

3. 丝绸的科、教、文仍有一定的优势

（1）丝绸教学与科研

目前与丝绸教学和科研有关的学校主要有苏州大学纺织与服装工程学院、苏州大学艺术学院、苏州经贸职业技术学院、苏州市职业大学、苏州工艺美术职业技术学院、江苏省苏州丝绸中等专业学校。其中，苏州大学纺织与服装工程学院设有江苏省产业技术研究院纺织丝绸技术研究所，建有国内唯一的现代丝绸国家工程实验室，以及江苏省重点丝绸工程实验室、江苏省丝绸技术服务中心等。学院现有与丝绸科学有关的一级学科博士点 1 个，二级学科博士点 4 个，硕士点 4 个，以及博士后流动站等。每年与各相关企业通过产学研合作申报和完成大批的丝绸科研、新品以及丝绸技改等项目。

国家丝绸及服装产品质量监督检验中心（以下简称"中心"）为国内唯一的国家级丝绸质量法定检验机构，也设在苏州。中心是最高人民法院、江苏省高级人民法院、苏州市中级人民法院在册的司法鉴定机构，业务受国家质量监督检验检疫总局和江苏省质量技术监督局指导，具有第三方公正地位，主要承担着国家指定的丝绸产品质量监督检验、全国重要丝绸新产品投产鉴定检验和产品质量认证检验等工作，对提升和保障苏州丝绸及服装的产品质量和丝绸科研工作的开展十分有利。

（2）丝绸文化与非遗

苏州丝绸博物馆是苏州丝绸的专业博物馆，占地 9400 平方米，主要展示内容有反映丝绸历史的古代馆、模拟近代蚕农场景的"蚕桑居"、表演传统织造工艺的织造坊等。2013 年，苏州丝绸博物馆整治提升工程列入了苏州市振兴丝绸产业计划项目，工程总投资 7000 多万元，新建展馆 2629 平方米，扩大展示面积 1100 平方米，周围景观改造 3400 平方米。

2013 年初，在苏州市工商档案管理中心的基础上还启动了中国丝绸档案馆（见图 3-16）的筹建工作。同年 7 月 25 日，中国丝绸档案馆由国家档案局批准正式落户于苏州。2015 年，中国丝绸档案馆项目又被列为苏州市政府 2015 年度民生建设重点项目，总投资 1.8 亿元。这是国内首家专业的丝绸档案馆，根据定位，该馆将承担起我国丝绸档案的收集、整理、保管并提供利用和进行研究的重要职责，从而保护我国丝绸历史的足迹，弘扬丝绸传统的文化，助推丝绸技艺的发展，促进中华民族新丝绸之路的伟大复兴。目前该馆已完成了馆址的选择工作，进入了馆舍的总体规划设计阶段。同时，30 余万卷(件)以丝织品实物为主的"近现代苏州丝绸样本档案"已入选第四批《中国档案文献遗产名录》，目前正在申报《世界记忆亚太地区名录》。

苏州目前还保存着具有厚重丝绸历史文化的大批遗存，如与苏州古代丝绸生产有关的场所、街、坊、巷、桥等遗迹 30 多处，官府织局、工场遗址 20 多处，各种古丝

图3-16 中国丝绸档案馆部分馆藏档案

绸碑刻等文字记录70余块、件。特别是苏州织造府旧址,是清朝国内著名的三大织造府(江宁、苏州、杭州)之一,目前的历史遗存仍保存得较好。

苏州丝绸的非物质文化遗产众多,如宋锦织造技艺、缂丝织造技艺、苏绣技艺、吴罗织造技艺、漳缎织造技艺等,其中宋锦、缂丝、苏绣为世界非物质文化遗产或第一批国家级非物质文化遗产,一批大师级的人物如王金山、钱小萍、顾文霞等当选"非物质文化遗产项目代表性传承人"。另外,在苏州还有着一部分专门收集、收藏各种丝绸织绣类艺术品的行家和高手,丝绸织绣艺术品的收藏量在国内名列前茅。

(作者:李世超　原载《江苏丝绸》2015年第5期)

让苏州丝绸档案走向世界

——近现代苏州丝绸样本档案申报《世界记忆亚太地区名录》

在苏州市工商档案管理中心的库房里，有这样一批特殊的档案：它们是丝绸，闪耀着传统丝织品的魅力；它们是档案，真实记录着近百年间苏州市区及国内重点丝绸产地绸缎产品演变的历程。它们有一个共同的名字——近现代苏州丝绸样本档案。

2016 年 5 月 17 日，世界记忆工程亚太地区委员会第七次全体会议将在越南顺化举行，2015 年完成初期申报工作的"近现代苏州丝绸样本档案"，将在这次会议期间参与评选世界记忆亚太地区名录。它为什么能够参选？它有哪些价值？它的参选将为我们带来什么？记者昨天进行了采访调查。

这批档案如此全面和丰富，全国找不到第二个

苏州市工商档案管理中心馆藏的"近现代苏州丝绸样本档案"，是现今我国乃至世界上保存数量最多、内容最完整也最系统的丝绸样本档案，总数高达 28650 卷302841 件。这批档案是 19 世纪到 20 世纪末期，苏州众多丝绸企业、单位在技术研发、生产管理、营销贸易、对外交流过程中直接形成的，由纸质文字记录和丝绸样本实物组成的原始记录。

"这批档案包罗万象，保存之全超乎想象。"苏州市档案局副局长、苏州市工商档案管理中心主任卜鉴民介绍说："这批档案非常特殊，特殊之处在于，它既有丰富、翔实的文字记录，又附有超乎想象的实物样本。内容涵盖了绫、罗、绸、缎、绉、纺、绢、葛、纱、绡、绒、锦、呢、绨等 14 大类织花和印花样本，而且这些样本、工艺和产品实物，大多来自上海、江苏、浙江、四川、广东、广西、山东、辽宁等国内重点丝绸产地，如此全面和丰富，全国找不到第二个。"

记者小心翼翼地翻阅这批档案，几乎件件叫得出名堂，既有晚清时期苏州织造署使用过的丝绸花本、民国时期的风景古香缎、真丝交织织锦缎、细纹云林锦等，又有列入中国非物质文化遗产名录和人类非物质文化遗产代表作名录的宋锦、列入

江苏省级非物质文化遗产名录的纱罗、四经绞罗、漳缎及其祖本，还有荣获国家金质奖章的、代表国内当时丝绸业内最顶尖工艺的织锦缎、古香缎、修花缎、涤花绡、真丝印花层云缎、真丝印花斜纹绸等，20世纪五六十年代苏州织制的以园林为题材

图 3-17　塔夫绸获国家金质奖章(1981)

的风景像景织物，以反映现实政治的领袖人物、南京长江大桥、南湖、向日葵等革命内容为题材，具有"文革"时期之鲜明时代特征的像景织物，以及在国际舞台上大放异彩、为英国王室所钟爱的真丝塔夫绸(见图 3-17)等诸多样本档案，集中展示了当时中国丝绸行业发展的状况和取得的成果。如今这批档案已经成了苏州市工商档案管理中心的"镇馆之宝"。

从抢救式接收到研究式保护

　　数量如此之多、品种如此丰富的丝绸样本档案源自哪里呢？它又是怎么被发掘的呢？原来这些档案的形成源于一场抢救式接收，源于苏州对丝绸历史的保护与发展。

　　记者了解到，这批档案的源头是以苏州东吴丝织厂、苏州光明丝织厂、苏州丝绸印花厂、苏州绸缎炼染厂、苏州丝绸研究所等为代表的原市区丝绸系统的 41 家企事业单位。苏州市工商档案管理中心(前身是苏州市工投档案管理中心)于 2008 年成立之初，抢救式接受了 120 万卷苏州工业企业档案，将原来分散在市区各家企事业单位的大量文书、科技、会计类档案和 30 余万件丝绸样本档案加以整合，成为国内首家专门收集、保管和利用破产、关闭和改制企业档案的专门档案机构。在这批被抢救的档案中，最引人注目的当属那 30 余万件丝绸样本档案。由于得到及时抢救和集中保存，这批足以彰显近现代国内传统织造业璀璨历史的样本档案资源得以传承和发展。(见图3-18)

"由于当时是抢救式接收,很多资料、档案来不及分类整理,后续我们花费了大量的时间、精力投入整理,'近现代苏州丝绸样本档案'是在百万卷资料档案中整理出来的。"有关人士介绍。这些档案如此珍贵,不能只躺在库房里当"睡美人",抢救

图 3-18 产品工艺单

式接收只能起到保存的作用,而这些档案可以发挥更大的作用,可以产生更大的社会价值。为此,苏州市工商档案管理中心聘请了国内外专家学者对丝绸样本档案进行专题学术研究,制定出一系列丝绸样本档案综合保护研发方案,诸如建立中国丝绸品种传承与保护基地、丝绸档案文化研究中心、江苏省丝绸文化档案研究中心,与苏州丝绸企业合作推广苏州丝绸文化,等等。这些文字类的报告似乎并不能直观地表现丝绸档案发挥的作用,而近两年频频跃上国际舞台的"新中装"就是最好的例子,这些"新中装"采用的宋锦面料,正源自苏州市工商档案管理中心的宋锦样本档案。中心与吴江一家丝绸企业合作,以馆藏的宋锦样本档案为蓝本,研发出 10 余种宋锦新花型和新图案,让古老的宋锦技艺走出了档案库房。

进入《世界记忆亚太地区名录》有多难

《世界记忆亚太地区名录》是在亚洲及太平洋地区具有影响意义的文献遗产,需要由"世界记忆工程"亚太地区委员会(MOWCAP)通过严格甄选而批准列入。这项名录,甄选的标准一如《世界记忆名录》,要求严格的文献时间、地点、人物、主题和领域、形式和风格,对完成性、真实性、唯一性和重要性等同样有着极高的要求。目前中国列入《世界记忆亚太地区名录》的项目共有 6 项,有《本草纲目》《黄帝内经》"天主教澳门教区档案文献 (16 至 19 世纪)""侨批档案——海外华侨银信"和"元代西藏官方档案""赤道南北两总星图"。

"'近现代苏州丝绸样本档案'是在去年开始申报《世界记忆亚太地区名录》的。"卜鉴民介绍说。2011 年,该档案被列入第三批《苏州市珍贵档案文献》名录,随后是进入省级珍贵档案文献名录,2015 年 5 月,又被正式列入第四批《中国档案文献遗

211

产名录》。"也就是在列入《中国档案文献遗产名录》时,国家档案局推选我们参加《世界记忆亚太地区名录》申报。中国同时参与申报的仅两项,还有一项就是《孔子世家明清文书档案》。"卜鉴民说。"近现代苏州丝绸样本档案"无论是从档案本身出发,还是从后续参与的一系列珍贵文献评选来看,它自身所具有的政治、经济、历史、文化、应用等价值,一直都在且有增无减。就如 2015 年入选《中国档案文献遗产名录》时,在同批入选的 29 件(组)档案文献中,"近现代苏州丝绸样本档案"是唯一一组以丝织品实物为主要载体的档案资料。而在此次申报世界记忆亚太地区名录中,它也是一次性就通过了初期审核。"《世界记忆亚太地区名录》对档案文献的要求极高,也就是说,亚太名录的关注点在文字记录上。很多不了解情况的人会认为'近现代苏州丝绸样本档案'因为有样本才独特,其实不然,这批档案包括文献和样本两部分,而翔实、丰富、完整的文献部分就完全符合申报要求,已经具备很高的研究价值了。"

"申报《世界记忆亚太地区名录》只是我们的一项工作,在未申报任何珍贵档案之前,苏州对丝绸展开的抢救、保护、开发和应用工作已经实打实地做下去了,但积极申报各项名录,在我们发展苏州丝绸产业的同时,可以有更多渠道向人们展示丝绸样本档案的魅力,展示苏州丝绸的魅力。"卜鉴民表示。作为档案人,他深知档案的重要价值之一就是开发利用,让静态的档案"活"起来,才是对其更好的守护。"申报是拓宽宣传渠道,我们希望原本就生活在丝绸之乡的苏州人,都能喜欢这份前人留给我们的丝绸记忆。"

(作者:张 丫 原载《姑苏晚报》2016 年 5 月 10 日)

苏州丝绸进入"世界记忆"

——"近现代苏州丝绸样本档案"成功入选
《世界记忆亚太地区名录》

古城苏州的世界遗产家族再添新成员。昨天,从正在越南顺化召开的第七届联合国教科文组织世界记忆工程亚太地区委员会(MOWCAP)大会上传来喜讯,经专家评审,新一轮《世界记忆亚太地区名录》出炉,由苏州市工商档案管理中心申报的"近现代苏州丝绸样本档案"成功入选该名录。

这是我国继《本草纲目》《黄帝内经》"天主教澳门教区档案文献""元代西藏官方档案""侨批档案""赤道南北两总星图"之后,又一入选该名录的档案文献。

1992 年, 联合国教科文组织发起世界记忆工程, 保护和保管世界文化遗产。1998 年 11 月,世界记忆工程亚太地区委员会在北京成立,为亚太地区的 43 个国家和地区提供服务。从 2008 年起,该委员会建立了《世界记忆亚太地区名录》,每两年评审一次,旨在提升亚太地区各政府及民众对珍贵文献遗产重要性的认识,从而对其开展有效的抢救、保护及利用。

"近现代苏州丝绸样本档案"是从 19 世纪到 20 世纪末苏州众多丝绸企业和组织在技术研发、生产管理、营销贸易、对外交流过程中直接形成的,由纸质文字、图案、图表和丝绸样本实物等不同形式组成的,具有保存价值的原始记录,共 28650 卷。其中,既有苏州所特有的传统丝织工艺代表性产品,如宋锦、漳缎、吴罗的相关生产资料, 又有近现代丝绸业顶尖工艺的代表性产品, 如塔夫绸的技术和贸易资料。去年该档案入选第四批《中国档案文献遗产名录》。

中国、澳大利亚、柬埔寨、朝鲜、日本等 16 个国家和地区的代表参加了第七届联合国教科文组织世界记忆工程亚太地区委员会大会。会上评选出 14 组档案文献进入名录,分别来自 12 个国家和地区。中国大陆共有 2 项档案文献入选名录,另一项为山东的"孔子世家明清文书档案"。

世界记忆亚太地区名录分委会主席儒扎亚认为, 从近现代苏州丝绸样本档案中,可以较为全面地了解中国的丝绸生产。评审会专家、塔吉克斯坦代表阿拉女士称,这是拥有国际性价值的遗产。世界记忆亚太地区委员会主席、中国国家档案局局长李明华认为,这既是苏州丝绸产业工艺技术和百年历史的珍贵记录,又见证了中国现代工业成长和东西方商贸交流。在大力推进"一带一路"战略的背景下,近现代苏州丝绸样本档案成功入选《世界记忆亚太地区名录》将得到更好的保护与利用,让历史档案文献服务于社会进步。

目前,苏州共有 2 项世界物质文化遗产和 6 项世界非物质文化遗产。此次"近现代苏州丝绸样本档案"入选《世界记忆亚太地区名录》,填补了苏州在世界文献遗产领域的空白。

(作者:陈秀雅　原载《苏州日报》2016 年 5 月 20 日)

 **相关链接**

苏州现有 2 项世界物质文化遗产:

苏州古典园林和中国大运河苏州段(打包入选中国大运河)

苏州现有 6 项世界非物质文化遗产:

中国昆曲、中国古琴、宋锦(打包入选中国蚕桑丝织技艺)、缂丝(打包入选中国蚕桑丝织技艺)、苏州端午(打包入选中国端午节)和苏州香山帮(打包入选传统木结构营造技艺)

中国大陆入选世界记忆名录的 10 项档案文献:

中国传统音乐录音档案、清代内阁秘本档、东巴古籍文献、清代科举大金榜、"样式雷"建筑图档、《本草纲目》《黄帝内经》、侨批档案、元代西藏官方档案、南京大屠杀档案

(新　月)

用文献向世界讲述"江苏故事"

——2.8万余卷苏州丝绸样本档案入选"世界记忆"

5月30日,记者走进苏州市工商档案管理中心特藏室,探访一批价值连城的文献档案。5月19日,在越南举行的第七届联合国教科文组织世界记忆工程亚太地区委员会大会上,苏州市申报的"近现代苏州丝绸样本档案"经专家评审,成功入选《世界记忆亚太地区名录》。自此,苏州成为目前国内唯一单独申报成功入选《世界记忆亚太地区名录》的地级市。

联合国教科文组织于1992年发起世界记忆工程,并于2008年建立《世界记忆亚太地区名录》,旨在提升亚太地区各政府及民众对珍贵文献遗产重要性的认识,从而对其开展有效的抢救、保护及利用。目前,中国共有《本草纲目》《黄帝内经》等8份珍贵文献进入《世界记忆亚太地区名录》。

28650卷丝绸档案创下世界之最

记者看到,收藏这批珍贵文献档案的特藏室一共有26排密集架,一排分为6列,一列又分6层,一本本案卷排列成行,按单位年度及档案类别排序存放,查找起来方便快捷。因为丝绸实物档案保存的特殊性,整个特藏室按照标准库房的要求,温度控制在14~24摄氏度,湿度控制在45%~60%。

穿梭在特藏室,所见档案可谓件件有来头,件件令人惊叹。有晚清时期苏州织造署用过的丝绸花本,20世纪70年代末至90年代初获得的全部国家金、银质奖的绸缎样本实物及申报档案,以及用于英国查尔斯王子和戴安娜王妃订婚礼服的真丝塔夫绸等。

"这批丝绸档案在保存数量、内容完整性和系统性方面,堪称世界之最,全世界找不到第二个。"苏州市档案局局长肖芃告诉记者,这批档案是19世纪到20世纪末期,苏州众多丝绸企事业单位在技术研发、生产管理、营销贸易、对外交流过程中直接形成的,由纸质文字和丝绸样本实物组成的原始记录,总数高达28650卷302841件,涵盖绫、罗、绸、缎、绉、纺、绢、葛、纱、绡、绒、锦、呢、绨等14大类。

"此次参评的 16 组档案分别来自 12 个国家和地区,竞争异常激烈。"据在现场参会的苏州档案局工作人员周济、吴芳介绍,苏州申报的"近现代苏州丝绸样本档案",以其独一无二的价值,得到澳大利亚、日本、新西兰、韩国等 16 个国家和地区的专家的一致认可,一次性通过初期审核,并最终成功入选《世界记忆亚太地区名录》。评审会专家称赞:"这组档案收集了各种丝绸品种,拥有国际性价值,使大家清楚了解中国是如何生产丝绸的。"

"十年磨一剑"终于修成正果

"'近现代苏州丝绸样本档案'是从百万卷资料档案中整理出来的。"苏州丝绸协会秘书长商大民介绍,这批珍贵的档案得以完整保存并成功申报,要归功于苏州近十多年来对丝绸文化的保护与传承。

2002 年至 2006 年,包括丝绸系统在内的苏州国有集体企事业单位实施改制,为保护珍贵的丝绸档案,苏州先后成立破产丝织、印染门类企业档案集中保管点,随后又实施了包括近现代苏州丝绸样本档案在内的苏州百年工业档案的大整合,将原来分散在市区各家企事业单位的档案移交入库,抢救式接收市区丝绸业 41 个改制企事业单位 30 万余件档案,使得苏州丝绸样本档案在总体上得到妥善处置。

前几年,苏州专门出台振兴丝绸产业的发展规划,为重振苏州丝绸文化影响力营造良好的外部环境,也让"近现代苏州丝绸样本档案"的申遗之路变得顺畅:2012 年,进入省级珍贵档案文献名录;2015 年 5 月,又被正式列入第四批《中国档案文献遗产名录》,同时被国家档案局推选参加《世界记忆亚太地区名录》申报。

苏州将投 1.8 亿元建国内首家丝绸档案馆

专家指出,此次"近现代苏州丝绸样本档案"入选《世界记忆亚太地区名录》,将对苏州丝绸文化影响力的提升以及全省各地做好档案文献保护,起到重要推动作用。

"丝绸样本档案虽然只记录了苏州丝绸产业 100 多年的工业技术,但传承的是苏州丝绸几千年来的历史积淀,见证中国现代工业成长和一个多世纪的东西方商贸交流,呈现世界文明发展的脉络和地图,将在'一带一路'国家战略中担当起重任。"苏州职业大学丝绸研究所所长李世超说,历史文化是"一带一路"建设的重要基础,丝绸档案讲述的"苏州故事"乃至"江苏故事"有很强的说服力,可以促进江苏与各地区间的交流,在政治经济建设上产生不可估量的作用。

"丝绸档案入围'亚太名录',不仅把苏州丝绸的名片打向全球,也给全省各地注入很好的理念:一定要重视文献档案的保存和开发。"江苏省档案馆征集接待处处长林越陵认为,文献档案样本作为民族的记忆遗产,清晰地记录着民族的历史文化,具有重要的社会价值。各地应摸清自身的家底,通过广泛征集,形成一定的规模,同时整合资源、联手开发,积极挖掘特色文献的价值,彰显特色文化的巨大魅力。

　　苏州将在年内投资 1.8 亿元建设国内首家专业丝绸档案馆,为丝绸档案更好地为产业和社会服务提供一个好平台,从而让丝绸档案产生更大的社会价值。

　　　　　　　　(作者:李仲勋　原载《新华日报》2016 年 6 月 6 日)

中国丝绸档案馆定位与功能研究

丝绸是人类的瑰宝，人们赞誉丝绸为"纤维皇后"。中国是丝绸的故乡，外国人称中国为 Seres(丝国)。中国丝绸不仅是中华历史传承的重要纽带，更是世界人民的共同财富和人类文明的象征。历经数千年的发展和沉淀，中国丝绸产生了无数纷繁复杂、各具特色的品种，令世人眼花缭乱。然而在相当长的时间内，由于缺乏足够的重视，古代大量优秀的丝绸品种湮没在了历史的长河中，而随着近年来国有丝绸生产企业的改制，近代以来的包括丝绸品种在内的丝绸档案资料也面临着不断流失的危机。如果任由这种境况继续下去，丝绸档案资料终将难逃消亡之命运。

基于这样一个背景，在苏州市委市政府、上级档案部门及各级丝绸行业协会的支持下，苏州市档案局于 2013 年初启动了中国丝绸档案馆的筹建工作。同年 7 月 25 日，中国丝绸档案馆由国家档案局批准落户苏州，成为国内首家和唯一一家专业的丝绸档案馆，同时也是全国地市级城市唯一一家"中"字头档案馆。

一、中国丝绸档案馆的定位

在深入调查研究国内外现有档案馆及丝绸博物馆的基础上，我们对中国丝绸档案馆做出了如下定位：中国丝绸档案馆是集收藏、保护、利用、研究、展示、教育、宣传、旅游、休闲等功能于一体的具有行业特色和苏州特色的国家级档案馆，担负着对丝绸档案进行收集、接收、整理、保管并提供利用和进行研究的重要职责，以档案和丝绸工作者、科研人员及社会公众为主要服务对象，旨在保护和传承我国悠久的丝绸历史与文化，发掘和弘扬优秀的丝绸民族传统技艺，助推丝绸产业的转型升级，见证中华民族新丝绸之路的伟大复兴，力争成为"国内顶尖、世界一流"的国家级专业档案馆。(见图 3-19)

1. 集多种功能职责于一体的国家级档案馆

"国家级"决定了中国丝绸档案馆的功能与职责所占据的高度、广度和深度。中国丝绸档案馆的功能与职责，既要能涵盖档案馆的基本职能，又要能凸显丝绸的特殊性，更要能体现辐射全国的广泛性与全面性。

图 3-19　中国丝绸档案馆馆藏丝绸样本档案及"中国丝绸品种传承与保护基地"牌子

这里强调"档案馆"的定位,主要是为了与"博物馆"相区分。博物馆与档案馆同属面向社会为各项工作服务的公益性文化事业机构,但在不同领域发挥着不同的社会作用。博物馆是文物和标本的主要收藏机构、宣传教育机构和科学研究机构,其基本功能是对文物进行实物收藏、科学研究及开展社会教育等。而档案馆是永久保管档案的基地,是科学研究和各方面工作利用档案史料的中心,其基本功能是对档案进行广泛征集、科学管理和合理利用。二者是有着不同的工作对象、不同的社会功能和不同的工作任务的两个并列的科学文化事业机构。相比已在杭州、苏州、成都等多个地方建立起的多家丝绸博物馆,丝绸档案馆的建设显得过于滞后。国内第一家和唯一一家丝绸档案馆,正是于 2013 年才获批筹建的中国丝绸档案馆,国内不同历史时期遗留的或散落在民间的大量丝绸档案,也是自此才有了一家专业机构对其进行系统管理。中国丝绸档案馆将在牢牢把握档案馆社会职能的基础上积极拓展发展空间,并力求与丝绸博物馆实现错位发展。

2. 兼具行业特色与地方特色

特色是档案馆的灵魂,也是档案馆的生命力和竞争力之所在,更是一家档案馆有没有价值、能不能吸引人的关键。

一方面,中国丝绸档案馆是一家系统管理丝绸行业档案资料的档案馆,它首先应当具有鲜明的行业特点。丝绸档案是一种特殊的档案资源,它是档案,但又不只

是档案。对于丝绸企业来说,它曾经是走入市场的畅销产品,或是集合了众人智慧的珍贵技术资料;对于收藏者来说,它是华丽、昂贵的艺术品;对于普通百姓来说,它也许不过是曾经穿在身上的衣料罢了。但当丝绸档案放进展厅的橱窗内,它就变成了历史,代表了丝绸行业的昨天,甚至在一定程度上映射出整个中国的昨天。没有丝绸,中华文明即使仍然伟大,也会因此减少许多缤纷色彩。而失去丝绸档案,就失去了丝绸文明的传播语言,中国丝绸业的发展轨迹也将无从寻起。因此,作为国内首家将"丝绸"二字纳入馆名的档案馆来说,丝绸专业特色正是中国丝绸档案馆最大的特色,也是探讨其定位时难以绕开的主题。

另一方面,中国丝绸档案馆建于苏州。苏州历史悠久,是著名的历史文化名城。苏州有文字记载的历史已逾四千年,是吴文化的发祥地和集大成者,历史上长期是江南地区的政治经济文化中心。现代苏州是中国发展最快的城市,是苏南地区的工业中心,同时也是长三角经济圈最重要的经济中心之一。作为举世闻名的"丝绸之府"和国家正式命名的"绸都"城市,近年来,苏州市委、市政府高度重视丝绸产业的振兴,颁布了《苏州市丝绸产业振兴发展规划》,并多次调研丝绸产业发展情况。国家十二五丝绸发展规划也明确提出,要将苏州打造成为国际化的丝绸都市。中国丝绸档案馆的建设,应立足于苏州的特色,充分发挥苏州在丝绸领域的优势,在发展思路上契合苏州丝绸产业、文化等发展的总体格局和城市品牌形象,并在其中发挥重要作用。

3. 服务专业科研人员和社会公众

服务是中国丝绸档案馆的事业之本,是其发展的强大推动力。中国丝绸档案馆所提供的服务,主要包括查阅、复制、利用、展览展示等内容。举办展览展示,其目的主要是向社会展示丝绸艺术、普及丝绸历史文化知识,所面向的对象即广大社会公众。但是对丝绸档案进行利用的,却往往是丝绸专业相关技术人员、科研人员、丝绸史研究学者或档案工作者。因此,中国丝绸档案馆的主要服务对象是档案工作者、丝绸工作者、科研人员及社会公众。

4. 守护历史,传承文化,助推产业升级

中国丝绸文化源远流长,五千年栽桑养蚕、缫丝织绸的发展历程,凝聚了中华民族的智慧。中国丝绸档案馆建立的宗旨,就是通过档案与文化、产业、科技、民生的融合,传承和发扬古老的丝绸历史文化和民族传统技艺,为现实服务,助力丝绸产业振兴,将科研成果及时转化为现实生产力,点燃民间潜藏的丝绸热情,为丝绸产业的振兴、中国新丝绸之路的建设共同谱写新的辉煌。

二、中国丝绸档案馆的功能

档案馆的功能通常由收集接收、整理保管、提供利用和档案研究四个方面组成。结合丝绸档案的特殊性,中国丝绸档案馆的功能概况如下:

1. 管理全国丝绸档案资源,服务社会公众

尽可能齐全完整的档案是档案馆从事一切活动的基础,中国丝绸档案馆的基本功能就是围绕国内丝绸档案资源进行系统的管理和保护。与中国蚕桑丝绸历史相关的、反映中国丝绸整体历史状况及国内重点丝绸产地历史状况的纸质档案与史料、声像档案、实物档案、口述档案、名人档案、名品档案和名企档案等均应纳入中国丝绸档案馆的管理领域。众所周知,档案最重要的作用在于凭证价值,管理的目的在于利用。中国丝绸档案馆要充分利用信息化手段,千方百计方便社会和人民群众查档利用,促进档案资源社会共赢共享,发挥档案资政襄政、惠民利民的作用。

2. 开发馆藏丝绸档案资源,助推产业升级

对于中国丝绸档案馆来说,必须深入挖掘丝绸档案资源价值,集合国内外丝绸专业人才开展系统性研究和开发,根据市场需要将档案转化为现实的社会财富,真正发挥馆藏档案资源的作用,为丝绸产业的创新驱动和转型升级提供不竭动力。此外,中国丝绸档案馆还要立足丝绸产业,与科研院所紧密合作,结合科研项目,采取分层次、多形式培养和引进丝绸专业人才,充分发挥丝绸非物质文化遗产传承人的作用,建立丝绸专业人才资源库。

3. 开展国内外交流合作,实现传承创新

中国丝绸档案馆是一家新生的档案馆,朝气有余而经验不足,开展对外交流合作对于档案馆的发展来说是一条快速积累经验、扩大影响的便捷之路。中国丝绸档案馆应立足全国、面向世界,与国内外档案馆、图书馆、博物馆、科研院所、企事业单位等机构围绕丝绸档案开展多方位合作,在国内及国际组织丝绸历史与文化的展示、观摩、研究、交流等活动,传承和弘扬辉煌的中华文明,展示中国丝绸非物质文化遗产的巨大魅力,同时汲取国内外先进的理念与技术,拓展当代丝绸之路。

4. 普及丝绸历史文化知识,做好宣传教育

档案具有"存史、资政、育人"的功能。对于中国来说,除了瓷器,能够体现中国文化的还有丝绸。向全社会普及丝绸知识,宣传丝绸历史文化,中国丝绸档案馆责无旁贷。中国丝绸档案馆应积极发挥丝绸档案的影响力,通过多种形式全方位展示博大精深的丝绸历史与文化,再现丝绸传统工艺及生产流程,使公众更为深切地体味丝绸历史文化的深邃与厚重,领略非物质文化遗产的独特魅力,成为广大公众特别是青少年学习中国丝绸发展历史和丝绸文化知识,接受爱国主义教育、审美教育和丝绸之路文明熏陶的生动课堂。为公共文化服务体系的构建和学习型社会建设

的需要贡献档案部门的力量。

5. 推广丝绸文化休闲旅游,助力城市建设

由于丝绸档案所特有的历史性、文化性和艺术性,中国丝绸档案馆的职能还可以拓展至文化推广领域,结合苏州丝绸的传统优势,与苏州丝绸博物馆、苏绣艺术创新中心等交相呼应、优势互补,唤起人们对丝绸非物质文化遗产的珍视与保护。同时,还可以为苏州城市建设出一份力,增加新的旅游亮点,复兴苏州"丝绸之府"的地位,再现当代绸都的特色形象。

三、中国丝绸档案馆的前景展望

1. 征集与保管基地

丝绸档案是中国丝绸档案馆赖以生存和发展的基础,是档案馆发挥社会效益的首要前提。借助国家和省、市丝绸协会的协调推动,面向全国广大民众有目的、有计划、广泛地征集更多的丝绸档案,使中国丝绸档案馆成为丝绸档案的征集与保管基地,这是中国丝绸档案馆的责任,也是对历史和现实负责的具体体现。

2. 展示与教育基地

在中国古老而又灿烂的文化沉积中,丝绸文化以其博大精深而独树一帜,大放异彩。而丝绸档案作为丝绸文化的载体,更是翔实地记录了人们在传承和发扬丝绸文化道路上的奋斗足迹,形象生动地反映了不同时代、不同阶层人们的审美风尚及衣冠礼制,是民族文化的象征,也是社会认同感和归属感的基础,有着不可忽视的社会影响。在妥善保管的基础上,中国丝绸档案馆要对丝绸档案进行专业的梳理和分类,择其精华,推出有特色的精品陈列和展览,并根据社会需要开设各类讲座来传播丝绸文化知识,充分发挥档案馆的社会教育功能,成为中国丝绸的展示与教育基地。

3. 应用与推广基地

丝绸档案上所凝聚的精美的花色、复杂的工艺,在充分展现丝绸美学价值的同时,也向世人传递着中国丝绸丰富的文化内涵和厚重的历史底蕴。而部分档案所附的产品工艺单,更是从技术层面清晰地展示了中国传统丝绸产品的工艺特征、结构技巧、产品规格、纹样色彩等,这些宝贵的、不可再生的技术资料,对今后复制或开发生产同类产品具有极大的参考和应用价值,并能为新产品的开发提供创意。中国丝绸档案馆要将丝绸档案由幕后推向台前,根据市场需要将其转化为现实的社会财富,为丝绸产业的转型升级服务,成为丝绸档案的应用与推广基地。

4. 研究与交流基地

研究能力反映了一家档案馆的业务水平,也影响着它的社会功能和社会效益。

在历史发展演变中逐渐积累下来的丝绸档案，不仅见证了中国丝绸发展的历史进程，而且浓缩了中国丝绸的文化和技艺，是研究丝绸产业发展的重要资料。一方面，应从挖掘、揭示丝绸档案的内涵入手，最大限度地认识、研究其历史、文化、艺术、科学价值，使中国丝绸档案馆成为中国丝绸史研究的权威机构。另一方面，应加强与国内外的丝绸相关单位如博物馆、研究所、高校、企业等的业务、信息联系，通过交流协作、分析比较，并借助专家学者的研究成果和科研资源，拓宽自身的研究领域，提高自身的研究能力和水平。同时要尊重人才，培养人才，调动人才的积极性，营造良好的研究氛围，尽快建立一支政治上合格、业务上精通的专业技术人才队伍，为学术研究和中国丝绸档案馆事业发展奠定坚实的基础。

中国丝绸档案馆的建立，改写了中国没有丝绸档案馆的历史，是档案与丝绸工作者多年共同努力的结果，也是苏州市委、市政府重视档案工作的具体体现。中国丝绸档案馆将秉承"对历史负责、为现实服务、替未来着想"的崇高理念和"为党管档、为国守史、为民服务"的神圣职责，以扎实的基础工作，充分利用好各种有利资源，推动档案馆事业全面健康发展，为丝绸文化建设做出贡献。

本文系 2014 年江苏省档案局科技项目《中国丝绸档案馆定位与建设研究》阶段性研究成果。

（作者：肖芃　谢静　陈鑫　卜鉴民　原载《档案与建设》2014 年第 8 期）

千万里，我追寻着你

—— 中国丝绸档案馆的"丝绸档案之路"

今天是苏州第七个档案日，为期一周的 2015 年中国丝绸档案馆征集成果展也于今日拉开了帷幕。作为中国丝绸档案开馆的重要前提，2013 年 7 月 25 日，也就是中国丝绸档案馆挂牌当日，全国性征集工作随即启动。自此，从苏州辐射周边、由北京覆盖全国，苏州档案人开始了一条"南征北战"的"丝绸档案之路"。

两年过去了，北上辽宁南下两广，西藏、新疆也都留下了寻找丝绸档案的足迹，行程几万里。从找寻一个个早已退休的专家开始，个人、企业、公共团体，无数次电话追踪、当面拜访，哪怕是一张纸、一块绸布，只要跟丝绸相关，要都在征集工作人员的手里经过，那些散落在全国各地的珍贵丝绸文档、样本都被小心地收藏起来。如今，在苏州档案人的不懈努力下，征集工作硕果累累，逾万件各类丝绸档案汇集苏州，2015 年更是迎来了征集工作的大丰收，苏州档案人也在中国丝绸档案征集之路上写下了浓重的一笔。

从一本书开始的艰难求索

两年前的 7 月 25 日，中国丝绸档案馆在苏州落户了，这是国内首家专业性丝绸档案馆，能够在丝绸之乡苏州筹建，实在令档案人欣喜。然而欣喜之余，大家也感受到沉甸甸的压力，"中"字头的档案馆有了，但金字招牌里的内容该如何充实？让档案人跨入丝绸行业，隔行如隔山的挑战该如何迎接？亲历过中国丝绸业兴衰交替的老一辈丝绸专家如今又在何处？一连串的问题悬而待解。漫漫征集路，由此开始。

作为中国丝绸档案馆征集工作先锋队，苏州市工商档案管理中心将工作重心全部转移到征集工作当中。"我们的征集工作是从一本书开始的。"苏州市工商档案管理中心征集开发科副科长周玲凤说。

她所说的这本书，就是 1994 年由中国丝绸协会、中国国际名人院合编的《奉献在丝绸》，这是一部丝绸业的人名录，收录了全国在丝绸业科学技术、经营管理、文化教育等方面做出特殊贡献的人员共 589 人。这本书按地域分类，有人名、有照片、有工作介绍,还有丝绸人的卓越贡献,成了周玲凤他们征集路上的"丝绸宝典"。

有了"宝典"也并不是一切顺利的。周玲凤说,拿着这本20年前出版的书,心中满是忐忑,很多生于20世纪二三十年代的专家是否健在?在哪里?都是未知。电话联络、四处追访,一个个名字逐渐清晰,但登门拜访也不是件容易的事。幸而还得到中国丝绸行业协会的支持(见图3-20),他们首先在北京找到了该书的主编、曾任中国丝绸公司技术委员会副主任的王庄穆老先生。2014年3月份和4月份,苏州市档案局局长肖芃、市工商档案管理中心主任卜鉴民带队两度北上,拜访王庄穆和孙和清、李世娟等几位中国丝绸行业的元老。94岁高龄的王老先生为中国丝绸事业的发展特别是丝绸进出口贸易做出了不可磨灭的贡献,他曾制定"丝织品检验标准""统一丝绸编号",编印《绸缎规格》,出版了数十部丝绸著作,是中国丝绸行业的泰斗级人物。因为身体原因,如今的他已长期卧床,但听到中国丝绸档案馆即将成立的消息

图 3-20　中国丝绸协会会长杨永元捐赠了他珍藏多年的
丝绸珍品——真丝彩印版中国地图

依然兴奋不已,将他撰写或主编的《丝绸笔记》全套、《新中国丝绸大事记》《民国丝绸史》《王庄穆忆事》等众多珍贵书籍悉数捐给了中国丝绸档案馆,并竭力起身在每一本书上签名(见图3-21)。将毕生心血献于中国丝绸事业的老先生,一字一句、一点一滴都离不开丝绸发展,令现场的档案人无不动容,也坚定了他们继续追寻的信心。

图 3-21　王庄穆在自己捐赠的
丝绸著作上签名

万里征程中的难忘记忆

从首都北京出发向全国征集丝绸档案资料的第一炮成功打响，两次赴京不仅征集到近百件珍贵档案，同时，云集了中国丝绸协会、中国丝绸工业总公司等多家丝绸行业主管单位和诸多中国丝绸行业专家的北京，还给征集工作带来了覆盖全国的效应。自此，上海、辽宁、四川、广东、广西、西藏、新疆、青海，苏州档案人的足迹开始遍布全国。

从开始的艰难寻找，到一传十、十传百，仅是丝绸专家们提供的各路线索就足够苏州档案人一路追寻，形成了一个日益庞大的"丝绸档案网络"。全程参与全国征集工作的苏州市工商档案管理中心征集开发科副科长周玲凤说，找到了人好开心，但建立联系、当面拜访，进而拿到档案才算成功，这一路上的酸甜苦辣只有身在其中才能体味。2015年7月6日，周玲凤与中心办公室、征集开发科、档案管理科其他三名同事组成丝绸档案征集工作小组，前往广东、广西进行征集工作（见图3-22），由于此次参与征集工作的是四名女性，因而被戏称为"女子工作组"。这是周玲凤第一次带队外出征集，以前主要负责后勤或协助工作的她首挑大梁，压力可想而知。她告诉记者，在广东佛山拜访广东新天成香云纱集团负责人梁珠时，就遇到了困难。梁珠不仅是多家企业的主要负责人，还是国家级非遗项目香云纱染整技艺代表性传承人，年近八十、身家数千万的他原本可以享清福，却全身心投入筹建自己的香云纱博物馆。周玲凤说，梁珠作为丝绸人的精神令人感动，但初次结识给人感觉"颇为孤傲"，或许是见多识广，她们提起很多丝绸相关问题，梁珠皆不放在眼里，请求丝绸档案与样本的话题几度陷入停滞。"拿不到档案决不回去。"看似柔弱的女将们抱着必须完成任务的信心，与梁珠几经沟通，最终在广东省丝绸协会秘书长谢汝校的帮助下，顺利取得了香云纱样本和相关档案。

图3-22 广西工艺美院织锦大师谭湘光捐赠其作品

周玲凤说,征集之路不是万里长征却又胜似万里长征,有时候一次要去好几个地方,点与点的距离又非常远,山路多,交通不便,说翻山越岭都不为过。像去广西蒙山县就坐过 10 个多小时的车,在西藏拉萨市墨竹工卡县,为了去拜访国家级非遗"直孔刺绣唐卡"第六代传承人米玛次仁,颠簸了三四个小时的山路,驶到米玛次仁位于一个半山腰的工作室里,那个地方连当地县里档案局的工作人员都没有去过。一路上脚步不停、故事不停、征集工作不停,周玲凤说,征集的艰苦与收获相比根本算不了什么,因为对中国丝绸人执着精神的感动开始根植内心。中国丝绸档案馆征集工作越丰富、圆满,对丝绸行业的帮助就越大,决心做好一名档案人的工作者们,有了同时做好丝绸人的新目标。

这里是中国丝绸之路的根和魂

档案与丝绸,从表面上看没有联系,档案人与丝绸人在工作性质上也毫无交点,然而因为中国丝绸档案馆的成立,让两者融合、发展,不仅为中国丝绸业的腾飞提供助力,同时也拓展、升华了中国的档案工作,改变了档案馆藏的旧格局,迎来新的面貌。

中国丝绸档案馆落户苏州的重要意义,让该项工作的具体执行者、苏州市工商档案管理中心主任卜鉴民感到责任重大。他说,征集只是丝绸档案工作的开始,传承、开发、利用任重道远,但征集又是这些后续工作的基石。"南征北战的广泛征集都是为了让这个'中'字头的丝绸档案馆名副其实,我们不仅要保护好苏州的丝绸档案,还要站在全国的高度,甚至面向世界,尽一切可能收集丝绸档案内容。"卜鉴民说。两年多,征集工作一路走来,是艰苦的。从征集地图上看,档案人走了 9 个省、十数次,但省内和周边地区,档案人则不知跑了多少遍,一得到线索立即出发,那些档案都是由一场场"说走就走的旅行"凝结而成的。与此同时,科学的追寻办法也让征集工作取得了事半功倍的效果,如参加全国各地的丝绸论坛、丝绸展览,通过结识丝绸界的专家、企业,不断拓宽征集范围,打开一条条快速征集的通道。"苏州市立项拨款,成立征集工作专项资金,这是全苏州人的期望,'花小钱办大事',2015 年我们迈出了一大步。"

档案是一座城市的记忆,是不可或缺的烙印,中国丝绸档案是中国丝绸业的历史,开拓的却是它的未来。苏州市档案局局长肖芃说,一座档案馆,馆藏的量与质,决定了这个馆的价值与水平,而这个价值需要靠征集来完成。中国丝绸档案馆的征集工作,由旧思维中的"守株待兔"到"外出捕猎",提高的是馆的质量,改变的却是档案人的思维观念,极大地丰富了馆藏内容,优化了馆藏结构,成为领先全国的"苏州模式"。从 2013 年的"以苏州为主辐射周边",到 2015 年的覆盖全国,中国丝绸档案馆完成了一个又一个从无到有、从单一到丰富的突破。"档案馆不同于博物馆,档案的重要价值还在于它的完整性,中国丝绸业的发展要在档案馆里完整、准确地呈现出来,这就是档案人为什么要千万里去追寻的缘由。"肖芃说。苏州作为古代丝绸重镇,有着深厚的丝绸文化积淀,从最初保存有 30 余万件的"近现代苏州丝绸样本档案"到今天全国征集新增的逾万件珍贵档案,中国丝绸档案馆注定成为中国丝绸发展中不可或缺的一环,因为,这里是中国丝绸之路的根和魂。而苏州档案人的"八千里路云和月",才刚刚开始。

(作者:张 丫 原载《姑苏晚报》2015 年 11 月 15 日)

中国丝绸档案馆落户苏州

——它是全国唯一一家，前期建设工作已经启动

英国戴安娜王妃结婚礼服使用的苏州产塔夫绸是什么样子的？古代的宋锦是怎么织成的？……想了解丝绸的秘密，当然去正在筹建的苏州中国丝绸档案馆。根据国务院批复，目前全国唯一一家中国丝绸档案馆落户苏州，前期的建设工作已经正式启动。

为这个项目准备了 3 年

"让中国丝绸档案馆落户苏州，我们准备了三年。"苏州市工商档案管理中心主任卜鉴民表示。

2013 年 4 月，中国丝绸品种传承与保护基地落户苏州。苏州市档案局向市政府提出建立中国丝绸档案馆并启动申报工作，随后国家档案局批复同意成立。目前，中国丝绸档案馆的筹建工作正在紧锣密鼓地进行，还作为重点工作被列入 2014 年苏州市政府工作报告。2015 年，中国丝绸档案馆被苏州市政府列为民生建设重点项目。2015 年 12 月，国务院办公厅正式批复，同意在苏州建立"苏州中国丝绸档案馆"，这是全国地市级城市唯一一家"中"字头档案馆，同时也是国内首家和唯一一家专业的丝绸档案馆。

苏州中国丝绸档案馆选址原工商档案管理中心，位于姑苏区齐门路 166 号地块，"西临齐门路，北至北园路，东接拙政别墅，南到渔郎桥浜"。卜鉴民告诉记者，总投资1.8 亿元的档案馆，总建筑面积约 1.2 万平方米，建筑风格将与附近的苏州博物馆等相近。

30 多万件样布成镇馆之宝

"近现代苏州丝绸样本档案"是苏州丝绸行业在 19 世纪末至 20 世纪末这一特殊历史时期内形成的，主要是丝绸印花、织物样本、制作工艺和产品实物等，共计

28650卷302841件，主要来自41家丝绸企业，"这些丝绸样本是档案馆的镇馆之宝"。卜鉴民说，"'近现代苏州丝绸样本档案'数量如此之大、内容如此之全、质量如此之高，实为中国乃至世界罕见"。

在30多万件丝绸样本中，既有晚清时期中国最具盛名的官方织造机构苏州织造署使用过的丝绸花本，民国时期的风景古香缎、花卉织锦缎、细纹云林锦等，又有列入中国非物质文化遗产名录和人类非物质文化遗产代表作名录的宋锦等。

为了丰富档案馆的馆藏，档案馆在全国发起藏品征集活动，"这30多万件丝绸样本基本上都是苏州本地的。既然是中国丝绸档案馆，我们就面向全国征集丝绸样本，目前已经征集到两万多件丝绸档案资料和实物，从不同层面反映我国的丝绸文化"。

档案馆设计方案正进行投标

苏州中国丝绸档案馆的建设，目前有五个设计方案在进行投标，它将集收藏、保护、利用、研究、展示、教育、宣传、旅游、休闲等功能于一体。按照"中国、丝绸、档案"三大关键词的内涵，档案馆建筑在体量、外观、色彩、功能等方面应作为一个整体进行设计，同时又必须兼顾各区域的使用和功能要求。（见图3-23）

图3-23　正在投标的档案馆设计效果图

档案馆建设完成后，将面向全国收集关于丝绸的史料、实物、音像制品等多种档案资料，并进行系统管理。通过研究、开发、利用和创新，形成满足市场需要的产品，有效转化为现实的社会财富，为丝绸产业的转型升级服务。

（作者：韩小强　原载《现代快报》2016年3月11日）

在这里看到丝绸的"春天"

——来自全国各地的丝绸行业大咖为苏州点赞

最近,苏州丝绸界喜事连连,我市正式拿到国务院办公厅关于同意苏州市工商档案管理中心加挂"中国丝绸档案馆"牌子的批复,中国丝绸档案馆筹建工作进入实质性的启动阶段。前昨两天,在江苏省丝绸协会的牵线搭桥下,浙江、山东、广东、河南等全国部分省、市丝绸行业协会会长、秘书长受邀前来,参观考察苏州丝绸发展现状,为苏州丝绸的未来"把脉"。

经济全球化背景下,在"一带一路"国家战略中,如何迅速对接并赢得市场?丝织技艺如何兼顾传承与创新两大历史使命?苏州丝绸业当前面临的挑战,正是全国丝绸行业的共同命题。在参观考察后,来自全国各地的丝绸行业专家对苏州丝绸保护、传承与创新取得的成绩表示惊叹,盛赞在苏州看到了中国丝绸的"春天"。

立足苏州,面向世界
挑起中国丝绸档案保护与利用的大任

"中国丝绸的'根'在苏州。"2013 年,时任中国丝绸协会名誉会长的弋辉做出如是评价。昨天,在参观了苏州工业园区档案馆举办的"2015 中国丝绸档案馆征集成果展"后,江苏省丝绸协会秘书长罗永平表示认可,他认为档案是无声的历史,丝绸档案背后蕴藏的历史与文化价值难以估量。苏州应以中国丝绸档案馆的建设为新起点,依托丰富的档案资源,挑起中国丝绸档案保护与有效开发、利用的大任,立足苏州,面向世界,探索一条助力产业转型升级的新路。

2013 年 7 月 25 日,国家档案局批准中国丝绸档案馆落户苏州,这是国内首家和唯一一家专业的丝绸档案馆,同时也是全国地市级城市唯一一家"中"字头档案馆。

苏州是中国丝绸主产区之一,也是现存丝绸生产历史遗迹、丝绸样本以及丝绸工艺档案最丰富、最系统的城市之一。苏州市工商档案管理中心则是我国目前丝绸档案保存最系统、最完整的馆藏机构,在馆藏的 200 余万卷档案中,整合了原苏州市区丝绸系统样本档案 30 多万件,以及丝绸行业织造、炼、染、印等工艺和设计档案近 50 万卷。此外,还有与丝绸有关的史料、书籍档案万余件(册),苏州商会档案中拥有的丝绸档案数千卷。

昨天,罗永平等全国部分省、市丝绸行业协会会长、秘书长受聘成为中国丝绸档案馆的征集顾问,为该馆进一步开展征集工作奠定基础。从 2013 年起,我市面向国内各重点丝绸产地进行了广泛征集,截至目前已经征集丝绸档案 2 万余件。

依托馆藏档案资源,中国丝绸档案馆与丝绸生产企业还开展了多领域合作,通过建立档企合作基地的形式,对传统丝绸品种进行抢救、保护和开发利用,拓展档案资源利用新途径。目前,已完成了对宋锦、漳缎、纱罗等传统丝绸品种及其工艺的恢复、传承和发展,开发出了纱罗宫扇、宫灯,宋锦、纱罗书签,新宋锦箱包、服饰等不同织物属性的产品和衍生产品。其中,与企业合作开发的新宋锦面料,被用于各国领导人所穿的名为"新中装"的现代中式礼服,在 2014 年 APEC 会议上惊艳亮相。

丝企应以文化为内涵
未来把苏州丝绸店开到香榭丽舍

在经历了十多年"退二进三"的痛苦历练之后,苏州丝绸已从单纯的绸缎初级加工,逐步向丝绸的终端产品、丝绸贸易服务等方向转变,并且由市场所需求的丝绸最终产品来引领整个产业链的发展。

如何让更多华美的丝绸产品、优秀的非物质文化遗产走出深闺,引领消费潮流?广东省丝绸行业协会秘书长谢汝校在参观了位于石路的苏州绣娘旗舰店之后,深有感触地说:"绣娘丝绸将传统丝绸文化与现代元素完美结合,赢得市场的同时引导市场消费,让人看到了现代丝绸发展的方向。"

创立于 20 世纪 80 年代的苏州丝绸品牌"绣娘",如今已发展成为国内知名品牌,也是中国唯一连续两次代表丝绸企业参展世博会的品牌。其石路旗舰店 8000 平方米的空间内,从春夏秋冬四季服饰,到床单、桌布等丝绸生活用品,再到宋锦手袋、票夹等丝绸时尚配饰,应有尽有。目前,绣娘在全国各地已开出近 50 家旗舰店,其"掌门人"戚秋兰的梦想是将苏州绣娘的旗舰店开到法国巴黎的香榭丽舍大街上。

近年来,浙江省丝绸业发展迅猛,丝绸企业迅速壮大,涌现出不少上市企业。浙江省丝绸行业协会秘书长王伟在考察苏州丝绸发展之后认为,苏州丝绸历史久,底蕴足,丝绸文化深厚。浙江丝绸企业的成功经验之一,便是巧做丝绸文化,引导市场消费。他认为,在全国丝绸行业不景气的情况下,在苏州最繁华的地段都能见到丝绸店的身影,丝绸产品的时尚设计与消费紧密结合,十分难得。做足丝绸文化,苏州丝绸的传承与创新将迎来更加美好的春天。

破解人才与创新两大难题
我省开展三项评选助力丝绸业振兴

令各地丝绸行业专家们感到高兴的是,在有些发展得较好的苏州丝绸企业中,上一代丝绸人找到了接班人,有不少是儿女跟随父辈接力丝企运营与发展。

长期以来,丝绸人才队伍老化、丝绸新品开发乏力等问题制约着苏州传统丝绸企业的转型升级。昨天,记者从省、市丝绸行业会长、秘书长座谈会上获悉,我省今年推出三项新的评选活动,力图破解这两大难题,为全省的丝绸振兴添柴旺火。这三项评选办法是:《2016 江苏省丝绸新产品评奖办法》《2016 江苏丝绸青年"双创"人才评选办法》《江苏省丝绸技艺大师评选办法》。

去年以来,苏州丝绸业致力于创新,积极研发新产品,一年来成果丰硕,包括苏州英奈尔服饰有限公司、苏州吴绫丝绸精品有限公司等在内的一批丝企共 11 个丝绸新产品,通过了省丝绸协会组织的专家鉴定,数量之多,为近年罕见。罗永平说,这也从一定程度上显示了苏州丝绸业雄厚的科学技术优势和新产品开发的巨大潜能。为了鼓励更多的丝企创新,今年全省将开展丝绸新产品评比活动,推动传统行业的创新驱动。

"丝织技艺传承人的职称、工艺资质等方面的评定,长期以来是个空白地带。"罗永平介绍说。一些有着高超技艺的丝织人才,因为得不到相应的待遇而流失。为此,在新的丝绸技艺大师评选办法中,将给这些拥有高超技艺的丝绸人一个"名分"。

(作者:陈秀雅 原载《苏州日报》2016 年 1 月 15 日)

最浓丝绸情

——苏州市工商档案管理中心赴京拜访丝绸界元老纪实

2014年3月10日至3月13日，苏州市工商档案管理中心工作人员在副主任方玉群的带领下专程赶赴北京，拜访了中国丝绸协会的领导和3位丝绸界元老，就中心筹建中国丝绸档案馆的相关事宜向领导和前辈问计问策，并征集到多件珍贵的丝绸实物档案。

自2013年7月25日，苏州市工商档案管理中心成功获批"中国丝绸档案馆"，成为全国地级市首个"中"字头档案馆之后，中心为筹建中国丝绸档案馆做了大量的工作。一方面积极向上级领导部门和丝绸行业组织寻求支持，一方面也在积极联系国内丝绸界的元老和专家，并在他们的帮助下广泛收集丝绸方面的各类资料和实物档案。目前已经和苏州、上海等地的丝绸专家如钱小萍、吴裕贤、孔大德等人多次交流和沟通，并征集到各类丝绸档案数百件。

此次北京之行作为中心筹建中国丝绸档案馆的重要工作内容之一，得到了中国丝绸协会领导的大力支持，杨永元会长、钱有清秘书长等人热情接待了我们，并帮助我们联系了多位国内丝绸行业的元老，使我们有机会拜访了王庄穆、孙和清、李世娟等几位久仰盛名的老前辈。三月的北京虽然春寒料峭，可我们却丝毫未感觉到寒冷，一直感受着浓浓的春意，而满满的收获更让我们激动不已。

一、拜访王庄穆老先生

我们拜访的第一位老人就是在中国丝绸界被尊为泰山北斗的王庄穆老先生（见图3-24）。王老1922年生人，现已93岁高龄，一生从事丝绸事业，为中国丝绸事业的发展做出了难以逾越的贡献，有关丝绸的著作也是数不胜数，其中比较重要的有《丝绸笔记》及其续本、《新中国丝绸大事记》《奉献在丝绸》等。由于身体原因，王老现在已经长期卧床，他的女儿王正女士一直在家照顾他的起居生活。在王老的床头，摆满了各类书籍报刊，可见他平日里仍然不断阅读，枕边还有一个小收音机，听他女儿说他看书看得累了就听听广播，阅读、广播，已经成了王老晚年生活的重要组成部分。不过王老的精神面貌依然很好，对我们的到来也十分高兴。作为中国丝绸博物馆的创建人之一，他听说又有一家"中"字头的中国丝绸档案馆即将成立，心

图 3-24 93岁高龄的王庄穆老人

中也十分欣喜，在听中心副主任方玉群汇报的过程中，不时地点头称赞，并鼓励我们要好好运作。王老向我们介绍了他的部分著作，并允诺会把他的著作和一些个人资料进行整理后全部捐赠给我们。考虑到王老年事已高，我们并没有多做停留，怀着深深的敬意向他告别离去。

二、拜访孙和清老人

在中国丝绸协会办公室主任刘文全的陪同下，我们来到了原中国丝绸公司副总工程师、原纺织工业部中国丝绸实业公司副总经理孙和清老人的家里。孙老是全国知名的丝绸行业技术专家，在中国纺织工业部、中国丝绸公司等单位长期从事科学研究和技术管理等工作。他主持制订了我国丝绸工业的挖潜、革新、改造规划，负责制订我国"六五""七五"丝绸发展规划并起草"八五"丝绸发展规划，参与筹建中国丝绸公司，为组建我国产供销一体化的丝绸生产流通体系做出了卓越的贡献。时至今日，孙老也已经91岁高龄，夫人已经不在了，和女儿一起生活。家不大，不过收拾得十分干净，大大的书柜里摆满了书籍和资料。孙老听说我们正在筹建中国丝绸档案馆也十分高兴，并拿出了他当年参与筹建中国丝绸协会的合影照片和我们一起欣赏(见图 3-25)，听着他的话语，我们仿佛也跟随他一起回到了往日那令人激动的时光。由于孙老的身体状况也不是太好，我们没敢过多打扰他，拿着他送的一本承载他往日记忆的相册离去。

图 3-25 孙和清老人(中)向我们讲述老照片

三、拜访李世娟女士

我们在北京拜访的最后一位老人是原中国丝绸工业总公司总经理李世娟女士。李老长期从事丝绸工业生产技术管理工作,曾在国家经委轻工局、中国丝绸公司、纺织部丝绸管理局等部门长期担任领导职务。早在20世纪70年代就组织领导有关部门解决了中国茧丝积压的问题,为国家丝绸业的发展打下了基础,在丝绸公司工作期间组织编制和落实丝绸行业的"七五""八五"技改、科技规划和年度计划,为中国丝绸行业调整产品结构、增加出口创汇、协调稳定发展做出了巨大的贡献。

李老今年78岁,在元老中属于较为"年轻"的一位,虽已年近80,可是思路依然十分清晰,口齿表达非常流畅,我们在她家谈的时间也最长(见图3-26)。李老向我们回忆了她工作以来经历过的中国纺织工业的四次大发展,分别是:1973年国家解决蚕茧大量积压,1975年解决生丝大量积压,1978年国家大力发展轻纺工业和1985年大力发展化纤工业。这四次发展奠定了中国丝绸行业大发展的基础,也造就了20世纪八九十年代中国丝绸的辉煌。从李老的言谈中,我们感受到她对中国丝绸行业的了解,也体会到她对丝绸事业的热爱。最后李老还拿出了两本她珍藏多年的资料——美国《全国地理》杂志1984年1月号专稿《丝绸——纺织品皇后》和《1997年国家茧丝绸行业的现状及展望》报告书,她给我们讲述了她珍藏的原因和背后的故事,然后慷慨地把这两本饱含着回忆的资料捐赠给了我们,对此我们感激万分。

图3-26 李世娟(右)同中心副主任方玉群交流

三位老人给我们留下了三段历史,从中我们可以看到中国纺织工业以往那波澜壮阔的发展场景,也可以感受到他们对中国丝绸事业的无限热爱。正是他们这一代人用他们宝贵的知识和勤劳的双手,创造了中国丝绸的辉煌。我们一定要不断前行,去完成他们未竟的事业,满足他们未了的心愿,争取让中国丝绸重现往日的荣光。

四、走访中国丝绸协会

北京之行的最后一站,我们来到了中国丝绸协会,同协会会长杨永元、协会秘书长钱有清就筹建中国丝绸档案馆下一步的重点工作进行了交流。杨会长和钱秘书长对我们的工作非常支持,不仅向我们指出了工作的重点和方向,而且提出了具体的帮助方式和方法。

杨会长指出,中国丝绸档案馆的筹建工作应该把重点放在各省市丝绸行业的文字资料方面。对此,杨会长给出了具体的工作建议,他建议我们应该积极向国家茧丝办和国家档案局申请专项资金,然后自己立项,鼓励各省市丝绸协会申报项目,自行组织力量对本省、本市的丝绸行业历史和企业资料进行汇总、梳理,这样就可以对国内重点丝绸产地和重点丝绸企业的情况有了比较全面的掌握,进而能形成一个中国丝绸行业的资料大全,如此一来,就是做了一件了不起的且很有意义的大事,对于后人来说也是做了一件功德无量的工作。

钱秘书长也提出以后中国丝绸协会会在各种场合通过多种方式帮助我们进行宣传,让更多关心丝绸的人了解苏州市工商档案管理中心,知道苏州正在为筹建中国丝绸档案馆做出大量的工作和不懈的努力,也号召更多的人来为筹建工作添砖加瓦,共同贡献出自己的力量。同时,中国丝绸协会也会帮助我们组织和联系各地的丝绸专家,共同献计献策,争取将中国丝绸档案馆早日建成。

到了会谈的最后,杨永元会长向我们捐赠了他珍藏多年的丝绸珍品:《人民日报》——共和国开国大典丝绸珍藏版(见图3-27)、《中国企业版》——神舟九号成功发射丝绸纪念版和真丝彩印版中国地图。这三件物品都是已经绝版的丝绸珍品,具有很高的收藏价值,杨会长十分慷慨地捐赠给了我们,并允诺以后还会把自己收藏的丝绸资料送给我们。钱秘书长也表示此次准备不够充分,回去后要好好整理,也要把自己的珍藏捐赠给我们。对此我们深表谢意,我们将好好保存,善加利用,让这些丝绸珍品能够发挥出更大的价值。

图3-27 杨永元会长(左)捐赠《人民日报》
——共和国开国大典丝绸珍藏版

　　北京之行是短暂的,我们不仅获得了丝绸行业领导的工作指导和建议,也有缘拜访了几位中国丝绸界的元老和专家,我们不仅感受到了他们对丝绸事业的热爱,更激起了自己做好工作、把自己奉献给丝绸事业的热情。通过这次北京之行,我们坚定了自己的信心,也看到了更加灿烂的明天,我们会尽自己最大的努力,团结一心,共同奋斗,让中国丝绸早日重现辉煌!

(作者:甘　戈　原载《江苏丝绸》2014 年第 2 期)

古城的保护要多走"原生态"路线

——丝绸和苏作工艺融合魅力无穷

保护这座古城,彰显文化魅力,让文化成为苏州永续发展的动力。昨天,记者采访了几位代表和苏州文化专家学者,他们表示,传承苏州文化基因,应该多走"原生态"路线。

苏州丝绸如何走向世界
丝绸与苏作工艺相得益彰

要完成中华民族文化中国梦的复兴,苏州的资源是最丰富的。举例说,中国丝绸的根就在苏州。

作为中国丝绸品种传承与保护基地,苏州市档案局(馆)下属事业单位——市工商档案管理中心现保存丝绸样本档案 30 万余件,反映了近 100 年间苏州市区及国内重点丝绸产地绸缎产品演变的概貌,囊括了丝织品中的绫、罗、绸、缎等 14 大类丝绸产品,更有罕见的绫、罗、葛、绡等稀少品种绸缎样本。同时,还保存了大量有关丝绸行业的珍贵纸质档案和历史资料,以及丝绸行业织造、炼、印、染等一整套的工艺和设计档案等近 28 万卷。最为珍贵的是与南京云锦和四川蜀锦齐名、被列入首批国家级非物质文化遗产名录的苏州宋锦系列绸缎样本实物,堪称全国唯一、世界唯一。2013 年 11 月 3 日,国家商务部茧丝办副主任李朝胜来苏视察后表示:中国丝绸档案馆落户苏州。但是,中国丝绸档案馆自批准建立以来,实质性的进展并不大。

代表董柏建议市政府尽快考虑制定中国丝绸档案馆的机构设置和人员配备方案,并参照有关审批程序,向上申报,同时履行事业单位法人变更登记手续等,真正落实中国丝绸档案馆编制审批程序上的正式挂牌。

代表曹雪明说,苏州丝绸历史文化遗存是名城苏州重要的历史文化遗产之一,保护苏州丝绸历史文化遗存,就是保护苏州的历史文化遗产。他建议,对散落在街巷中的苏州丝绸文化遗存,设置纪念碑或者纪念牌,使这些丝绸文化遗存得到更好的保护,同时更好地展示苏州丝绸文化历史,彰显苏州城市特质。利用苏州丝绸文化遗存,打造一批极具地方特色又与国际接轨的苏州丝绸国际品牌,以拉动丝绸消费品市场,促成产业全面转型升级。当然,除丝绸本身的文化外,苏州本土的吴文化、水乡文化、桃花坞木刻年画等苏作工艺均可与丝绸文化结合进行创意,或以丝绸为载体来进行延伸传承。

古城墙应选最经典部分完整保留
保护好苏作工艺美术生态基地

2500多年的文化底蕴,孕育了苏州独特的文化形态,如何打造吴地文化品牌,保护这个城市?苏州大学教授袁牧经过近5年的专业研究认为,其一要纠正对目前古城墙的重建保护意识,其二要保护苏州工艺美术生态基地,塑造以吴门书画和苏作工艺为标杆的吴地文化品牌。

袁牧说,苏州的古城墙确实能代表吴地文化,但是它们并不是苏州最具有代表意义的文化标杆。选择保护古城墙并不是不可以,关键是要选择那些最有标杆性的城墙进行保护。比如说,他认为苏州最有代表性的古城墙在盘门,从盘门遗迹、外围风貌来看,它都是苏州保留最完整的一段古城墙,对其进行完整性保护,是适当的。但是,几个城门同时进行古城墙重建,太过消耗人力物力财力,意义也不大。"古城墙要保护,但不宜采用大规模'重建'的方式,保护应该在原来基础之上维护历史延续性,保存历史真实性,重建当然是有文化源头的,但它们毕竟是现代建筑,与古物已无关。"袁牧说。

城市文化的传承还需要保护好苏州特有的苏作文化。袁牧接受记者专访时特别强调说,苏州当前要抓紧对苏州工艺美术生态基地的保护,他的这一观点目前已经引起苏州市非遗保护办公室的高度重视。经过近5年的调查,袁牧发现,苏州的工艺美术生态基地散落在西太湖地区。据2012年苏州市政府颁布的《苏州市传统工艺美术产业优化发展规划》中的统计数据,苏州地区从事工艺美术各门类的生产企业已超过6000家,从业人员超过15万人,年生产销售总量为150亿元左右。在非遗保护与传承方面,苏州市政府也采取了一系列切实可行的措施,并投入了大量的人力物力,在传统保护、人才培养、鼓励创新等方面取得了可喜的阶段性成果,但仍有不足。

袁牧建议,对苏州地区具有工艺文化传统和已经具有一定工艺生产规模的村落进行调查编目。就苏州西太湖地区而言,就有以刺绣、琢玉、佛雕、核雕、石雕、砖雕和红木家具为主的工艺制作村落十余处。在调查编目的基础上分出主次,确定重

点,结合当地规划和发展需要,将其纳入新农村建设的整体规划中,有计划有步骤地加以保护、改造和发展。在确立"工艺文化保护村落"时首先应该对不同村落的工艺品种和生存状态、工艺生产的人员结构和性质以及工艺产品的艺术价值和市场定位进行评估,并开设与本村工艺文化相关的陈列馆。"古城的内涵、外延随着城市的发展正在发生变化,我们要保护的是文化形态和原生态工艺,而不是简单的重建和复制。"袁牧最后说。

(作者:惠玉兰　汤　宁　原载《城市商报》2014 年 1 月 15 日)

在慢热中苏醒的宋锦档案

如果没有 APEC 会议上的这一次夺目亮相,宋锦恐怕还是一颗蒙尘的明珠。它是苏州丝绸中的一种,织法独特,却用得不多。自 20 世纪 90 年代东吴丝织厂停产宋锦以来,它已沉寂多年。对宋锦档案的开发与利用,始于 2012 年。苏州市工商档案管理中心现已馆藏宋锦档案总计 847 件,这几年来,有关宋锦档案的传承、保护以及宋锦品种的恢复和创新,一直都在持续的发酵之中。

对古宋锦残件的小心复制

苏州市工商档案管理中心的库房,珍藏着数百件宋锦档案,其中有一件来自明末的样本,在所有宋锦之中,它的图案与色彩都属特别,但因为年代长久,已是残件(见图 3-28)。不久前,位于工业园区的家明织造坊接受了档案中心的委托,对其进行复制。须同时复制的还有一件明黄地团花宋锦,这一件没有实物,复制参照物是自国外博物馆里拍来的一张照片。

图 3-28　苏州市工商档案管理中心馆藏明末宋锦残件

家明织造坊规模不大,位于园区斜塘,企业主周家明是"四经绞罗织造技艺"的传承人(见图 3-29)。20 世纪 80 年代,周家明即在苏州漳绒厂跟着父亲学习丝绸织造;90 年代起开始从事个体丝绸行业,做一点缂丝、手工漳缎,也接单为日本客商织造和服面料及腰带;世纪之交时,周家明已经掌握了四经绞罗的织造技艺;自 2012

年,他开始为苏州丝绸博物馆小批量复制生产手工传统宋锦;今年11月,市工商档案管理中心决定委托其复制小量宋锦。

宋锦是一种织法繁复的丝绸品种,若无相当的技术力,复制不易。从保护与传承的角度出发,工商档案管理

图 3-29 工作中的"四经绞罗织造技艺"传承人周家明

中心不仅是请周家明以传统手法原样复制,更要他留下详尽的复制过程,包括经纬线的织法乃至丝线如何配置。档案中心现藏的宋锦档案中,多为实物资料,技术资料十分有限。档案中心资源开发科科长彭聚营透露,目前档案中心藏有四五十件清朝与民国时期的宋锦残片,"年代长远,有实物留下就不错了"。现今能够找到的宋锦资料多由文人撰写,基本不会涉及技术方面的信息。

周家明迄今仍用手拉脚踏织机生产宋锦。手工织造,成本很高,每天只能织出40厘米,即便是复制,每一米的造价也在千元以上。家明织造坊的主业是漳绒,所生产的小量宋锦则用于腰带、围巾等配饰。

传统工艺织出的宋锦多为75厘米宽的狭幅,使用范围亦相对狭窄,而且手工织物很有可能不如机器织物平整、好看。虽然现代织机也能织出宋锦,但要复制出最原味的宋锦,仍须周家明这样的手工技艺。彭科长透露,工商档案管理中心明年仍有计划请家明织造坊为馆藏的宋锦残片进行复制,同时留下技术资料,令这部分档案进一步完整起来。

现今,苏州市工商档案管理中心馆藏宋锦档案总计847件(见图3-30至图3-33),是极其珍贵的宋锦织造技艺原生态实物。

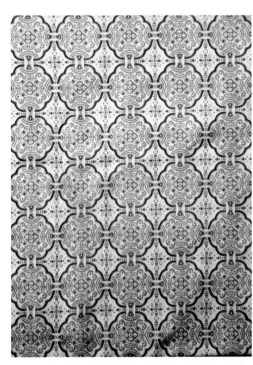

图 3-30 宋锦"菱纹定胜"

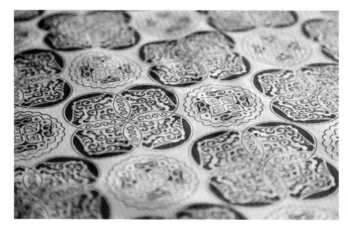

图 3-31　宋锦"环球纹龙"

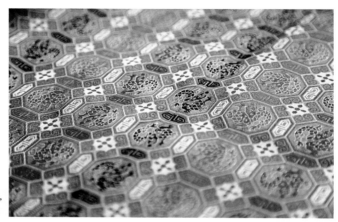

图 3-32　宋锦"小角回龙"

图 3-33　宋锦"汉玉龙纹"

高冷风格决定了它的不易普及

　　宋锦是宋代以后发展起来的一种著名织锦,因产地主要在苏州,所以又称"苏州宋锦",与南京云锦、四川蜀锦一起,并称为中国三大名锦,目前已被列为国家级非物质文化遗产代表作。

在苏州,能织宋锦的企业屈指可数。新中国成立后,苏州有能力生产宋锦的企业只有东吴丝织厂和苏州织锦厂。宋锦通常并不被直接作为服饰面料,更多是为服饰局部"锦上添花",或作为书画装裱之用,所以当时这两家国企的客户多为朵云轩或荣宝斋这样的书画社,宋锦产量不多,也都不是企业的主力产品。及至20世纪80年代中期,由于宋锦市场的萎缩,苏州织锦厂开始减少宋锦产量,至80年代末已完全停产。而东吴丝织厂也在20世纪90年代,因为受到低价位仿宋锦产品的冲击,停止宋锦生产——在历史上,该厂生产宋锦产品的历史长达20年。

这段宋锦历史,被记载于档案之中,也以实物形式展陈于博物馆。宋锦虽贵为苏州丝绸中的一颗明珠,但因其一以贯之的高冷风格,与普通人距离甚远,养在深闺不为人识,也很正常。从质感上看,它厚重挺括但是未必舒适;从技术的角度看,宋锦面料的经纬密度与组织结构都很独特,它的翻改十分困难,这就限制了大规模生产,使得宋锦不能像其他锦缎一样,可以通用一种装造做出很多相关产品。

除了以上所述,宋锦的高冷,更体现于其织造手法的复杂多变以及用材上的奢侈——宋锦上所有的图案与花色都是通过经纬线的排布逐行织出,除了桑蚕丝之外,还常常需要用到由金箔捶打而成的金线——传统宋锦高昂的制作成本决定了它无法具备市场普及性;除非能把成本降下来,并且借用现代织造手段提高生产效率。

新宋锦产品的快热或慢热

能不能生产出技术含量大、附加值高的新宋锦产品?苏州市工商档案管理中心主任卜鉴民说,档案不只是为政治和领导服务,优秀的档案理应走向社会,为社会服务,"沉睡多年的宋锦档案,可能也遇到了与时俱进的契机"。

2012年,宋锦国家级传承人钱小萍女士给苏州市委领导写信,呼吁振兴丝绸,其中更是提到了宋锦的振兴。为了早日使宋锦这一逐渐淡出人们视线的珍贵丝绸品种重放异彩,苏州工商档案管理中心将部分馆藏宋锦实物的档案资源与吴江区鼎盛丝绸有限公司进行联合开发。

这家企业在工商档案管理中心查阅了东吴丝织厂的技术档案,并在馆藏宋锦档案中筛选并确认了多个典型传统"宋锦"品种。随后,他们在整合现代提花剑杆织机和电脑纹织系统优势的前提下,对设备进行投资改造,同时设计出工艺技术——在一台先进的剑杆织机上,他们织出了颇有原味的宋锦产品——现代技艺配上人工设计修饰,再加上现代化丝织工艺技术等手段的综合运用,一下子颠覆了历史上所有对宋锦产品的限制,因为无论是产量和质量,还是门幅和花幅,新宋锦产品都

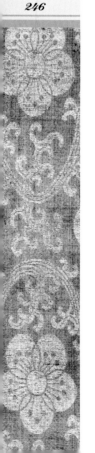

有了新的突破。

在 APEC 会议上亮相的宋锦面料，其实并非传统宋锦，而是一种创新过的宋锦面料，丝线之外还加入了毛料，因此垂感更好。不仅是面料，工商档案管理中心与吴江鼎盛在宋锦产品的深度开发中也进行了大胆尝试，尝试开发出了不同织物属性的宋锦产品，比如欣赏锦、衣着锦、装饰锦和装裱锦等，使得产品的范围和用途更为广泛。

APEC"新中装"效应能否带动丝绸乃至宋锦的大热尚且未知，但新宋锦产品的开发与创新确实已在持续进行之中——即便没有 APEC，新宋锦产品依然有可能会慢慢热起来。

卜鉴民透露，筹建中的中国丝绸档案馆目前正在积极开展相关宋锦名人档案和散存于社会上的宋锦资料、实物样本的征集工作，"全国茧丝绸行业终身成就奖获得者、非物质文化遗产宋锦技艺国家级传承人钱小萍大师的个人档案已经全部征集入馆"！

在今后很长一段时间内，工商档案管理中心及中国丝绸档案馆都将把对库藏中的宋锦档案资料和样本开展抢救保护作为一项常态工作，通过改善保管条件、增添保管设备和实施规范整理及数字化处理等手段，实现对宋锦档案资源的有效保管和快捷查询；同时也会积极寻找宋锦传统织造技艺的传承、保护、品种恢复和创新的合作伙伴。

（作者：褚　馨　原载《姑苏晚报》2014 年 11 月 18 日）

华贵宋锦出"深闺"

——北京 APEC 会议领导人特色中式服装主要面料

宋锦历史悠久,由于其色泽华丽,图案精致,质地坚柔,被称为中国"锦绣之冠",因产地主要在苏州一带,故又称"苏州宋锦"。 宋锦与南京云锦、四川蜀锦一起,被誉为我国的三大名锦。

2006 年,宋锦被列入第一批《国家级非物质文化遗产名录》。2009 年 9 月,宋锦又被列入了《世界非物质文化遗产名录》。

北京 APEC 已经圆满落幕,作为亮点之一,各经济体领导人和代表拍摄"全家福"时所穿的特色中式服装引起了广泛关注。男领导人服装的主要面料——宋锦,也走上国际舞台,令世人瞩目。

入选 APEC
宋锦打开一扇门

作为养在深闺的世界非物质文化遗产,APEC 为宋锦开了一扇门。

据媒体报道, 此次领导人服装设计方案征集工作从 2013 年 12 月下旬就已开始,组织方共向 71 家企业、259 位设计师和 18 所高校发出设计邀请函。今年 2 月至 9 月间,经过多次研讨和评审,专家评审组从 455 份设计稿中最终遴选出 35 组样衣进行深化设计,截至 10 月底,领导人服装制作、包装工作按计划全部完成。

在这样严格的选拔中, 宋锦为何能脱颖而出, 成为特色中式服装的主要面料呢?

参与本次 APEC 会议服装设计的北京服装学院设计师楚艳(见图 3-34)在接受媒体采访时表示,按照北京 APEC 会议的要求,面料一定要具有中国传统元素,"我们在中国三大名锦中挑选,最后选定宋锦。因为宋锦的耐磨性和平整度都非常好,同时具有亚光特点,华而不炫、贵而不显,与低调、内敛的要求很吻合"。

"此次为领导人服装提供的面料经过了创新设计。"北京 APEC 会议男领导人服装面料提供商、吴江鼎盛丝绸有限公司董事长吴建华说,为了达到领导人服装面料

图 3-34 设计师楚艳与工人
一起查看面料

要求,他们将织造宋锦的纬线都换成了羊毛,经线依旧采用真丝。"丝加毛,不但增加了面料的抗皱性,成本也大幅下降。"

"气温也是一个重要因素。"中国纺织品商业协会副会长雷利民认为。由于宋锦的密度非常高,既可以做得很薄,也可以做得很厚,这样就能保证在各种天气里,宋锦做的服装都适合穿着。

"锦绣之冠"
后世谈锦必称宋

宋锦较汉锦和唐锦,在组织结构和艺术风格上都有了很大的突破和创新,被誉为中国织锦的第二个里程碑,具有重要的历史、科技、文化及艺术价值。

宋锦的纹样以几何纹样为主。其中最具特色的是用几何网架构成的,有龟背、四达晕、六达晕、八达晕、天华纹、方棋格子等纹路及以圆形交切组成的球路纹和以圆形交叠组成的盘绦纹等。其造型繁复多变,构图纤巧秀美,色彩古朴典雅,与唐锦讲究雍容华贵形成了明显的对比。

根据其结构、工艺的精粗、用料的优劣、织物的厚薄以及使用性能等方面,宋锦分为重锦、细锦、匣锦和小锦 4 类,用途各有侧重。重锦或细锦的匹料,是宋锦中功能适应性较广的品种,可用作书画装裱、经卷裱封、幔帐、被面、垫面以及衣料等。

宋锦的制作工艺较为复杂,以经线和纬线同时显花为主要特征。织造上一般采用"三枚斜纹组织",两经三纬,经线分底经和面经,底经为有色熟丝,作地纹;面经用本色生丝,作纬线的结接经。染色需用纯天然的染料,先将丝根据花纹图案的需要染好颜色才能进入织造工序。染料挑选极为严格,大多是植物染料,也有部分矿物染料,全部采用手工染色而成。

到了宋代,尤其是宋高宗南渡以后,为了满足当时宫廷服饰和书画装帧的需要,宋锦得到了极大的发展,并形成了独特的风格,以至于后世谈到锦,必称宋。

成功"复古"
传统技艺获新生

因创新,宋锦成为汉锦、唐锦后中国丝绸织造的又一个高峰,但也因墨守成规、难以适应新时代生活需要而逐渐衰落。

14世纪到19世纪是宋锦最鼎盛的时期。明清以后织出的宋锦称为"仿古宋锦"或"宋式锦",统称"宋锦"。20世纪初,因为受西方现代化工业的冲击,以及多年的战乱,传统宋锦一度衰落,制作技艺几乎失传。到新中国成立前夕,宋锦业已奄奄一息,濒临绝迹,仅剩织机12台,不少织锦工人都只好改行度日。

新中国成立后,苏州成立宋锦生产合作社,使苏州宋锦得到了恢复和发展。1986年后,宋锦产量曾有所恢复,但产量不大。1990年前后市场发生急剧变化,织锦厂在企业体制改革中逐步陷入困难局面,经济效益下降,难以维持。

20世纪90年代后,由于国内市场竞争激烈,企业成本加大,宋锦产量日趋下降。主要生产宋锦的苏州织锦厂,先是转产其他产品,后企业改制停产,至2004年,企业倒闭。技术档案和资料散失,技术人员都年逾古稀,有的身体欠佳,有的已故,仅剩的两位老艺人也已90多岁,传统宋锦濒临失传。

苏州一直在抢救濒临失传的传统技艺。2007年6月5日,经文化部确定,江苏省苏州市的钱小萍为该文化遗产项目代表性传承人,并被列入第一批国家级非物质文化遗产项目226名代表性传承人名单。

2014年10月,由宋锦织造技艺国家级传承人钱小萍领衔攻关,历经6年时间成功复制了宋锦《西方极乐世界》图轴。据了解,原件宋锦《西方极乐世界》图轴由苏州织造局根据宫廷画家丁观鹏的画图为蓝本织成,当时便是举世无双,是当年乾隆皇帝送给母亲的礼物,300多年来一直封存在故宫博物院,秘不示人,是故宫博物院的"镇院之宝"。

融入时尚
走入寻常百姓家

2009年,吴江鼎盛丝绸有限公司斥资承接了具有百年历史的苏州东吴丝织厂,并与苏州丝绸博物馆、苏州档案馆和苏州大学确定了战略合作伙伴关系,聘请钱小萍作为公司的宋锦研发顾问,指导公司研发人员对其提供的样本进行分析和研究,成功复制一批珍贵的文物。

"要让宋锦重焕光彩，必须让它走入现代人的生活，而要实现这个目的，需要创新。"吴江鼎盛丝绸有限公司董事长吴建华说。

由于产量不高，而且宋锦以前多用于装裱等用途，人们对其知之甚少。"传统的宋锦都是手工织造，一个人每月最多也就织造 6 米。"吴建华说。

2012 年 3 月，吴江鼎盛公司成功开发出一台可以按照宋锦传统工艺织造的现代织机，具有自主知识产权，这项发明拓宽了幅宽和花幅，扩大了宋锦的应用领域。（见图 3-35）

目前，宋锦的用途已非常广泛，箱包、家纺、围巾、披肩、领带、睡衣等产品都可制作。据吴建华介绍，宋锦还多次作为国礼送给外国政要。

"我们保护非遗不能是简单的恢复，更应该制作一些让消费者喜欢、符合时尚潮流的产品。"吴建华说。此次 APEC 会议期间的展示，让宋锦走向了世界，也为宋锦的产业化发展创造了更好的机遇。

图 3-35　吴江鼎盛公司宋锦面料生产车间

（作者：王伟健　王昊男　原载《人民日报》2014 年 11 月 15 日）

千年宋锦在创造性传承中走出档案库房

——苏州档案部门服务振兴丝绸产业纪实

历次亚太经济合作组织(以下简称"APEC")会议开幕式上各国领导人的统一着装一直是媒体和公众追逐的焦点。当具有浓郁中国元素的"新中装"亮相今年 APEC 北京峰会后,立即赢得了一片赞声。以新宋锦为主要面料的服装,具有亚光的质感,华而不炫,贵而不奢,充分衬托出各国元首的气质,同时彰显了东道主的大国风范。随着关于设计者、宋锦设计方案的报道持续升温,一段"新中装"与苏州宋锦档案之间的故事也浮出了水面。

一颗蒙尘的明珠

来到苏州,记者见到了苏州丝绸行业协会秘书长商大民,他是一位具有 40 多年从业经验的"老丝绸人",回顾起宋锦的历史如数家珍。唐代是丝绸发展的鼎盛时期,确定了绫、罗、绸、缎、绉、纺、绢、绡、葛、纱、绒、锦、绨、呢等 14 类织花图样的格局。到了宋代,图案精美、色彩典雅、材质挺括的锦类得到喜好绘画书法的宋徽宗的推崇,并将其广泛用于书画装裱,由此奠定了宋锦"锦绣之冠"的历史地位。因产地主要在苏州,所以又称苏州宋锦,与南京云锦、四川蜀锦并称"中国三大名锦"。但令人遗憾的是,它的辉煌似乎都属于历史。随着经济社会的快速发展,苏州丝绸产业受到科技进步以及消费理念、产业环境、支撑条件等诸多因素的综合影响,呈现出日渐隐退的态势。"宋锦"这一曾经的苏州丝绸明珠,也逐渐淡出了人们的视线。

宋锦乃至整个丝绸行业衰落的背后有一段 20 世纪 90 年代国有企业改制、转型的历史。记者了解到,从 2000 年开始,苏州有上千家企事业单位完成改制,其中有近 300 家企业破产关闭,苏州工业投资发展有限公司(以下简称"工投公司")承担了相关接管工作。当时比较棘手的问题,除了人员安置、厂房拆迁、设备变卖外,还有破产企业遗留的大量档案资料无处安放。这些记录着本地传统工艺、技艺以及产品的技术资料和实物档案,都是国家民族工商业的宝贵遗产。工投公司颇具战略眼光,专门划拨了档案抢救保护经费,并将一家破产企业的厂房辟作这批档案的保管之地(即苏州市工商档案管理中心现址)。此后,在苏州市档案局(馆)的帮助指导下,160余万卷档案的整理、分类、立卷、著录工作逐步走上了正轨。2008年,苏州市工商档案管理中心正式挂牌,开始在市档案局(馆)的领导下履行使命。

一次跨界合作的创举

目前,苏州市工商档案管理中心库房中的30多万件丝绸样本和近50万卷丝绸工艺和设计档案就是在当时企业破产改制过程中陆续接收进馆的。其中近千件宋锦档案(见图3-36),记录了传统宋锦织造的原生态技艺,正是这些古老的档案,为宋锦在APEC北京峰会上的"华丽转身"埋下了伏笔。

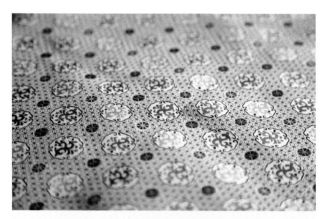

图3-36 宋锦"菱角小龙"

宋锦织法繁复、成本造价高、应用范围有限等特点,使它在市场大规模普及的难度较大。近现代以来,宋锦的命运更不容乐观。据商大民介绍,原来苏州本地具备生产宋锦能力的只有东吴丝织厂和苏州织锦厂,到了20世纪八九十年代,受到丝绸产品大规模机械生产的冲击,两厂也相继停产宋锦,宋锦的市场进一步萎缩。尽管如此,各界重振苏州丝绸产业、保护古老宋锦技艺的脚步却一刻都未停止。在各方面的积极努力下,宋锦于2006年首批列入《国家非物质文化遗产名录》,于2009年列入《世界非物质文化遗产名录》。此后,绚丽多彩、底蕴深厚的宋锦的未来和复兴开始牵动更多人的心。苏州市政府随后发布了《苏州市丝绸产业振兴发展规划》,苏州市工商档案管理中心以此为驱动,提出"宋锦样本档案工艺传承与产业化开发研究"项目,希望借助馆藏丰富的宋锦档案资源,依托并融合政府、社会、高校、企业等多种力量,针对目前宋锦的生存问题进行技术攻关和开发,对传统的宋锦织造技艺进行创新研究,以适应现代化设备大规模生产的要求。项目确定后,中心聘请了几位国内纺织、丝绸领域的知名专家作为顾问,并选派多名档案业务骨干参与项目研究。与此同时,向国内丝绸行业的龙头企业吴江鼎盛丝绸有限公司抛出了"绣球",共同对珍贵宋锦档案资源开展抢救性保护和有针对性的研发生产。鼎盛公司基于对宋锦样本档案内涵的开发和创新,赋予这一传统材质新的生机和活力,顺利中标成为 APEC 北京峰会男领导人服装面料供应商。

始于斯，却不止于此。苏州档案部门与企业合作开发新宋锦，为 APEC 峰会服务仅仅是个开始。为了进一步对宋锦保护、传承和创新，他们还对苏州现存唯一一家沿用手工织造技艺生产宋锦的"苏州工业

图 3-37　家明织造坊厂主周家明（右）向记者介绍丝绸样本

园区家明织造坊"进行扶植，确立传统丝绸样本档案传承与恢复基地（见图 3-37），为宋锦技艺国家级传承人钱小萍大师设置"宋艺坊"，打造宋锦文化科技园……

一座与"丝绸古国"美誉匹配的中国丝绸档案馆

丝绸有绵延 5000 年的发展史，是中华文明的重要象征之一。苏州作为丝绸的"故乡"，丝绸的最早生产可以追溯至新石器时代晚期，也是现存丝绸生产历史遗迹、丝绸样本以及丝绸工艺档案最丰富、最系统的城市之一。然而，与中国"丝绸古国"地位不相匹配的是，我国至今还未建有一座专门的丝绸档案馆。苏州市工商档案管理中心馆藏的近百万丝绸档案，是丝绸业发展轨迹的真实记录，也成为筹建中国丝绸档案馆得天独厚的宝贵资源，历史的重任自然落到了苏州市档案局（馆）肩上。

记者了解到，从筹建中国丝绸档案馆这一设想的提出到拿下这块牌子，苏州市档案局（馆）仅用了不到 3 个月的时间，由此不难看出他们的雄心壮志和执着不懈。当然，这其中少不了国家档案局、商务部、中国丝绸协会、江苏省档案局等主管部门和相关单位领导的鼎力支持。筹建之初，工作千头万绪，在对苏杭两地丝绸博物馆进行考察后，中国丝绸档案馆首先明确了定位：实现与博物馆错位发展，打造一座集收藏、保护、利用、研究、展示、教育、宣传、旅游、休闲等功能于一体，国内顶尖、世界一流的丝绸档案馆。

苏州市工商档案管理中心主任卜鉴民告诉记者，国家档案局于 2013 年 7 月 25 日批准中国丝绸档案馆落户苏州，从那一天开始，各项工作就在紧锣密鼓地进行。

他们加入了省、市丝绸行业协会,积极联络丝绸界元老、专家和相关企业,并以苏州为中心,向全国各重点丝绸产地辐射,展开了广泛的档案征集工作,目前已征集到2000余件丝绸档案资料。另外,馆藏30万件近现代丝绸样本档案正在申报《中国档案文献遗产名录》。现阶段,已完成中国丝绸档案馆立项,市财政落实启动资金700万元,将于2015年上半年开始实体建设,并于2017年正式投入运营。虽然中国丝绸档案馆还处于筹备阶段,但已名声在外,就在记者采访前夕,APEC峰会女装面料的浙江生产商已将丝绸样本档案寄给中国丝绸档案馆(筹)永久收藏。

在国家提出"新丝绸之路经济带"发展战略构想的背景下,苏州档案部门以实际行动改写了中国没有丝绸档案馆的历史,这背后体现出的是他们弘扬丝绸源远流长文化、留存一部中华民族丝绸史的远大理想,更是档案人对振兴丝绸业的担当。

(作者:杨太阳　原载《中国档案报》2014年12月22日)

宋锦样本档案开发工艺走上 APEC 舞台

2014 年 11 月 10 日,在北京雁栖湖召开的 APEC 晚宴上,参加会议的各国领导人及其配偶身着由苏州宋锦制成的中式礼服夺目亮相。"新中装"迅速见诸《人民日报》等各大媒体,成为 APEC 舞台上的中国符号。

宋锦,是由苏州市工商档案管理中心历经 2 年时间,与吴江鼎盛丝绸公司合作开展的省级科研项目"宋锦样本档案工艺传承与产业化开发研究"所取得的重要成果之一。这标志着"档企合作,多维开发,传统工艺与现代技术互动,助推产业振兴发展"模式的形成,也为档案管理部门探索出了开发利用档案、弘扬传统文化、促进地方经济发展的新途径。

2012 年 7 月,中心启动"宋锦样本档案工艺传承与产业化开发研究"项目。通过对宋锦样本档案的技术分析、试验,梳理出不同品种的传统宋锦生产工艺,形成技术档案,与原有的样本档案组合成完整的产品档案,从而实现了档案管理与开发利用的有效统一,也达到了传统宋锦产品创新与技艺传承有机结合的目的。

一、宋锦与宋锦样本

宋锦是指具有宋代织锦风格的锦缎,形成于宋朝,鼎盛于明清,上承汉唐蜀锦技艺但又有所创新,是一种以经线和彩纬同时显花的织锦。它既继承了秦汉经锦的技艺,又延续了唐代纬锦的风格。在纹样组织上,精密细致,质地坚柔,平服挺括;在图案花纹上,对称严谨而有变化,丰富而又流畅生动;在色彩运用上,艳而不火,繁而不乱,富有明丽古雅的韵味。因其主要产自苏州,故又称"苏州宋锦",与四川蜀锦、南京云锦一起,被誉为我国的三大名锦。宋锦样本是一种便于保存的技术档案,传统的宋锦生产制作工序很多, 从缫丝染色到织成产品, 前后要经过二十多道工序。而织造工艺则是形成产品的基础和要素,主要是为保证宋锦品种的组织结构、图案和配色而规定的生产技术标准。中心研究的重点之一,就是依据馆藏宋锦样本档案,通过分析、试验等技术手段来推定并验证当时生产该产品的织造工艺,为保护、传承、开发和创新提供技术保障。

二、宋锦样本档案的开发

1. 寻求合作伙伴

宋锦织造技艺的传承,依赖于产品的生命力。档案部门虽然拥有丰富的档案资源,却无法直接利用并开发出最终产品,只有借助丝绸生产企业,才能形成档案资源利用、技术创新、产品研发和生产、集中投放市场的利用开发体系。因此,中心依靠各种社会力量,并借助各级丝绸行业协会进行联系、沟通、筛选,最终选定吴江鼎盛丝绸公司作为合作企业。

2. 选择开发品种

馆藏宋锦样本涉及品种较多,确定先行开发品种,不仅是一个技术问题,更是整个研究工作中的关键。中心借助科研院校和社会的力量,建立了由国内丝绸行业专家、宋锦技艺传承人和专业研究人员组成的专家小组,按照既有传统性又具代表性的原则,对馆藏宋锦样本档案逐个分析、讨论,形成统一意见后,确定了先行开发的备选品种。

3. 恢复传统工艺

受历史条件的限制,新中国成立前宋锦织造技术大多数以师傅带徒弟,手教、口授的形式来传授,很少留存文字记录。中心与专家们对已确定开发的样本进行鉴定,判断其生产时期。通过技术分析,确定其组织机构、经纬密度、门幅和配色等主要工艺参数,并形成完整的传统织造工艺。这为下一步开发打下了坚实的技术基础,并使样本档案更趋完整,传统织造工艺得以保存。

4. 创新工艺与实现产业化

中心连同专家小组和合作企业,共同对待开发品种进行技术分析、可行性认证、筛选和市场预测,最终确定了先行开发的品种及产品的功能定位。合作企业为保证开发工作的顺利实施,做了必要的技术准备和装备更新。一是组织专业技术人员对传统宋锦织造技艺移植、创新技术进行分析和认证,确定其在现代织造装备上应用的可行性;二是对主要织造设备进行改造和整合,形成了由电子提花织机系统,意大利剑杆织机、法国电子提花龙头和多选纬装置有效组合的织造系统,以及运用电脑对宋锦的纹饰装置和双经轴装置进行自动控制、调节的电脑纹制系统整合而成的完整的宋锦织造装备体系;三是针对现代织造装备的特点及工艺要求,对传统宋锦织造工艺进行创新试验,获取了相关技术参数,为宋锦产品的产业化开发创造了技术和装备条件。在此基础上,经过反复试验和工艺调整,最终形成了完整和成熟的新工艺,并在现代织造装备上成功生产出了具有传统风格和特色的宋锦面料,电子织机的产能优势也得到充分发挥。(见图3-38)目前,宋锦面料的延伸开发已取得突破性进展,初步形成了宋锦面料、服饰、交织包袋、像景织物等系列产品,并定位于

高档产品，投放市场后给高端消费群体带来了巨大冲击力。通过这一特定群体的引领，产品很快拥有了自己的市场份额，先后成功进入北京、上海、广州等特大城市高端产品市场，获取

图 3-38　宋锦样本在机器上生产

了良好的经济效益。同时，在国际交往中，这些产品也被政府部门作为礼品赠送给国家、政府领导人或国际著名企业董事长等，为宋锦产品进入国际市场作了铺垫。

三、开发特色与创新

1. 突破了现有档案利用开发范畴，探索新途径

现有的档案管理主要有：档案收集、档案整理、档案保管和鉴定、档案利用和档案编研。中心的研究成果成功将档案保护、利用和开发的外延拓展至最终产品并推向市场，突破了现有的档案利用开发的范畴，走出了一条丝绸档案抢救、保护和利用开发的新途径，并形成最终产品推向市场。

2. 打破了档案传统利用模式，形成跨界合作新机制

传统的档案利用往往是坐等上门与点对点服务，这限制了档案的服务范围和深度延伸，档案部门难以充分发挥作用。中心的研究成果充分说明了整合多方力量进行档案利用开发的机制是可行的，也证明了档案利用开发有着广阔的空间和宽大的舞台。

3. 在弘扬丝绸文化、服务企业转型升级和产品开发中发挥新作用

打破传统思维定式，变被动接收为主动服务，档案部门就可以大有作为。研究成果从一个侧面对此提供了印证。档案部门主动服务的关键是把握需求点，找准切入点，这样可以有效调动服务与被服务双方的积极性，提高服务效能，发挥服务作用，在更大范围内增强服务对象的档案意识，促进档案工作的创新发展。

4. 拓展和延伸档案服务领域

时代的进步，在客观上对档案服务提出了更高的要求。如何来适应和满足这一客观需求，值得档案管理部门思考和探索。中心主动参与到档案资源提供、品种筛选、技术分析、传统工艺恢复、工艺创新、新产品试制和量产、系列产品研发、宣传推广各环节的过程中，充分发挥档案部门的自身优势，对各环节的工作提供必要服务

和参考意见,从而使整个研究团队成为一个紧密的有机整体,体现了档案部门在服务中的重要作用。同时,也使中心的服务领域得到拓展和延伸。

该项目的成功,增强了中心对丝绸样本档案利用开发的信心,中心将继续对更多的丝绸样本档案开展抢救性保护和开发利用。目前已在多家企业建立了"苏州市丝绸样本档案传承恢复基地",重点恢复古代宋锦、纱罗、漳缎等传统丝绸精品,为档案资源开发利用、珍贵丝绸品种传承保护和产业化开发奠定基础,力求不断完善资源共享、优势互补的档案开发利用体系。

档案是无声的历史见证,但无声并不代表沉默。中心让宋锦样本档案工艺走上了 APEC 舞台,向社会展示丝绸档案中保存的历史、文化、技艺等,在国际舞台上发出了属于中国档案自己的声音。

(作者:彭聚营　陈　鑫　卜鉴民　原载《中国档案》2015 年第 1 期)

"宋锦"惊艳亮相 APEC 对档案保护的启示

2014 年 11 月，在北京雁栖湖举行的 APEC 欢迎晚宴上，外国领导人及其配偶身着中国特色服装抵达现场，统一亮相，一起拍摄"全家福"。他们身穿极具东方韵味的宋锦面料所制成的"新中装"现代中式礼服，引起全球的关注。苏州宋锦的惊艳亮相再次让世界认识了中国丝绸，而这宋锦礼服面料正是两年多来苏州市工商档案管理中心与吴江鼎盛丝绸有限公司合作进行 "宋锦样本档案抢救保护和开发利用"所取得的重要成果之一。由此引发了我们对档案保护内涵和外延的思考。

一、档案与档案保护

我国档案法中给出档案的定义："是指过去和现在的国家机构、社会组织以及个人从事政治、军事、经济、科学、技术、文化、宗教等活动直接形成的对国家和社会有保存价值的各种文字、图表、声像等不同形式的历史记录。"从中我们不难看出档案具有"原始性、唯一性、保存性、利用性和不可再生性" 等属性。这决定了档案保护在档案管理中的重要地位。

档案作为历史的真实记录，有着凭证和参考作用，具有重要价值。如果不能对档案进行有效保护，就失去了对档案利用、研究和开发的基础。档案保护作为档案管理中的重要环节，目前主要体现在对档案实体的保护上，通过"防"和"治"两大途径来实现：防止或缓解各种不利因素对档案制成材料的破坏作用，创造有利于档案长久保存的保护环境；对已经破损或存在不利于永久保存因素的档案进行处理，修复已经损坏的档案。但是，我们在开展"宋锦样本档案抢救保护和开发利用"过程中体会到，仅对档案实体进行保护是不够的，对实物档案中所隐含的信息进行挖掘、恢复也应作为档案保护的重要内容。这既是实物档案利用开发的需要，也是其前提和基础。只是相比较而言，这种保护专业性更强，涉及领域更广，技术要求更高。但是，随着档案服务领域的拓展和延伸，这一类档案保护的重要性将越发明显。

二、从新宋锦诞生中得到的启示

新宋锦的诞生源自于对传统宋锦实物样本档案的抢救保护和开发利用。虽然它所产生的轰动效应有其机遇性和巧合性,但也存在着必然性。如果没有前期对宋锦实物样本档案隐含信息的挖掘并加以开发利用,也就没有今天新宋锦的诞生,甚至宋锦这一传统丝绸品种或将逐步消失。这就引发了我们的深思并给出了有益的启示:

启示1:应当将对实物档案所隐含信息的挖掘和保护纳入档案保护范畴。

实物档案作为历史记录的一种特殊载体,是档案的一种有形表现形式。它不同于文字、图表、声像等档案,记载的历史记录(或信息)无法直观地呈现出来,需要借助技术手段进行挖掘,才能转换成文字供研究和开发利用。丝绸样本档案作为实物档案的一种类别, 其组织结构和织造工艺都隐含在实体中。特别是古丝绸样本档案,由于受当时社会现实和技术发展的制约,留存至今的绝大多数都是实物形态,难见相关的专业文字记载。这就给我们现在的开发利用带来了极大的困难。因此,对诸如此类的实物档案所隐含信息进行挖掘并加以保护,就显得十分重要,而最根本的办法是尽快将其纳入档案保护范畴。

启示2:对实物档案隐含信息的挖掘,既是对实体档案的补充和完善,更是对其的有效保护。

中国丝绸发展有着五千多年的历史,在绝大部分时间里其织造方法和加工工艺都以口授手教的形式来传承,没有相应的文字记录留存。这也是不少珍贵丝绸品种失传的一个重要原因。现今能找到的一些文字描述,数量较少,而且大多是一些文人或史官因自身需要在一些文学作品、诗词和史志中所做的少量记录,描述的也就是一些丝绸品种及使用功能,缺乏专业性和技术性的记载,无法运用于现今的利用开发。只是到了近代才出现比较完整的织造技术的记载。当今科学技术的飞速发展,为我们挖掘古代丝绸实物档案中的隐含信息提供了技术条件,我们有可能也有条件将这些信息完整地挖掘出来并最终通过开发让这些珍贵品种再显于世, 实现传承。同时,档案管理部门借助技术手段使其隐含信息转化成文字后,就可以与原有的实物组成完整的档案。这既是档案保护的体现,又符合档案保护对档案完整性的要求。

启示3:对实体档案隐含信息开发利用,形成商品,是一种更高层次的保护。

档案保护的根本目的在于对档案的利用开发,这是档案的价值所在。对丝绸样本档案隐含信息进行挖掘,就能有效地为实物档案的利用开发创造条件。而通过对这些挖掘出的档案信息进行联合利用开发并使其得到恢复, 可以使传统丝绸品种得以重生,并最终成为商品,让广大消费者享用。这既是档案价值的有效体现,又使

得馆藏样本档案的信息以实物形态得以传承，实现了对实物档案在更高层次上的保护。

三、实物档案隐含信息的挖掘形式和做法

多年来，中心在对丝绸档案进行管理以及对丝绸文化传承、历史研究和技术发展研究的过程中强烈意识到，如何在对馆藏丝绸档案进行有效抢救、保护的同时更好地加以利用开发，是一个极其重要和紧迫的问题。如何使逐渐淡出人们视线的珍贵丝绸品种重放异彩，不仅是丝绸人的愿望，也是我们档案人的希望。对此，我们进行了有益的尝试。在这过程中，中心得到了各级领导的关心、支持。国家档案局局长杨冬权、江苏省档案局局长谢波等领导多次到中心进行调研指导工作，苏州市委副书记、市长周乃翔等市领导非常关注丝绸档案的抢救、保护和开发利用的进展，对档案部门所做的工作给予了充分肯定并提出了新的要求。中心在获批建立中国丝绸品种传承与保护基地的同时，已获国家档案局批准建立"中国丝绸档案馆"。这一切都为我们做好丝绸样本档案的抢救、保护和开发利用工作增添了信心。

中心在 2012 年开展的"宋锦样本档案利用与工艺传承和产业化开发研究"工作取得成功的基础上，充分利用研究成果，积极采取传承保护和产业化开发并举的珍贵丝绸样本利用开发举措，展开对其他相关丝绸样本档案的传承、保护和利用开发工作。

（一）基本形式

中心充分利用丰富的丝绸档案馆藏优势，采取"馆、科、企"多方的跨界合作形式，实施丝绸样本档案资源的挖掘、利用和开发，从而使馆藏档案走出库房，通过利用开发形成产业化，最终走向市场成为商品。

（二）主要做法

1. 馆企合作

档案管理部门由于自身条件的限制，在开展对丝绸样本档案资源的挖掘、利用和开发过程中必须整合多方力量，发挥各自优势，形成合力，方能有效展开工作。对此，我们通过在有合作意向并具备相应条件的生产企业设立"传统丝绸样本档案传承与恢复基地"的形式，与企业结成紧密的合作关系，构建利用开发的重要基地。

2. 馆际(院)合作

中心与丝绸科研单位、丝绸博物馆和丝绸专业院校合作，借助它们的丝绸专业技术和测试、分析设备优势，发挥它们在丝绸样本档案资源挖掘中的技术支撑作用，共同参与对丝绸样本档案资源的挖掘和利用开发。

3. 服务与保障

　　中心作为传统丝绸样本档案资源挖掘、利用和开发的组织者和实施者,在提供档案资源的同时,全面负责和主导挖掘、利用和开发的进度,并适时做好各环节的服务,对形成的资料、实物及时收集归档。同时,为鼓励和支持丝绸企业参与传统丝绸样本档案资源的利用、开发,减轻研发和生产过程中的经济压力,中心承担前期技术准备的费用并对复制成功的产品实行最少批量的回购, 作为馆藏和陈列展示品。同时,对各参与企业复制成功后的产品销售不作限制,以此鼓励和吸引更多的企业参与苏州传统丝绸产品的恢复和生产,共同为振兴苏州丝绸产业贡献力量。

　　我们通过这种多方参与的跨界合作形式, 共同实现对传统丝绸样本档案资源的挖掘保护和利用开发,从而实现对丝绸品种的恢复与传承,实现对丝绸样本档案的有效保护。

　　本文仅是笔者在实践中对档案保护的一些思考,所述观点并非完全正确,谨供参考。

（作者：彭聚营）

丝路之档　追梦兰台

2015年,经中国档案文献遗产工程国家咨询委员会审定,近现代苏州丝绸样本档案入选第四批《中国档案文献遗产名录》,荣获了这一中国珍贵档案文献的最高荣誉。这批足以彰显近现代国内传统织造业璀璨历史的珍贵样本档案资源,终于让更多人得以认识和了解。

早在20世纪90年代丝绸产业逐渐没落的时候,苏州市工商档案管理中心就积极行动,系统地抢救、整合了以东吴丝织厂、光明丝绸印花厂、绸缎炼染厂、丝绸研究所等为代表的原市区丝绸系统企事业单位的各类档案,其中最为引人瞩目的便是一批总数达30万余件的苏州丝绸样本档案。而随着2012年《苏州市丝绸产业振兴发展规划》的出台,中心充分挖掘自身优势,探索新思路、新方法,在丝绸样本这一特定档案的管理、保护、展示和开发上力求创新,取得了不菲的成绩。

近现代苏州丝绸样本档案,主要形成于19世纪末至20世纪末,是丝绸企业在绸缎的设计、试样、生产及交流过程中逐步积累形成的绸缎样本、制作工艺和产品实物,内容完整地包含了14大类织花和印花样本。其花形花色、原料构成、加工流程和工艺参数等织造和印染生产工艺,反映了近现代中国丝绸产品工艺技术演变概貌,是晚清、民国、新中国成立初期、"文革"、改革开放等多个历史阶段中国丝绸品种历史的缩影,也从一个侧面折射出近现代中国各阶段的丝绸文化与社会政治经济、人民生活之间的密切关系,以及审美观、价值观对丝绸的影响,其所包含的历史、人文、经济价值等无法估量。

2013年7月,经国家档案局批复同意,中国丝绸档案馆作为国内首家和唯一一家专业丝绸档案馆,落户在了苏州。之后,征集工作先期启动,苏州档案人远赴新疆、青海等地,面向全国征集到各类丝绸档案近8000件,经历了从无到有、从有到精的征集历程,为填补馆藏档案资料空缺、丰富馆藏资源做出了骄人的成绩。在此基础上,中国丝绸档案馆还对丝绸档案进行专业的梳理和分类,择其精华,举办了多次各具特色的精品陈列和展览,得到了业内专家和社会大众的一致好评。

日前,经由国家档案局推荐,近现代丝绸样本档案继续向着更高层次的《世界

记忆亚太地区名录》努力，此次若能顺利入选，将为我们更好地保护这批丝绸样本档案迈出一大步。

丝绸档案是先人的创造，也是历史的馈赠。妥善保护及利用丝绸档案，使之完整地传于后世，而非束之高阁，对我们档案人来说，责无旁贷。《档案中的丝绸文化》专栏开设已近一年，这段欣赏档案之意趣、了解丝绸之渊源的历程，我们已匆匆迈步走过，但对丝绸档案的探索之路，才刚刚踏上征程。

（作者：卜鉴民　原载《档案与建设》2015 年第 12 期）

后　记

时光匆匆，苏州市工商档案管理中心已走过 8 个春秋。

8 年里，中心上下一心，一步一个脚印，从襁褓中的婴儿逐渐成长为充满青春朝气的青少年。回首当初的一切为零，品味当下的硕果满怀，不禁感慨万千。国内首家专门收集、整理、保管和利用破产、关闭和改制企业档案的档案馆，国内首家列入国家综合档案馆体系的改制企业档案管理部门，省内首家引入 ISO 质量管理体系认证的档案管理部门，中国丝绸品种传承与保护基地，丝绸档案文化研究中心……一系列成果的背后，是档案人的辛勤付出，咸咸的汗水，才能浇灌出香甜的果实。

档案与丝绸的相遇，开启了我们的又一梦想——建立国内首家丝绸档案馆！

2013 年 3 月，江苏省丝绸协会专家委员会副主任、原苏州市丝绸博物馆馆长李世超提出筹建中国丝绸档案馆的设想。丝绸人的一句话，深深打动了档案人的心，自此开启了我们艰难的追梦之旅。对档案人来说，丝绸毕竟是陌生的领域，然而这难不倒我们。我们通过阅读大量丝绸类书籍、请教丝绸专家、深入研究馆藏丝绸档案等多种途径给自己充电，从而产生了这本书中的诸篇文章。虽然称不上专业，但从对丝绸近乎一无所知到了解了丝绸的种类、性质、纹样、织造方法……我们从未停止探索的脚步。

2015 年 12 月，喜讯传来，国务院办公厅发文，同意中心加挂"苏州中国丝绸档案馆"牌子。2016 年 5 月，中心馆藏的丝绸档案入选《世界记忆亚太地区名录》。一件件喜事记录着苏州档案的成长轨迹，也记录着丝绸档案的发展历程，本书中收录的媒体人眼中的丝绸档案，也让我们重温了走过的岁月，积蓄着前行的力量。

苏州中国丝绸档案馆虽然已取得了一定成绩，但它毕竟还是稚嫩的婴幼儿，一如当初的中心。成长的路上，有阳光，也有风雨，只有心怀梦想，不忘初心，方能茁壮成长！

本书凝聚了诸多档案人、丝绸人、媒体人以及编者的心血，苏州大学出版社也做出了很多贡献，在此并致谢忱。由于编者的水平和学识有限，书中不当之处在所难免，敬请专家读者赐教指正。

苏州市工商档案管理中心

2016 年 9 月